VISCOUS DAMPING TECHNOLOGY FOR ENGINEERING DESIGN AND APPLICATION

黏滞阻尼技术工程设计与应用

丁洁民　吴宏磊　编著

中国建筑工业出版社

审图号：GS（2012）710号
图书在版编目（CIP）数据

黏滞阻尼技术工程设计与应用/丁洁民，吴宏磊编著.—北京：中国建筑工业出版社，2017.5
ISBN 978-7-112-20664-3

Ⅰ.①黏… Ⅱ.①丁…②吴… Ⅲ.①黏性阻尼－工程设计－教材 Ⅳ.①O328

中国版本图书馆CIP数据核字（2017）第080089号

本书系统地阐述了黏滞阻尼技术在结构设计中的基本理论、分析方法和设计方法，以及在建筑工程中的应用。内容包括消能减震技术发展的背景；黏滞阻尼器的构造、性能、力学模型与软件模拟；黏滞阻尼减震结构分析理论与方法；黏滞阻尼伸臂结构设计；黏滞阻尼墙结构设计；黏滞阻尼器在建筑工程中的应用，包括同济设计院7个案例和日建设计3个案例。

本书可供土木建筑工程设计人员和研究人员参考，也可作为土木建筑类专业的研究生教材使用。

责任编辑：刘瑞霞　辛海丽
责任校对：焦　乐　李美娜

黏滞阻尼技术工程设计与应用
丁洁民　吴宏磊　编著
*
中国建筑工业出版社出版、发行（北京海淀三里河路9号）
各地新华书店、建筑书店经销
北京京点图文设计有限公司制版
北京缤索印刷有限公司印刷
*
开本：787×1092毫米　1/16　印张：16¾　字数：407千字
2017年5月第一版　2017年5月第一次印刷
定价：98.00元
ISBN 978-7-112-20664-3
（30330）

序
PREFACE

建造“适用、经济、绿色、美观”的建筑是我国城市建设可持续发展的重要原则。在建筑结构设计过程中，如何有效地提高结构的抗震性能，降低建筑建造过程中的资源消耗，减小建筑震后损失与修缮工作，成为实现上述绿色建筑的关键环节之一。

传统的抗震方法主要是通过提高结构的强度和延性实现建筑“大震不倒”的性能目标，该方法使建筑结构自身需要承担较大的地震作用，造成结构材料用量较多，同时，存在震后建筑损伤严重，建筑结构修复量较大的缺点。消能减震技术是通过附加阻尼装置，耗散地震能量，降低地震响应，从而有效地保护建筑主体结构。近几年，消能减震技术已经在部分重大工程中得到成功应用，例如北京火车站加固工程、同济大学教学科研综合楼复杂高层建筑以及上海 2010 年世博会主题馆大跨度建筑等项目，取得了很好的经济与社会效益。

本书研究的重点是消能减震中的黏滞阻尼技术，包括黏滞阻尼伸臂桁架与黏滞阻尼墙两种新型阻尼装置。作者深入浅出地介绍了黏滞阻尼技术的工作原理、分析方法、关键参数选取以及结构设计主要流程，并结合工程案例给出了具体的示范应用，使读者可以快速地掌握和应用该新技术。

本书作者及其团队长期从事一线的工程设计实践工作，一直致力于集成创新以实现卓越的建筑结构设计。本书是作者近十年来在黏滞阻尼减震技术领域实践和探索的成果汇总，同时，本书也收录了部分日本优秀作品，这些成果在一定程度上反映了黏滞阻尼技术的最新发展状况。书中相关研究成果可以为工程设计提供有力的指导。

本书是消能减震领域的一本优秀著作。本书的出版将会进一步推动消能减震技术在工程设计中的应用，为减轻建筑地震灾害、实现绿色建筑做出突出的贡献。仅此为序，以为共勉。

吕西林

2017 年 3 月

前言

FOREWORD

黏滞阻尼技术是消能减震技术的一种，它是通过在工程设计中主动地引入黏滞类阻尼材料，耗散外部输入到结构中的能量，从而降低结构的震（振）动响应。随着我国城市化进程的快速发展，人们对建筑物高性能、高品质、低造价、绿色节能的要求随之提高，采用传统的以增加结构尺寸和材料用量的设计方法已逐渐不能满足社会的需求。而黏滞阻尼技术可以很好地适应新时代建筑的需求，因此，近几年在世界范围内被广泛地应用于高层、超高层建筑、大跨度建筑、加固改建等类型的工程中。

本书是作者及研究团队在工程设计过程中应用黏滞阻尼技术的相关研究成果的总结，力求达到以下特点：

1. 研究新颖性。一方面系统地介绍了黏滞阻尼技术在国内外的最新发展动态以及应用案例，另一方面针对新型的黏滞阻尼伸臂技术和黏滞阻尼墙技术进行详细的研究和阐述，使读者对黏滞阻尼技术有清晰、全面的认识。

2. 工程实用性。针对黏滞阻尼技术研究的出发点和落脚点都紧扣工程设计与应用，研究参数的选取、工作机理的描述、工程案例的解析都来自于真实的工程实践，所得结论以及研究方法可供读者结合自身设计与研究需要参考。

3. 国际视角性。书中包括了日本最新的黏滞阻尼技术研究现状，并由日建设计集团选取有代表性的工程案例进行了详细介绍，对读者进一步了解国际先进技术大有裨益。

本书共 6 章，内容安排如下：第 1 章绪论介绍黏滞阻尼技术发展现状和典型工程案例；第 2 章从基本概念出发，介绍黏滞阻尼器的工作性能与力学模型，以及在常用分析程序中的模拟方法；第 3 章探讨了黏滞阻尼技术在工程结构中的分析方法以及附加阻尼比的计算方法；第 4 章详细介绍了黏滞阻尼伸臂技术及其设计方法；第 5 章详细介绍了黏滞阻尼墙技术及其设计方法；第 6 章汇总了黏滞阻尼技术部分工程实例，这些实例内容丰富，其中，前 7 个案例为作者主持设计，后 3 个案例为日建设计主持设计。

本书由丁洁民、吴宏磊组织和编写，丁洁民定稿。日建设计集团对本书的出版给予了大力支持，亲自撰写了日本相关的工程案例部分。王世玉、董欣、陈长嘉协助完成了资料收集及插图绘制等大量工作。

本书的完成离不开相关领域专家学者的支持和鼓励，中国建筑科学研究院王亚勇设计大师、同济大学土木工程学院吕西林教授提供了关键技术咨询，在此表示衷心的感谢。

由于黏滞阻尼技术内容广泛、发展迅速，书中难免有片面或不妥之处，敬请广大读者批评指正。

丁洁民　吴宏磊

2017 年 3 月

目录

CONTENTS

|第 1 章| 绪 论

Chapter 1 Introduction

1.1 中国城市化发展面临的抗震减灾任务

1.1 Task of earthquake disaster reduction faced by the urbanization development in China

1.2 消能减震技术概述

1.2 Overview of seismic energy dissipation technology

1.3 黏滞阻尼器发展

1.3 Development of viscous damper

1.4 黏滞阻尼技术研究现状

1.4 Research status of viscous damping technology

1.5 工程案例

1.5 Engineering cases

近年来，随着中国社会经济的发展，中国城市化进程加快，高层和超高层建筑的出现缓解了土地供应与人类需求之间的矛盾。同时，中国地处环太平洋火山地震带和欧亚地震带之间，是世界上地震灾害最严重的国家之一。几次破坏严重的大地震已经给我们带来惨痛的教训。因此，如何提高高层建筑和超高层建筑的抗震性能已成为工程设计中的关键问题。

传统的抗震技术通过增加结构延性来提高结构的抗震能力。虽然我国现阶段的抗震技术能够满足建筑大震不倒的安全性，但是存在地震造成巨额的财产损失和震后建筑主体结构的修复难度大等问题。

消能减震技术的快速发展，为提高建筑的抗震性能提供了一条新的途径。消能减震技术已经在部分重大工程中得到广泛应用，有部分建筑经受住汶川、芦山等地震的考验，保障了人民生命财产安全，产生了良好的社会效益。

本章以中国城市化发展中面临的抗震减灾任务为背景，首先简略介绍一下消能减震技术的分类与设计标准，然后主要针对黏滞阻尼器的发展、研究现状以及工程应用进行详细介绍。

1.1 中国城市化发展面临的抗震减灾任务

1.1.1 地震区域分布广

地震是由于地球内部板块破裂或错动，释放出大量能量而形成的一种自然现象。地震的震中集中分布且呈有带状规律的地区称为地震带。世界上主要有三大地震带：环太平洋地震带、欧亚地震带和海岭地震带，其中环太平洋地震带是全球分布最广、地震最多的地震带，所释放的能量约占全球的四分之三。

中国地处世界两大地震带——环太平洋地震带与欧亚地震带之间，受太平洋板块、印度板块和菲律宾海板块的挤压，地震断裂带十分发育。中国的地震活动主要分布在五个地区的23条地震带上（详见中国地震局官方网站）:（1）台湾及其附近海域;（2）西南地区（包括西藏、四川中西部和云南中西部）;（3）西北地区（主要在甘肃河西走廊、青海、宁夏、天山南北麓）;（4）华北地区（主要在太行山两侧、汾渭河谷、阴山—燕山一带、山东中部和渤海湾）;（5）东南沿海地区（主要在广东、福建等地）。

20世纪以来，中国共发生6级以上地震800余次，遍布除贵州、浙江两省和香港特别行政区以外所有的省、自治区、直辖市。

1.1.2 地震震害严重

中国地震活动频度高、强度大、震源浅、分布广，是一个震灾严重的国家。根据历史地震资料，表1.1.1统计了近20年内中国震级达7.0级以上的地震事件。

表1.1.1 近20年中国震级7.0级以上地震事件统计表

序号	发震日期	深度（km）	震级（M）	发震地点
1	1999/09/21	1.1	7.3	台湾南投县集集镇
2	2001/11/14	15	8.1	新疆青海交界（新疆境内若羌）
3	2002/03/31	0	7.5	台湾以东海中
4	2002/06/29	540	7.2	吉林汪清
5	2003/12/10	10	7.0	台湾台东东北近海
6	2006/12/26	15	7.2	南海
7	2008/05/12	14	8.0	四川省汶川县
8	2008/03/21	33	7.3	新疆维吾尔自治区于田县
9	2010/04/14	14	7.1	青海省玉树藏族自治州玉树县
10	2013/04/20	13	7.0	四川省雅安市芦山县
11	2014/02/12	12	7.3	新疆维吾尔自治区于田县

地震可直接造成建筑物破坏，诱发滑坡、火灾、瘟疫、海啸、堰塞湖、沙土液化等次生灾害，导致大量的人员伤亡和经济损失，严重威胁人民生活和生产安全。进入21世纪以来，中国共发生3次重大的破坏性地震。

北京时间2008年5月12日14时28分，四川省汶川县发生8.0级特大地震。这次地震影响范围达 40 万 km^2，其中严重受灾区达到 10 万 km^2。地震造成大面积基础设施、建筑工程的损坏与垮塌，并导致严重的次生地质灾害，造成巨大的人员伤亡和经济损失。据统计，地震造成 69227 人死亡，374643 人受伤，17933 人失踪，直接经济损失达 8451 亿元人民币。

北京时间 2010 年 4 月 14 日 7 时 49 分，青海省玉树县发生 7.1 级地震。地震波及青海省玉树藏族自治州玉树、称多、治多、杂多、囊谦、曲麻莱县和四川省甘孜藏族自治州石渠县 7 个县的 27 个乡镇，受灾面积达 35862km^2，受灾人口达 246842 人，极重灾区约 900km^2，直接经济损失达 610 亿元。

北京时间 2013 年 4 月 20 日 8 时 02 分，四川省雅安市芦山县发生 7.0 级地震。震区共发生余震 5402 次，最大余震达到 5.7 级。此次地震影响四川省共 69 个县，累计造成 231 万人受灾，196 人死亡，21 人失踪，13484 人受伤。地震造成经济损失达 1693.58 亿元。

1.1.3 城市化进程与抗震防灾工作密切相关

进入 21 世纪以来，土地供应量日趋紧张，高层和超高层建筑的出现缓解了土地供应与人类需求之间的矛盾，还可以美化城市环境，因而迎来建设的高潮。根据世界高层都市建筑学会（CTBUH）网站的高层建筑统计资料，截至 2016 年底，中国已建和在建的 200m 以上（含 200m）超高层建筑共 752 幢，其分布区域及分布比例如图 1.1.1 所示。珠三角地区和长三角地区的超高层建筑分布密集，分别占超高层建筑总数的 28% 和 22%，二者占到一半。西南地区、环渤海地区和中部地区也是超高层建筑的主要分布区域，分别占超高层建筑总数的 12%、17% 和 9%。西北地区的超高层建筑数量较少，仅占超高层建筑总数的 2%。除以上区域外，东南沿海、东北、台湾等地区也有超高层建筑的分布，约占 10%。可以看出，中国超高层建筑发展迅速，遍布全国各大城市。

将抗震设防烈度为 7 度（0.15g）及其以上的地区称为高烈度地震区。图 1.1.2 所示为中国地震动峰值加速度区划图，可以看出，除黑龙江、浙江、江西、湖北、重庆和贵州外，全国各省和直辖市都包含有高烈度地震区。

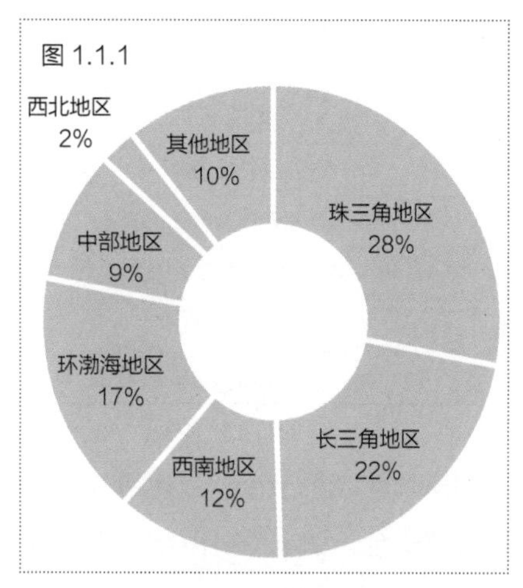

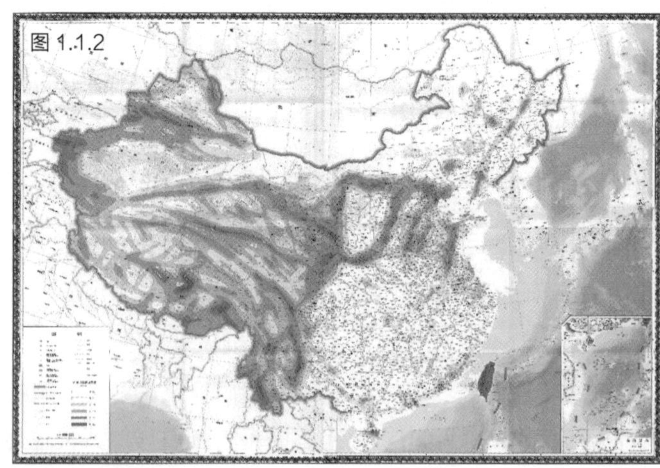

图 1.1.1　中国 200m 以上超高层建筑分布区域及分布比例

图 1.1.2　中国地震动峰值加速度区划图（审图号：GS（2012）710 号）

国内 200m 以上超高层建筑在不同地震烈度区的分布比例如图 1.1.3 所示，位于 6 度区和 7 度区（0.1g）内的超高层建筑分别占超高层建筑总数的 31% 和 43%；位于高烈度地震区的超高层建筑共占超高层建筑总数的 26%。国内主要城市在不同地震烈度区的分布比例如图 1.1.4 所示，位于高烈度地震区的主要城市分布比例为 31%，与超高层建筑在高烈度地震区的分布比例基本一致，表明中国城市化发展面临严峻的抗震减灾任务。

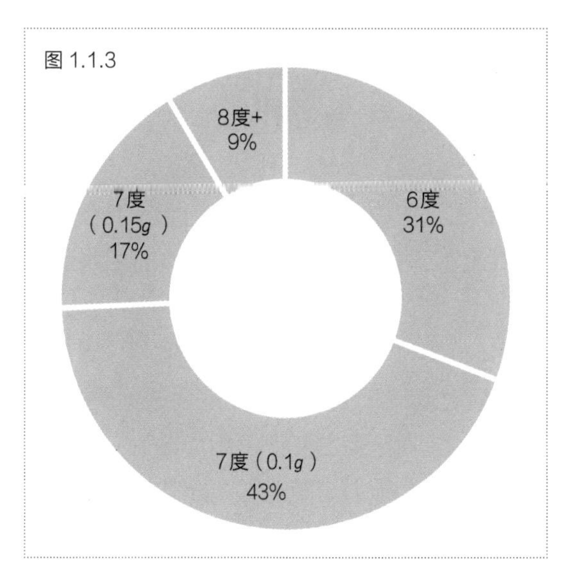

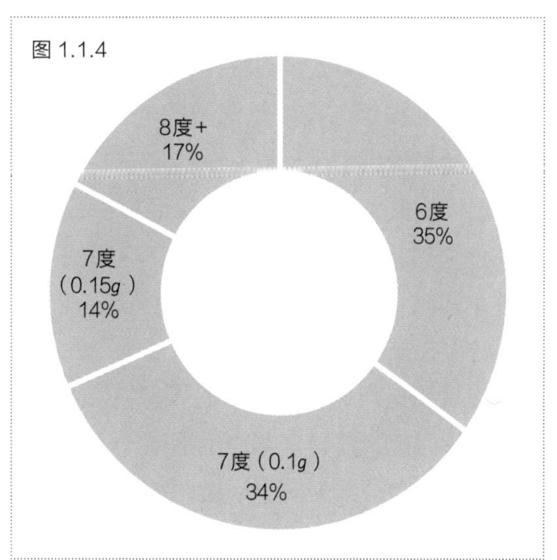

图 1.1.3　中国 200m 以上超高层建筑在不同地震烈度区的分布比例
图 1.1.4　中国主要城市在不同地震烈度区的分布比例

可以看出：中国城市化发展迅速，超高层建筑密集地分布在珠三角地区、长三角地区、环渤海地区及西南地区，其中，珠三角地区、西南地区和环渤海地区具有典型的高烈度地震区。同时受国家西部大开发战略的支持，部分西北高烈度地震区的超高层建筑开始崛起。

虽然我国现阶段的抗震技术能够满足高层建筑和超高层建筑大震不倒的安全性，但是存在地震造成巨额的财产损失（生活用品、仪器设备、建筑装饰装修和非结构构件等）、震后建筑主体结构的修复难度大等问题。同时，随着我国城市化的不断发展，生活水平日益提高，人民对建筑使用品质的追求日益强烈。

因此，如何提高高层建筑和超高层建筑的抗震性能以及使用品质已成为工程设计中的关键问题。

1.2　消能减震技术概述

近年来，消能减震技术日益成熟，并有大量工程应用实例，从工业与民用建筑、大跨度建筑，再到国家重点工程都有广泛应用，有部分建筑经受住汶川、芦山等地震的考验，保障了人民生命财产安全，产生了良好的社会效益。实践证明，消能减震技术可以有效提升房屋建筑工程的抗震设防能力。

消能减震技术是指在结构物某些部位（如支撑、剪力墙、节点、楼层空间、主附结构间）设置消能（阻尼）装置或元件，通过消能（阻尼）装置产生摩擦、弯曲（或剪切、扭转）弹塑性滞回变形来耗散或吸收地震输入结构中的能量，以减小主体结构的地震响应，避免结构产生破坏或倒塌。

1.2.1 消能减震装置分类

消能减震技术是被动控制技术的一种，其显著特点是不需要外部能量输入提供控制力，也不会向结构输入能量，主要形式有：耗能减震与吸能减振[1]。

1. 耗能减震

结构耗能减震是通过在结构内部某些部位设置附加耗能元件，使该元件被动地消耗结构的振动能量。根据与位移、速度的相关性，耗能减震装置可分为速度相关型阻尼器、位移相关型阻尼器和复合型阻尼器[2]。

速度相关型阻尼器通常由黏滞材料或黏弹性材料制成，在地震往复作用下利用其黏滞材料和黏弹性材料的阻尼特性来耗散地震能量，阻尼器耗散的地震能量与阻尼器两端的相对速度有关，如黏滞阻尼器和黏弹性阻尼器。

位移相关型阻尼器通常由塑性变形性能好的金属材料或耐摩擦元件制成，在地震往复作用下通过金属材料屈服时产生的弹塑性滞回变形或构件相对运动产生摩擦做功来耗散地震能量，阻尼器耗散的地震能量与阻尼器两端的相对变形有关，如金属阻尼器和摩擦阻尼器。

复合型阻尼器兼具了以上两种类型阻尼器的特性，其耗能能力与阻尼器两端的相对速度和相对位移有关，通常由塑性变形性能好的金属材料和利用剪切滞回变形耗能的黏弹性材料组成，如铅黏弹性阻尼器。

通过工程实践的检验，常用的阻尼器主要有黏滞阻尼器、黏弹性阻尼器和金属阻尼器。表1.2.1对比了以上三种阻尼器的基本构造、滞回性能、工作机理、耗能能力及其对结构动力特性和动力响应的影响，综合来看，黏滞阻尼器具有更好的实用性。

表 1.2.1 常用阻尼器性能统计

对比项	黏滞阻尼器		黏弹性阻尼器	金属阻尼器
基本构造	杆式黏滞阻尼器	黏滞阻尼墙	黏弹性阻尼器	软钢阻尼器 屈曲约束支撑
理想滞回曲线	力 位移	力 位移	力 位移	力 位移
工作机理	流体通过孔隙产生阻尼力	流体发生剪切变形产生阻尼力	黏弹性材料的剪切变形或拉压变形耗散能量	钢材塑性变形吸收振动能量
多遇地震耗能能力	不提供附加静刚度，提供动刚度和附加阻尼，耗能效果好		可提供附加静刚度和附加阻尼，耗能效果较好	可提供附加静刚度，但不耗能

续表

对比项	黏滞阻尼器	黏弹性阻尼器	金属阻尼器
罕遇地震耗能能力	可有效耗能，提供附加阻尼	容许变形过小，耗能有限	可在金属屈服后有效耗能
对结构周期的影响	不影响结构周期	降低结构周期	降低结构周期
对基底剪力的影响	减小效果最明显	减小效果一般	减小或增大
对结构位移的影响	有效降低结构位移响应	可降低结构位移响应	有效降低结构位移响应
对结构加速度的影响	有效降低结构加速度，提高舒适度	可降低结构加速度，提高舒适度	可能增大结构加速度，降低舒适度
受环境温度的影响	影响很小	影响很大	几乎不受影响

2. 吸能减振

吸能减振是结构风致振动控制的一种重要方法，主要有调谐质量阻尼器（TMD）、调谐液体阻尼器（TLD）与调谐液体柱阻尼器（TLCD）等形式。

TMD 主要由质量块、调谐频率的弹性元件与耗散结构振动能量的阻尼元件组成，其最早可以追溯到 Den Hartong 于 1947 年提出的动力吸振器。TMD 主要用于稳态响应的振动控制，特别是结构风致振动的控制。近年来，有研究者开始尝试采用 TMD 进行结构减震控制。研究表明：由于 TMD 只能对结构某一阶频率调谐，TMD 的控制效果既受到结构自身的影响，也与地震的激励类型有关。特别是当 TMD 调谐频率远离地震波的卓越频率时，减震效果会更差。所以，目前 TMD 主要广泛用于土木工程中风致振动的控制，典型的案例有台北 101 大厦，采用 1 台 660t TMD，如图 1.2.1 所示。

图 1.2.1　台北 101 大厦及 TMD 阻尼器实景

在传统 TMD 的基础之上，陈政清院士引入电涡流阻尼技术，发明了电涡流调谐质量阻尼器[3]。当 TMD 工作时，非磁性铜板发生切割磁力线运动，穿过导体的磁通量就会发生连续的变化，根据法拉第电磁感应定律，会在铜板中产生电动势，形成电涡流，根据楞次定律，电涡流产生一个与原磁场方向相反的新磁场，形成阻碍导体板运动的阻尼力，如此循环，结构振动能量通过导体的电阻热效应被消耗掉。电涡流 TMD 阻尼器已在上海中心大厦得到应用，采用 1 台 1000t 电涡流 TMD 阻尼器，如图 1.2.2 所示。

图 1.2.2 上海中心大厦及电涡流 TMD 阻尼器实景

与 TMD 的概念类似，TLD 和 TLCD 采用液体作为质量元，通过液体晃荡的频率与结构调谐。当结构振动时，引起固 TLD 或 TLCD 中液体的晃动，并在液体表面形成波浪。晃动的液体和波浪将对箱壁产生动压力差，液体运动也将引起惯性力，由动压力差和液体惯性力形成了 TLD 或 TLCD 的减振作用[4]。TLD 在国内的典型应用有大连国贸大厦的风振控制[5]。

由于吸能减振装置主要用于控制风荷载响应，本书不做过多探讨。

1.2.2 消能减震技术设计标准

随着消能减震技术的广泛应用以及各国对消能减震技术的深入研究，许多国家都相继制定了相应的消能减震结构设计和施工的标准、规范和规程，有序推进建筑工程应用消能减震技术，确保工程质量。

1. 中国大陆及台湾地区消能减震技术设计标准

2001 年，中国大陆颁布的《建筑抗震设计规范》GB 50011—2001 中，专门增加了隔震和消能减震设计的有关章节。制定了消能减震结构的适用范围和设防目标、消能部件的选型与布置、消能减震结构计算分析等方面的内容。

2010 年，中国大陆颁布的《建筑抗震设计规范》GB 50011—2010 中，保留了“01 规范”中隔震和消能减震设计的内容；并扩大了隔震和消能减震房屋的适用范围；补充了关于消能阻尼器的性能检验标准；新增了消能减震结构的构造要求。

2012 年，中国大陆颁布的《建筑消能阻尼器》JG/T 209—2012 中，规定了建筑消能阻尼器的分类和标记、自身性能（使用年限、材料要求、力学性能、耐久性、耐火性）、试验方法、检验规则以及标志、包装、运输和贮存要求。

2013 年，中国大陆颁布的《建筑消能减震技术规程》JGJ 297—2013 中，明确了消能减震结构的设计要求；规定了各种类型阻尼器的技术性能；给出了消能部件的连接和构造要求；

制定了消能部件的施工、验收和维护等相关内容。

2011 年，中国台湾地区颁布的《建筑物耐震设计规范及演说》中，制定了安装消能部件的设计指南，其中包括：消能部件（位移型部件、速度型部件）的模拟方法、消能减震结构的分析方法、消能系统的细部要求、部件试验标准等。

自 2014 年 2 月 21 日住房和城乡建设部以建质 [2014]25 号印发“关于房屋建筑工程推广应用减隔震技术的若干意见（暂行）”以后，许多省份发文积极响应，云南、新疆、山西、山东、甘肃等省建设厅明确发文强制要求在高烈度地震区类如学校及医院等重要建筑使用减隔震技术，四川、河北、海南等省份推荐使用减隔震技术。2016 年 6 月 1 日第五代地震区划图开始实施，全国近一半县级以上城镇提高了设防烈度；同时，根据《中国地震动参数区划图》GB 18306—2015 和《中华人民共和国行政区划简册 2015》以及民政部发布 2015 年行政区划变更公报，修订了《建筑抗震设计规范》GB 50011—2010 附录 A“我国主要城镇抗震设防烈度、设计基本地震加速度和设计地震分组”等，局部修订的条文，自 2016 年 8 月 1 日起实施。这些政策势必促进减隔震技术的工程应用。

2. 日本消能减震技术设计标准

2003 年，日本免震构造协会（Japan Society of Seismic Isolation，JSSI）出版了《被动减震结构：设计 · 施工手册》。该手册中介绍了各类型阻尼器（黏滞阻尼器、黏弹性阻尼器、软钢阻尼器、摩擦阻尼器）的构造、动力特性、适用范围、性能试验、评估方法、性能评估时的注意事项以及安装阻尼器结构的设计方法。此外，该手册还给出了各类型阻尼器的维护管理措施。

3. 美国消能减震技术设计标准

1992 年，美国耗能研究组织（Energy Dissipation Working Group，EDWG）最早对消能阻尼器制定了一系列试行条款，对金属阻尼器、黏弹性阻尼器、黏滞流体阻尼器的设计方法做了规定，提出在设计地震作用下，消能阻尼器允许进入弹塑性状态，而主体结构仍应保持弹性状态。

1993 年，北加州结构工程师协会（Structural Engineers Association of Northern California，SEAOC）颁布了有关消能减震技术的暂行规定，其中明确指出消能减震结构设计应采用动力时程分析法。

从 1997 年开始，美国联邦灾难处理局（Federal Emergency Management Agency，FEMA）颁布了一系列减震相关的规范。例如 1997 年颁布的 FEMA273 和 FEMA274，及 2000 年颁布的 FEMA356、FEMA368 和 FEMA369。FEMA273 和 FEMA274 是最早的消能阻尼器设计规范，FEMA356 在其基础上进行完善而来。

2003 年，美国国家地震减灾计划（National Earthquake Hazards Reduction Program，NEHRP）颁布的《新建建筑物和其他结构抗震设计推荐规范》（NEHRP Recommended Provisions for Seismic Regulations for New Buildings and Other Structures）中加入了“消能减震结构”这一章节。此后，经修正后补充至“建筑和其他结构最小设计荷载（Minimum design loads for buildings and other structures）”（ASCE 2005）中。

1.3 黏滞阻尼器发展

1.3.1 杆式黏滞阻尼器

自黏滞阻尼器于 19 世纪中叶问世以来 [6]，首先应用于军工领域，然后逐渐在机械、车辆、航天等领域得到应用，直到 20 世纪 90 年代“冷战”结束，才开始在结构工程中推广使用。结构工程用的黏滞阻尼器虽然仅有 20 多年的发展历史，却发展迅速，对保护结构工程的安全发挥了巨大的作用。

回顾杆式黏滞阻尼器在结构工程应用中的发展过程，到目前为止主要经历了如下三个阶段：以弹性胶泥为介质的第一代黏滞阻尼器、以机械式阀门为基础的第二代黏滞阻尼器以及通过射流孔控制阻尼器参数的第三代黏滞阻尼器 [7]。

1. 以弹性胶泥为介质的第一代黏滞阻尼器

第一代黏滞阻尼器（又称弹性胶泥阻尼器，图 1.3.1）是利用密闭于容器中弹性胶泥的高阻尼性、黏弹性、流动性和体积压缩性来达到减震目的。对弹性胶泥阻尼器的研究最早始于 20 世纪 60 年代 [8]，到 80 年代，欧洲的弹性胶泥阻尼器生产技术已相当成熟。弹性胶泥阻尼器起初主要应用于军工行业，然后逐渐在铁路、港口机械、工业建筑、桥梁等行业得到推广应用。

受弹性胶泥材料特性的影响，比如胶泥材料在冷热变化过程中性能差异非常大等，弹性胶泥阻尼器缺乏长期稳定的性能，不适用于建筑结构工程。

2. 以机械式阀门为基础的第二代黏滞阻尼器

第二代黏滞阻尼器采用了新的阻尼介质和带有孔道的活塞头，利用流体的惯性力实现阻尼功效。通常在活塞孔道处设置预压弹簧阀门（调压阀），调压阀根据作用在阀门上的压力与阀弹簧力的平衡关系改变流体通过的面积，控制流体流量，进而获得具有不同阻尼特性的阻尼器。第二代黏滞阻尼器又称机械阀门式阻尼器（图 1.3.2），其性能介绍详见第 2 章。

由于调压阀是控制机械阀门式阻尼器特性的一个关键因素，其必须具有加工精细、耐久性好等特点。往往调压阀质量的好坏是决定一款产品能否被广泛应用的关键。早期生产第二代阻尼器的厂家主要有日本、欧洲和美国的几个公司，由于调压阀的限制，导致部分公司停产

图 1.3.1 弹性胶泥阻尼器
图 1.3.2 机械阀门式阻尼器

甚至破产。现阶段主要以中国和日本的公司为主，尤其是在日本，机械阀门式阻尼器得到了广泛的应用。

如采用高质量的阀门，则可以保证机械阀门式阻尼器性能相对稳定。但是由于其性能局限，如速度指数范围较小[9]，有公司开始研究不采用调压阀且性能相对宽广的阻尼器。以美国的 Taylor 公司为代表，开发了第三代黏滞阻尼器。

3. 以射流孔控制阻尼器参数的第三代黏滞阻尼器

第三代黏滞阻尼器[10]（图 1.3.3）摒弃了调压阀等复杂的设计，采用了小孔射流技术，通过调整活塞头上特制的小孔形式来获得所需的阻尼参数，因此又称射流型黏滞阻尼器。第三代黏滞阻尼器利用流体的黏滞力实现阻尼功效，其性能详见第 2 章。

第三代黏滞阻尼器是美国 Taylor 公司在 20 世纪 80 年代首先发明的阻尼器产品。中国的研究起步比较晚，现阶段国内也有公司生产第三代黏滞阻尼器。自射流型黏滞阻尼器发明以来，由于其性能稳定和适用性广，逐渐得到世界的认可，并在桥梁和建筑等领域得到广泛应用。

1.3.2 黏滞阻尼墙

黏滞阻尼墙是（图 1.3.4）是一种可作为墙体安装在结构层间的阻尼装置，由日本学者 Mitsuo Miyazaki 首先于 20 世纪 80 年代发明。黏滞阻尼墙利用结构层间的相对运动，使内外钢板之间产生速度梯度引起黏滞材料剪切滞回耗能，进而降低结构的动力响应，其性能详见第 2 章。

图 1.3.3

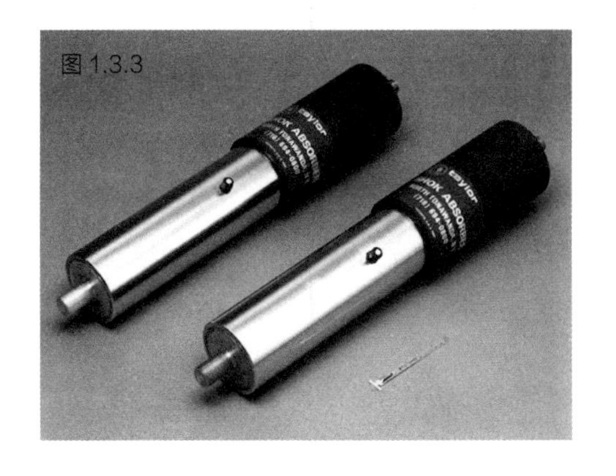

图 1.3.4

图 1.3.3 射流型黏滞阻尼器
图 1.3.4 黏滞阻尼墙

黏滞阻尼墙是一种性能良好的消能减震部件，用于建筑结构减震具有以下优点：

（1）制作、安装方便，不需要复杂的装置和特殊的材料；

（2）通过改变黏滞液体的黏度、内外钢板之间的距离和钢板面积与数量，可以调整黏滞阻尼墙的阻尼力；

（3）由于墙体与黏滞材料的作用面积较大，故可吸收较多的地震能量；

（4）可以充分利用墙体所提供的空间，设置在建筑物的墙体位置，安装后不影响建筑使用功能及美观；

（5）可同时适用于多层、高层和超高层建筑结构的抗震和抗风设计，还能用于抗震加固和震后修复等方面。

国内关于黏滞阻尼墙的研究起步较晚，大多是在国外研究成果的基础上进行深化或拓展研究。近几年，李爱群教授等[11]开发出新型的黏滞阻尼墙，将传统纵向型的内钢板改为横向放置。

1992年，日本的M. Miyazaki和Y. Mitsusaka设计了世界上第一幢用黏滞阻尼墙减震耗能的建筑SUT-Building[12]，并在1995年阪神地震中表现良好。因此，黏滞阻尼墙在日本受到了业主和结构工程师的青睐，广泛地应用于建筑结构的消能减震和加固设计当中[13]。

中国对黏滞阻尼墙的应用近几年才刚刚开始，如已经建成的宿迁金柏年财富广场（2009）、唐山万科金域华府（2012）、宿迁苏商大厦（2013）、宿迁水木清华三期（2014）。

1.4 黏滞阻尼技术研究现状

1.4.1 黏滞阻尼结构试验研究

国内外研究学者对各种黏滞阻尼结构的缩尺模型进行了振动台试验，以期研究杆式黏滞阻尼器和黏滞阻尼墙对结构位移和加速度等响应的影响。

1988年，日本F. Arima等[14]对一座设置了黏滞阻尼墙的5层钢框架结构缩尺模型进行了振动台试验，研究了黏滞阻尼墙的减振效果。结果表明，设置黏滞阻尼墙后，结构位移和加速度响应可减小至原结构响应的1/3~1/5。

1993年，美国M. C. Constaninous等[15]对设置黏滞阻尼器的3层钢框架缩尺模型进行了试验研究。结果表明，加设黏滞阻尼器后，结构层剪力和层间位移可降低40% ~ 70%。

1994年，日本N. Niwa等[16]通过地震模拟试验，对一座设置了油缸黏滞流体阻尼器的高层建筑进行分析和计算，证实了增加油缸黏滞阻尼器后，结构阻尼比较原先增加了10% ~ 20%。

1996年，清华大学谭在树等[17]对一座设置黏滞阻尼墙的4层钢筋混凝土框架结构进行了振动台试验。结果表明，设置黏滞阻尼墙后，混凝土框架第一阶振型的阻尼比由1.4%增至17%；在中震和大震激励下，结构基本处于弹性状态。

2006年，台湾Jenn Shin Hwang等[18]对一个设置黏滞阻尼器的3层钢筋混凝土结构进行了振动台试验。结果表明，即使在很小的层间位移下，套索支撑阻尼系统也能较好地发挥减震作用。

2010年，马玉宏等[19]对一幢安装有黏滞阻尼器的复杂高层钢－混凝土组合门式结构（高度为86.25m）的缩尺模型进行了振动台试验。结果表明，塔楼和连廊布置黏滞阻尼器后，在设防地震作用下，底层钢筋混凝土柱和高空连廊的拉、压应变平均值分别减小7.2%和0.5%。

2012年，Hiroaki Harada等[20]在设置黏滞阻尼墙和屈曲约束支撑的Nikken Sekkei Tokyo Building上安装了加速度计测量结构的地震响应。结果表明，设计阶段的分析结果与实测结果较为吻合，验证了分析模型和分析方法的准确性。

2014年，苏丰阳等[21]对一个附加新型间隙式黏滞阻尼器的2层框架结构进行了振动台试验。结果表明，设置黏滞阻尼器后，结构顶层最大层间位移可减小 31.6% ~ 58.1%，结构顶层最大加速度可减小 26.7% ~ 39%。

综上缩尺模型试验所述，设置杆式黏滞阻尼器和黏滞阻尼墙后，结构的位移和加速度等响应均可得到有效控制，黏滞阻尼器的减震（振）效果显著。

1.4.2 黏滞阻尼结构设计研究

为了使黏滞阻尼器的减震效果达到最优，近年来国内许多学者研究了黏滞阻尼器在结构中的布置方式，给出了黏滞阻尼结构的设计建议。

2010 年，杜东升等[22]以某 94.95m 的双塔建筑为工程背景，提出了黏滞阻尼墙减震结构体系的设防目标，给出了结构减震分析的流程及阻尼墙的基本布置原则。分析指出，设置黏滞阻尼墙的高层建筑结构减震设计宜先根据设防目标估算阻尼墙数量，然后根据结构特点在竖向和平面初步布置阻尼墙，最后利用结构响应对黏滞阻尼墙的布置进行优化。算例表明，该设计流程可较为准确合理地进行黏滞阻尼墙的布置，避免大量的盲目试算。

2011 年，周颖等[23]以一座 240m 超高层建筑结构为研究对象，分别对比无伸臂桁架、1 道伸臂桁架和 2 道伸臂桁架的减震效果。结果表明，设置伸臂桁架对层间位移角的控制效果明显；设置 2 道伸臂桁架的减震效果较 1 道伸臂桁架更为显著。在单向斜撑型、双向斜撑型、竖向型、竖向支撑型和 Toggle 型 5 种消能减震伸臂桁架中，竖向斜撑型的减震效果较优。

2011 年，汪大洋等[24]以一座 288m 的超高层框架 - 核心筒结构为研究对象，提出设置耗能减振层（非线性黏滞阻尼器、铅黏弹性阻尼器）的 6 种结构布置方案，分析了耗能减振层对结构地震与风振作用的减振效果。结果表明，对于以抗风为主的高层或超高层建筑结构的减振控制设计，阻尼器宜设置在结构中上部；对于以抗震为主的高层或超高层建筑结构的减振控制设计，阻尼器宜设置在结构的中下部。

2012 年，翁大根等[25]提出了一种针对附加黏滞阻尼器减震结构的实用设计方法。该方法对于多层结构附加黏滞阻尼器的配置原则是首先基于楼层剪力进行阻尼力初步设计计算，然后依据楼层相对位移进行二次优化分配。这种设计准则的实质是设计阻尼力与结构层剪力及层位移的乘积成正比。

2014 年，韩建平等[26]以一座高度为 245.6m 的超限框筒结构为背景，分别在伸臂桁架水平弦杆、竖向腹杆及斜撑上布置黏滞阻尼器形成水平型、竖向型及单斜撑型消能伸臂桁架，并对布置不同消能伸臂桁架的结构进行地震响应分析。结果表明，上述三种消能伸臂桁架均能显著减小结构的最大水平位移和最大层间位移角，且阻尼器竖向型布置方案的减振效果最优。

1.5 工程案例

1.5.1 中国大陆地区和台湾地区

据不完全统计，截止到 2015 年，中国大陆地区采用黏滞阻尼器的工程案例有 85 个，其中杆式黏滞阻尼器工程案例有 78 个、黏滞阻尼墙工程案例有 7 个；中国台湾地区采用杆式黏滞阻尼器的工程案例有 167 个 [27]。根据所搜集到的黏滞阻尼器工程案例资料，得到相关统计结果如图 1.5.1 和图 1.5.2 所示。

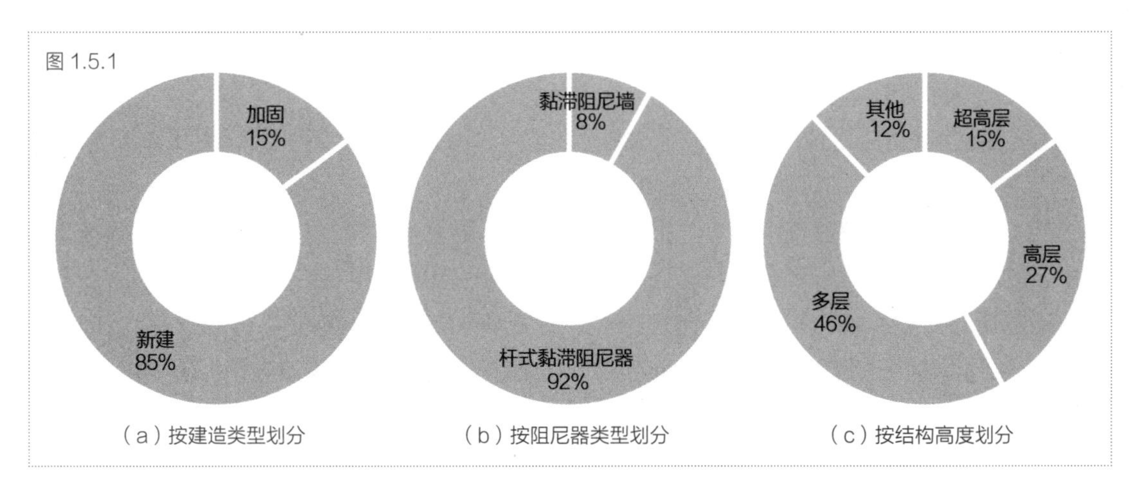

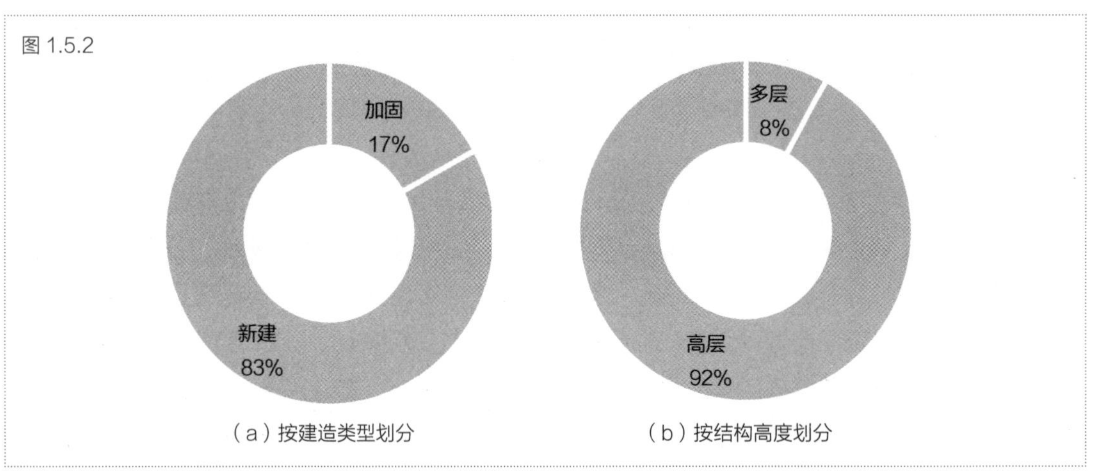

图 1.5.1　中国大陆黏滞阻尼器应用情况
图 1.5.2　中国台湾黏滞阻尼器应用情况

在中国大陆地区，黏滞阻尼器的应用存在以下特点：

（1）黏滞阻尼器主要应用在新建的高层结构中，超高层和多层结构也有广泛应用，绝大部分采用支撑形式布置；

（2）黏滞阻尼墙工程应用很少，属于刚起步阶段，主要以杆式黏滞阻尼器为主；

（3）减震措施以单一应用为主。

在中国台湾地区，黏滞阻尼器的应用存在以下特点：

（1）杆式黏滞阻尼器主要用在新建的高层结构中，布置形式都采用柱间支撑形式；

（2）黏滞阻尼墙最早于 2000 年进入到台湾地区 [28]。但从现有资料中发现，工程应用还是以杆式黏滞阻尼器为主。

本小节挑选 5 个典型的黏滞阻尼器工程应用案例进行详细介绍。

1. 汶川县人民医院

汶川县人民医院[29]4 层，2009 年 10 月建成，建筑高度 18.35m，建筑效果图如图 1.5.3 所示。抗震设防烈度为 8 度 0.2*g*。

该建筑采用钢筋混凝土框架结构体系，采用了 46 个非线性黏滞阻尼器。阻尼器布置在结构周边，且沿楼层连续布置，平面布置如图 1.5.4 所示。黏滞阻尼器的安置形式为 K 形支撑，如图 1.5.5 所示。在小震作用下，无控结构和有控结构均能满足设防目标和限值要求，加设黏滞阻尼器后，结构最大层间位移角、基底剪力和基底倾覆力矩的减幅都在 60%~80% 之间。

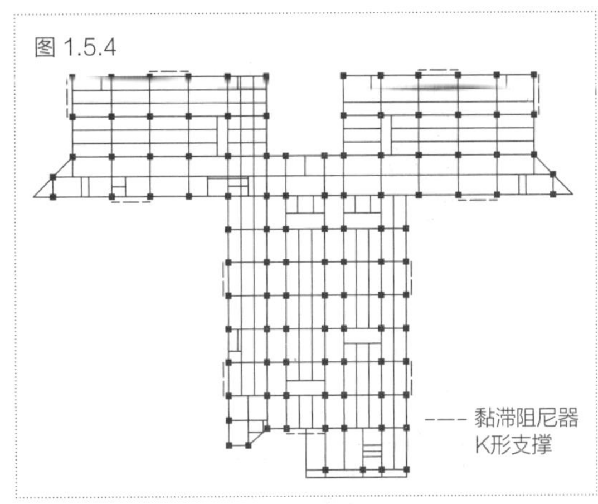

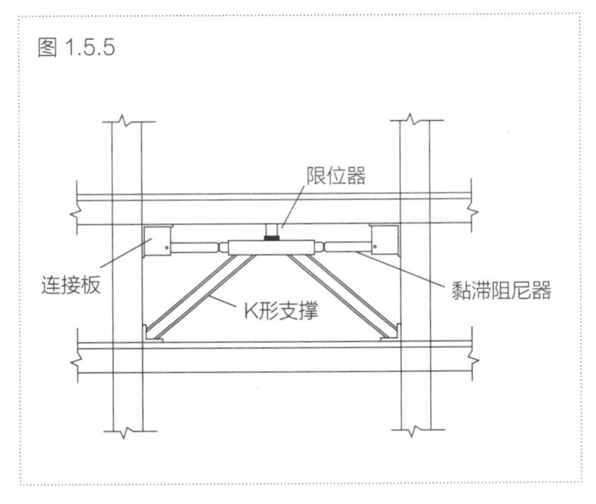

图 1.5.3　汶川县人民医院建筑效果图
图 1.5.4　黏滞阻尼器平面布置图
图 1.5.5　K 形黏滞阻尼器支撑

在中震作用下，无控结构不满足中震弹性目标，层间位移角大于限值 1/500，但结构满足中震不屈服的设防目标；有控结构层间位移角小于限值 1/500，且中震保持弹性。以正弦简谐波激励结构，采用《建筑消能减震技术规程》JGJ 297—2013[2] 计算附加阻尼比的公式，得到结构第一振型的附加阻尼比：*X* 向为 19.2%，*Y* 向为 20.3%。

2. 北京盘古大观

北京盘古大观钢结构办公楼[30, 31]，2008 年建成。地上 40 层、地下 5 层，结构高度 191.5m，建筑效果图如图 1.5.6 所示，结构平面布置如图 1.5.7 所示。抗震设防烈度 8 度 0.2*g*。

该建筑采用钢框架 + 支撑核心筒 + 伸臂桁架结构体系，采用无粘结屈曲约束支撑和液体黏滞阻尼器作为结构的减震系统。液体黏滞阻尼器均匀设置在层间位移较大的 24~39 层，共计 104 个，阻尼器立面布置如图 1.5.8 所示。安装形式为对角支撑或人字形支撑。

相比于无控结构，采用黏滞阻尼器的结构在小震作用下，结构层间位移角减小 15%~40%；在中震作用下，结构全部在弹性范围内工作；在大震作用下，层间位移角满足《高层民用建筑钢结构规程》JGJ 99—98 的 1/70 要求，附加阻尼比分别为 2.21%（*X* 向）和 2.36%（*Y* 向）。因此，加设黏滞阻尼器后，结构的整体抗震能力、抗震储备和结构安全性得到增强。

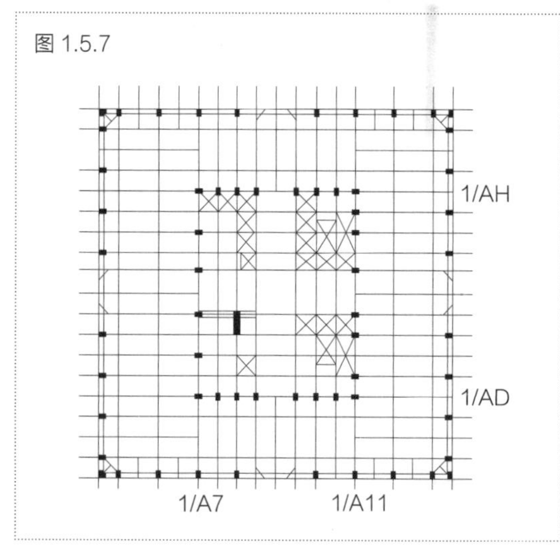

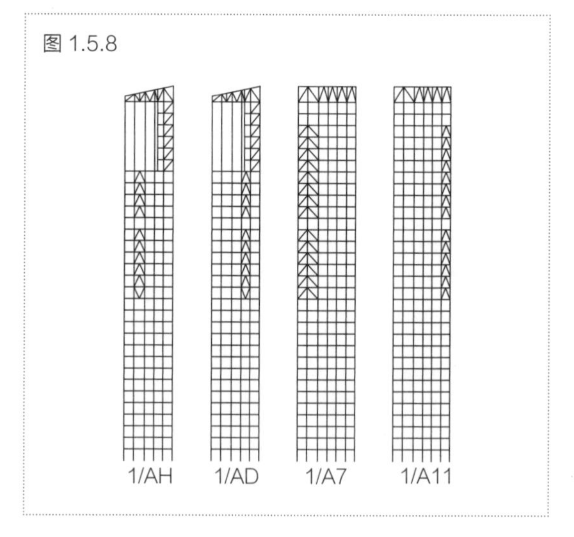

图 1.5.6　北京盘古大观建筑效果图
图 1.5.7　结构平面布置图
图 1.5.8　黏滞阻尼器立面布置图

3. 宿迁金柏年财富广场

江苏宿迁金柏年财富广场[32]，包括 A、B 两栋主楼（图 1.5.9 和图 1.5.10），2009 年建成。地上 25 层，地下 3 层，建筑总高度 94.95m。抗震设防烈度 8 度 0.3*g*。以该结构中平面较不规则的 A 塔为例进行简要介绍。

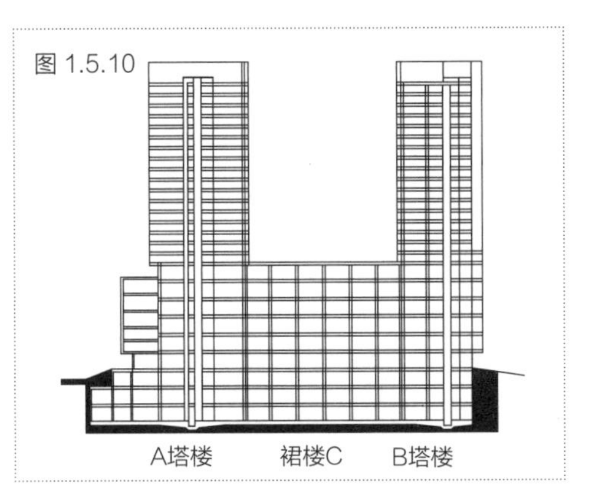

图 1.5.9　建筑效果图
图 1.5.10　结构立面图

该建筑采用大底盘双塔钢筋混凝土框架－剪力墙结构体系，采用黏滞阻尼墙作为该结构的消能减震装置。A 塔黏滞阻尼墙 X 向和 Y 向均分别布置 30 片，具体布置位置如图 1.5.11 和图 1.5.12 所示。

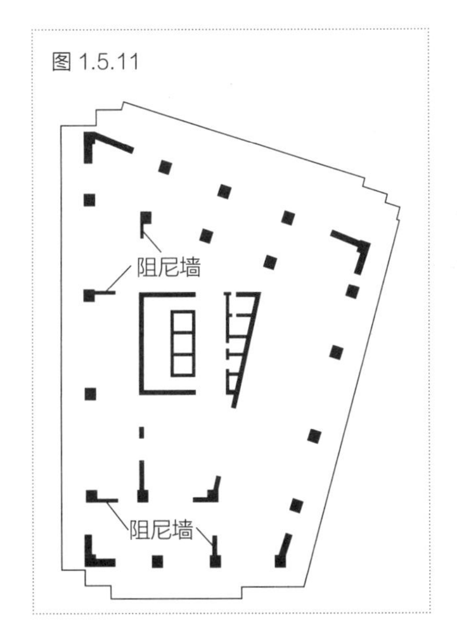

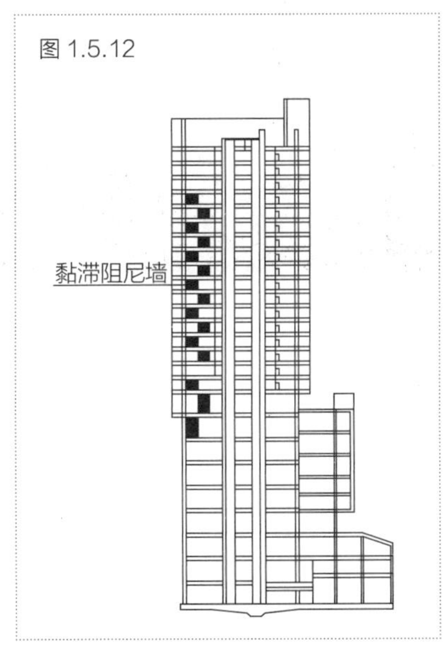

图 1.5.11　阻尼墙平面布置图
图 1.5.12　阻尼墙立面布置图

设置黏滞阻尼墙后，结构抗震性能有明显的提高。在多遇地震作用下，层间位移角小于 1/900，满足《建筑抗震设计规范》GB 50011—2001[33] 的 1/800 要求，附加阻尼比为 2.5%；在罕遇地震作用下，最大层间位移角为 1/173，远小于《建筑抗震设计规范》GB 50011—2001 对消能结构弹塑性层间位移角 1/80 的限值。

4. 天津国贸中心 A 座

天津国贸中心 A 座公寓[34] 楼高 235m，共 60 层（图 1.5.13），为在原有 25 层结构上的续建项目，2014 年建成。抗震设防烈度 7 度 0.15g，50 年基本风压 0.50kN/m^2。

该建筑采用钢框架－支撑核心筒结构体系，采用直接加设黏滞阻尼器的方法来控制 X 方向的风振加速度问题。阻尼器设置在 12 层、28 层、44 层这 3 个避难层的框架与核心筒之间，全部使用反向套索形式连接，每层 4 套阻尼器，全楼 12 套，具体布置位置见图 1.5.14。

在10年一遇风工况下，结构X向顶点加速度减振前为0.2237m/s^2，减振后为0.1992m/s^2，减振率为11%。采用"比对法"估算阻尼器对结构的附加阻尼比，10年一遇风工况下，X方向结构附加阻尼比约为0.005，固有阻尼比取0.02。

在多遇地震作用下，选用7组地震波对结构进行时程分析，分析结果如表1.5.1。可以看出，加设阻尼器后，结构的整体抗震性能得到改善。

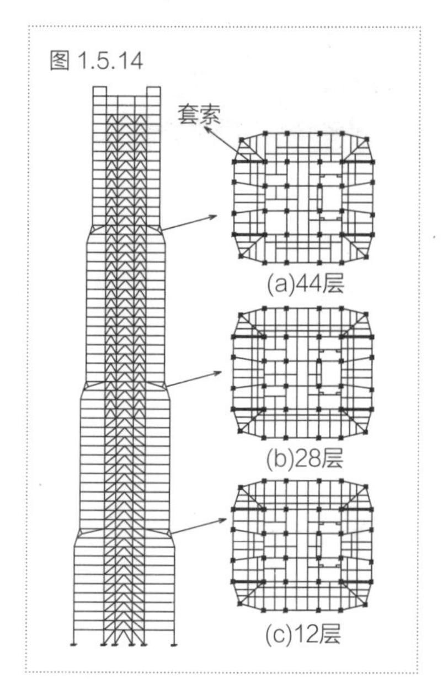

图1.5.13 建筑效果图
图1.5.14 阻尼器布置图

表1.5.1 多遇地震（X向）计算结果

对比参数	减震前	减震后	减震率
层间位移角	1/377	1/395	4.4%
基底剪力（kN）	25305	23156	8.5%
基底弯矩（kN·m）	3273	2986	8.8%

5. 台新银行

台新银行[35]位于台北市内湖新科园区旧宗路二段与阳光街交叉路口。建筑高度35.9m，地上9层，地下3层（图1.5.15），占地面积11025m^2（105m×105m）。抗震设防烈度8度0.3g。

该建筑采用钢框架结构体系。大楼设计期间遇到921集集大地震，为提升建筑结构的抗震能力，采用线性黏滞阻尼器进行消能减震。大楼共装设144个黏滞阻尼器，全部使用人字形支撑形式安装。平面布置位置如图1.5.16所示，每层布置8个人字形支撑，从1层到9层竖向连续布置。黏滞阻尼器的参数如表1.5.2所示。加设黏滞阻尼器后，该结构的阻尼比由2%增加到10%。

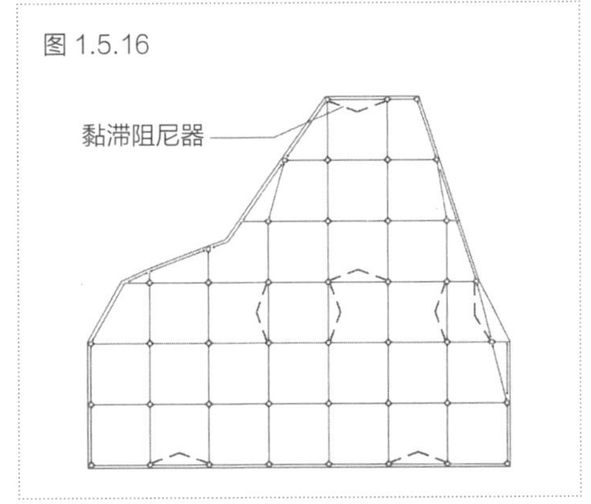

图 1.5.15　建筑效果图
图 1.5.16　阻尼器平面布置图

表 1.5.2　黏滞阻尼器的参数

参数	具体数值
阻尼系数（kN · s/m）	3300~11000
阻尼指数	1
最大出力（kN）	300~1350
最大冲程（mm）	50~75

1.5.2　日本

日本是一个地震多发国家，一次又一次的地震灾难（1923 年关东大地震，1933 年三陆大地震，1995 年阪神大地震，2011 年东日本大地震），使得日本人形成了强烈的危机意识与防震观念，因而积累了丰富的抗震经验，并取得了大量的研究成果。

日本隔震、减震技术处于国际领先的行列。隔震、减震装置种类繁多，包括屈曲约束支撑、杆式黏滞阻尼器、黏滞阻尼墙、铅阻尼器、摩擦阻尼器、隔震支座等。随着试验研究与工程应用的不断尝试，逐渐形成了以隔震、黏滞阻尼器与黏滞阻尼墙应用为主的隔震减震趋势。在工程应用中，多采取混合应用的方式。一般都采用至少两种以上的阻尼器，根据阻尼器的耗能机理，并结合结构受力与变形特点，合理布置阻尼器，充分发挥阻尼器耗能减震作用。

日本减震建筑以每年约 50 栋的数量在逐年增加，其中采用黏滞阻尼器的建筑约占到 34%[36]。本小节挑选 5 个典型的黏滞阻尼器工程应用案例进行详细介绍。

1. 日建设计东京总部大楼

该建筑位于日本东京千代田区坂田桥[37]，由日建设计自行设计，于 2003 年 3 月建成，建筑高度 59.85m，地下 1 层，地上 14 层，如图 1.5.17 所示。

该建筑采用带减震支撑和减震墙的钢框架结构体系。该大楼的设计目标是即使遭受强烈的大地震，结构也不发生损坏，能够继续保证大楼的主要使用功能，因此大楼的消能减震系统包括两种被动耗能装置：黏滞阻尼墙和屈曲约束支撑（图 1.5.18 和图 1.5.19）。黏滞阻尼墙在小震、中震和风荷载下发挥作用；低屈服点屈曲约束支撑在中震和大震下发挥作用。耗能系统可以增加结构的阻尼比，中震下结构的阻尼比可以达到小震下的两倍。

2011 年 3 月 11 日发了里氏 9.0 级的东日本大地震，地震动持续时间 300s。虽然离震中有数百公里的该大楼监测到的地表加速度为 270gal，但主体结构完好无损。通过对地震监测记录的分析表明，这次大地震验证了耗能系统的有效性，符合最初的设计理念。黏滞阻尼墙正常发挥作用、耗散地震能量，低屈服点屈曲约束支撑仍然保持在弹性的范围内工作。

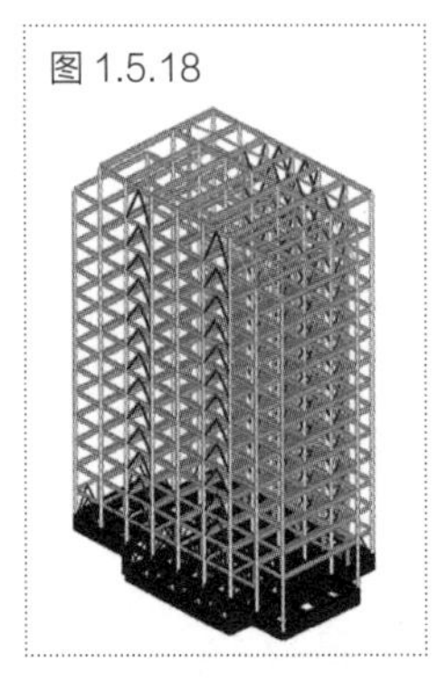

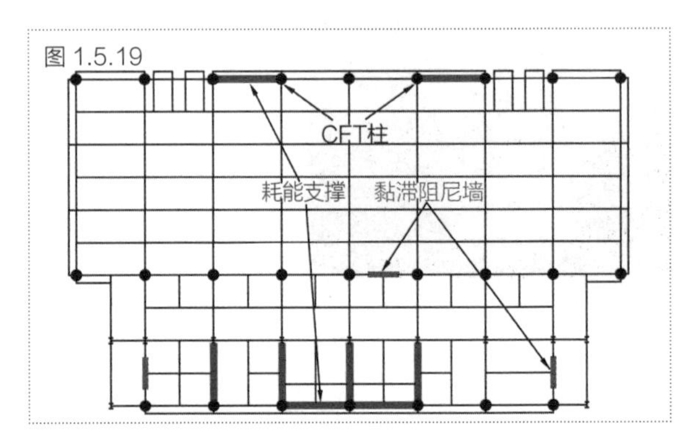

图 1.5.17　建筑效果图
图 1.5.18　结构三维模型
图 1.5.19　耗能装置平面布置图

2. 仙石山森大厦

该改建项目位于东京都港区 [38]，2012 年 8 月建成。地上 47 层，地下 4 层，总高度为 206.69m，平面尺寸为 50.4m × 50.4m（图 1.5.20）。

图 1.5.20　建筑效果图

该建筑采用由预制钢筋混凝土柱、梁以及钢梁组成的混合结构体系，仅内部与外框间跨度较大的梁采用钢梁。为了提高建筑的安全性和使用效率，采用了黏滞阻尼墙和摩擦阻尼器混合被动控制装置，将其布置在结构的内部（图 1.5.21 和图 1.5.22），使其与结构系统完美融合，现场布置情况见图 1.5.23。

两种阻尼装置的工作原理各不相同，发挥作用的阶段也不同，性能对比如表 1.5.3 所示。黏滞阻尼墙在小震和大震下发挥作用，摩擦阻尼器只在大震下发挥作用。

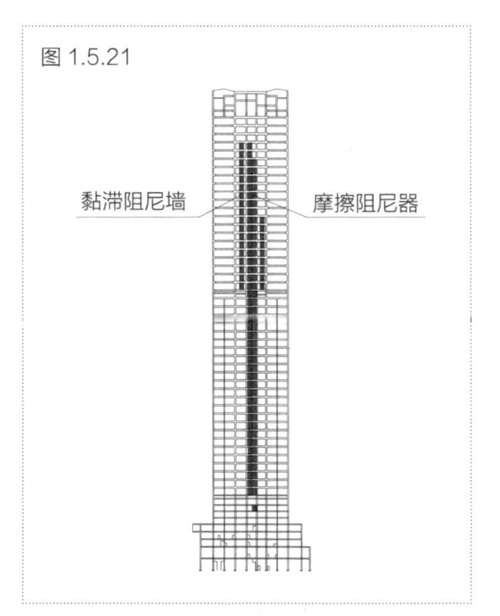

图 1.5.21　阻尼器立面布置图
图 1.5.22　办公层阻尼器布置图
图 1.5.23　阻尼器安装完成图

表 1.5.3　黏滞阻尼器和摩擦阻尼器性能对比

对比项	黏滞阻尼墙	摩擦阻尼器
类型	速度型	位移型
耗能阶段	小震、大震	大震

续表

对比项	黏滞阻尼墙	摩擦阻尼器
产品刚度	动刚度	静刚度
消能原理	黏滞剪切耗能	摩擦耗能

3.SUT-Building

该项目位于日本静冈市[12，39]，1994 年 10 月建成。地下 2 层，地上 14 层，结构高度 78.6m（图 1.5.24）。

该建筑采用钢框架结构体系。由于该项目是建造在软土地基上的高层结构，同时为了使结构具有很高的安全性，在大震作用下免受损伤，因此采用黏滞阻尼墙和超塑性橡胶阻尼器（附属阻尼器）来作为结构的被动减震系统。

黏滞阻尼墙从底到顶连续布置，X 向 80 片，Y 向 90 片，共 170 片，如图 1.5.25 所示。黏滞阻尼墙采用竖向错开布置的方式，目的是：

（1）为了减少与黏滞阻尼墙连接的梁和相邻的柱承受的反力；

（2）避免黏滞阻尼墙的转动问题，保证结构以剪切型水平振动为主。

结构在弹性范围内具有 20%~35% 的阻尼比，地震反应可有效减少 70%~80%；阻尼器在小震到大震下都发挥作用，结构在大震作用下保持弹性；在 1995 年阪神地震中表现良好。

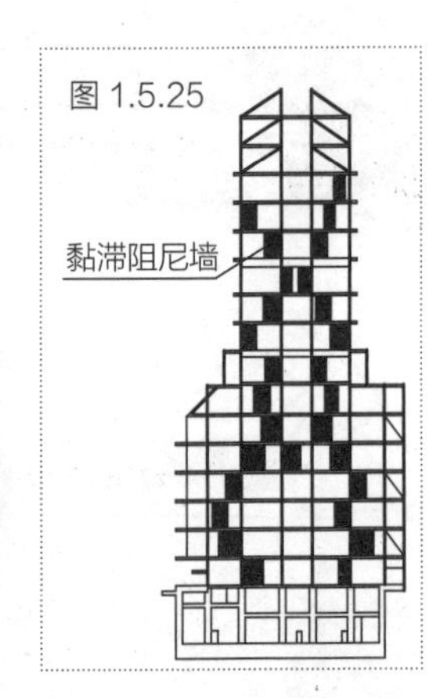

图 1.5.24　建筑效果图

图 1.5.25　黏滞阻尼墙立面布置图

4. 丸之内大厦

该大楼由日建设计担任设计[40]，位于东京车站附近，于 2001 年 11 月建成。地下 4 层，地上 32 层，屋面塔楼 1 层，建筑高度 149.8m（图 1.5.26）。

该建筑采用带减震墙的钢框架结构体系：巨型框架（7 层以下）+ 普通框架（7 层以上）。一方面为了降低结构的地震反应，另一方面为了使巨型框架在 1.2 倍地震力时也能充分保持安全，设计上采用了黏滞阻尼墙作为结构的被动减震系统，这些墙体被设置在筒体周边的墙体内，连接部位也没有构件凸出的问题。

黏滞阻尼墙从 1 层到 22 层连续布置，X 向 48 片，Y 向 48 片，共 96 片，如图 1.5.27 和图 1.5.28 所示。黏滞阻尼墙在同一跨间的立面上呈交错布置，目的是为了增加衰减效果，同时减小周边杆件的附加应力。

通过对设有阻尼墙和不设有阻尼墙的结构进行对比，分析表明：设有阻尼墙的结构最大可降低 15% 的地震反应量。

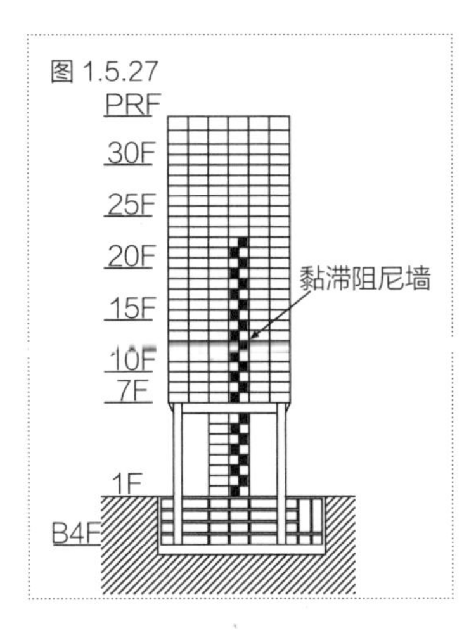

图 1.5.26　建筑效果图
图 1.5.27　黏滞阻尼墙立面布置图
图 1.5.28　黏滞阻尼墙平面布置图

5. 代官山市街地再开发

该项目位于日本东京[41]，2000 年 8 月建成。地下 4 层，地上 36 层，阁楼 2 层，结构高度 170.9m（图 1.5.29）。抗震设防烈度为 8 度 0.3*g*。

该建筑采用型钢混凝土框架结构体系，框架的基本柱网尺寸为 6.4m×6.9m。为了减轻结构遭遇地震时的破坏程度，提高结构的无损伤标准，于各楼层的楼面核心服务区的隔墙位置，布置上下贯通的 250t 黏滞阻尼墙，共采用 276 片。为了避免黏滞阻尼墙附加阻尼力引起结构扭转，在第 4~36 层，沿 *X*、*Y* 方向各布置 4 片。标准层结构平面图和结构剖面图分别如图 1.5.30 和图 1.5.31 所示。

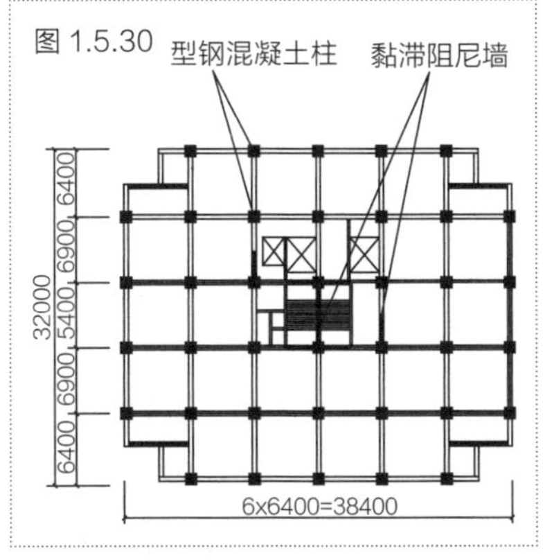

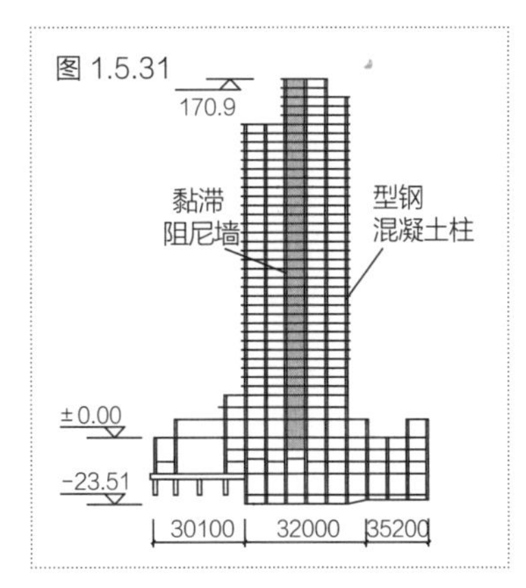

图 1.5.29　建筑效果图
图 1.5.30　标准层结构平面图
图 1.5.31　结构剖面图

采用三个水准的地震，来检验公寓结构是否满足抗震设计性能目标，具体要求如表 1.5.4 所示。

表 1.5.4　抗震设计性能标准

抗震设计标准	第一水准地震	第二水准地震	第三水准地震
峰值速度（cm/s）	35	50	70
峰值加速度（cm/s^2）	250~350	350~500	500~700
结构性能目标	设计规定层剪力≥反应层剪力； 层间相对侧移≤ 1/250； 加速度≤ 200~350cm/s^2	弹性抗力≥反应层剪力； 层间相对侧移≤ 1/150； 层塑性率≤ 1.0； 加速度≤ 300~500cm/s^2	极限水平抗力≥反应层剪力； 层间相对侧移≤ 1/100； 层塑性率≤ 2.0； 加速度≤ 400~700cm/s^2
地震规模	在建筑使用年限内可经受一次大地震	所在场地可能遭遇的最大地震	由承载力富余所能考虑的最大地震
建筑损伤程度	无损伤	基本无损伤	修补后可使用

1.5.3　其他国家

其他国家（如美国、墨西哥、菲律宾）也遭受地震和强风的侵袭，造成巨大的人员伤亡和财产损失。1985 年墨西哥里氏 7.8 级强烈地震使墨西哥市陷入瘫痪。2003 年墨西哥 Colima 州沿海地区遭受了里氏 7.6 级的大地震。美国旧金山和菲律宾分别于 1989 年和 2012 年都遭受了里氏 6.9 级的大地震，同时美国和菲律宾经常也遭受台风的侵袭。这些自然灾害促使黏滞阻尼器在建筑结构的地震和风振控制中开始广泛应用。

本小节挑选 3 个典型的黏滞阻尼器工程应用案例进行详细介绍。

1. 墨西哥市长大楼

墨西哥市长大楼[42]57 层，2003 年建成，建筑高度 225m，建筑效果图如图 1.5.32 所示。该建筑坐落于由墨西哥建筑设计规范（MCBC）定义的Ⅱ类地震区内，且靠近Ⅲ类地震区。Ⅲ类地震区是松软土的堆积层，墨西哥建筑规范中将其列为最严重的地震带。

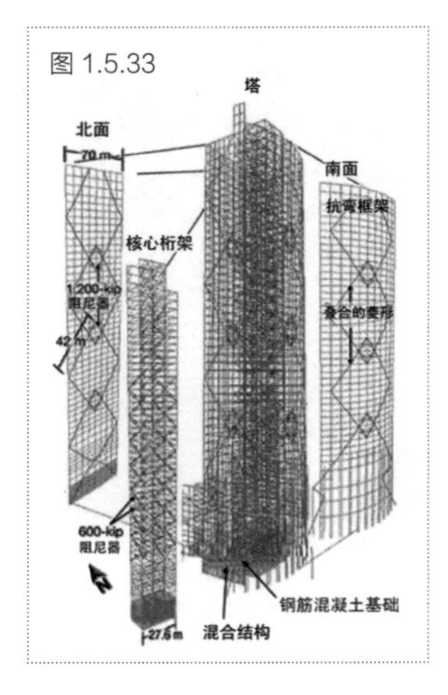

图 1.5.32　建筑效果图
图 1.5.33　黏滞阻尼器立面布置图

该建筑采用钢结构体系，结构外围 30 层以下的钢柱和结构内部 35 层以下的钢柱均为型钢混凝土柱。共采用了 96 个液体黏滞阻尼器，在南北方向上，采用了 72 个阻尼器，按对角跨层支撑的形式设置在结构内部；在东西方向上，采用了 24 个阻尼器，按巨型跨层支撑的形式设置在结构的外围（南北两平面内），如图 1.5.33 所示。

2003 年，该建筑经历了里氏 7.6 级地震，阻尼器发挥巨大作用，使结构保持在弹性范围内。考虑黏滞阻尼器的作用，采用对比结构响应的方法，求得结构总阻尼比：东西向 12% 和南北向 8.5%，大大提高了整个结构的抗震能力，同时又具有很好的经济效益。

2. 菲律宾香格里拉塔

菲律宾香格里拉塔[43]60 层，由两座 210m 高的钢筋混凝土建筑组成，2009 年建成，建筑效果图如图 1.5.34 所示。该建筑位于马尼拉，按照 NSCP 2001 规范，风压分区为 II 区，设计基本风速为 55m/s（属于强风地区）；按照 UBC-97 规范，地震区为 4 区（属于高烈度地震区）。

该建筑采用框架 - 核心筒结构体系。在加强层（布置在立面的中部，如图 1.5.35 所示）处，外框柱和刚性核心筒之间设置 8 个悬臂墙（图 1.5.36），每个悬臂墙的端头连接处设置两个竖向放置的黏滞阻尼器（共 16 个），形成黏滞阻尼伸臂系统。该系统主要用于抑制结构的风振

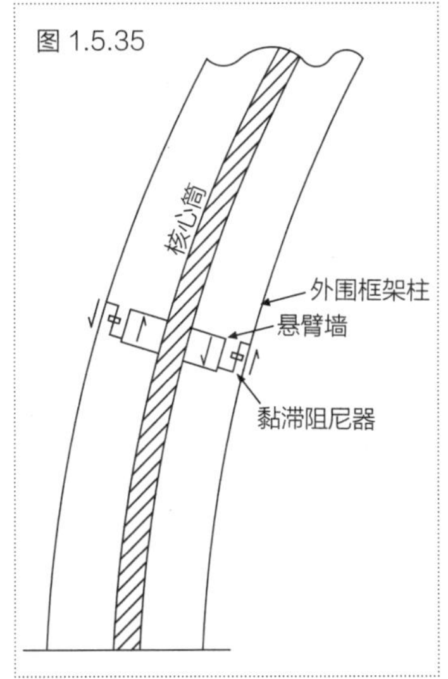

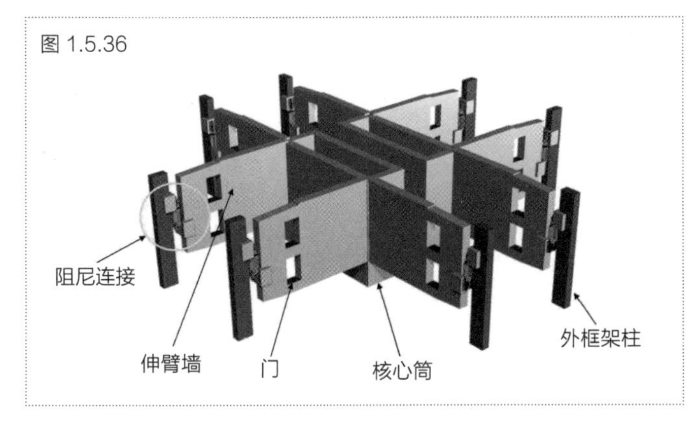

图 1.5.34　建筑效果图
图 1.5.35　黏滞阻尼伸臂概念示意
图 1.5.36　黏滞阻尼伸臂层示意

反应，同时提高的结构抗震性能。

在当地规范重现期 100 年风作用下，两个塔楼两个主轴方向附加阻尼比为 5.2%~11.2%。通过风洞试验可知，在当地规范重现期 100 年风作用下，当结构只有 1.0% 的固有阻尼比时，基底倾覆力矩为 7.4GN · m；当结构总阻尼比为 7.5%（固有阻尼比 1.0%+ 附加阻尼比 6.5%）时，基底倾覆力矩为 4.5GN · m，降低了 39%。在当地规范重现期 10 年风作用下，当结构只有 1.0% 的固有阻尼比时，顶峰值加速度 0.256m/s^2（规范限值为 0.15m/s^2），当结构总阻尼比为 7.5%（固有阻尼比 1.0%+ 附加阻尼比 6.5%）时，顶峰值加速度 0.094m/s^2，降低 63%。在地震作用下，黏滞阻尼器也可以起到很小的减震作用，但效果不如风荷载，主要是由于该建筑由风荷载控制。采用黏滞阻尼器进行抗风兼顾抗震，可以使结构造价节省将近 400 万美元。

3. 亨廷顿 111 大楼

亨廷顿 111 大楼[44] 位于美国波士顿，2000 年建成，38 层，建筑高度 248m，建筑效果图如图 1.5.37 所示。按照 BOCA93 标准，设计基本风速为 40m/s，地震区为 2A 区（属于中度地震区），峰值加速度为 0.12g。

该建筑采用钢框架筒体结构体系。采用 60 个线性黏滞阻尼器，按层间间隔的方式布置于 6~34 层之间内芯筒的周边；X 向采用对角支撑的形式布置 30 个黏滞阻尼器，Y 向采用套索的形式布置 30 个黏滞阻尼器，具体布置位置如图 1.5.38 和图 1.5.39 所示。黏滞阻尼支撑系统主要用于抑制结构的风振反应，同时提高结构的抗震性能。

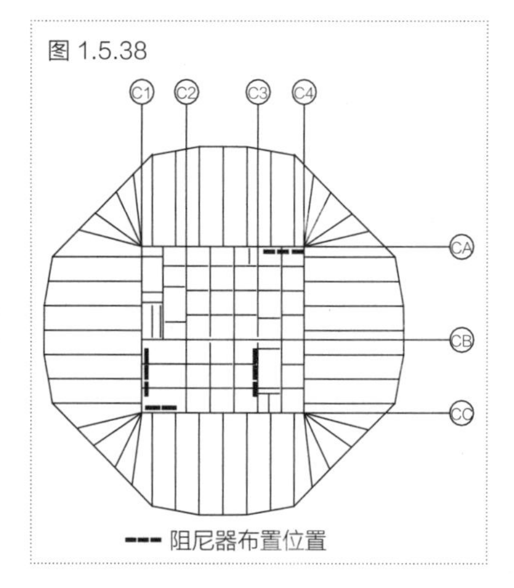

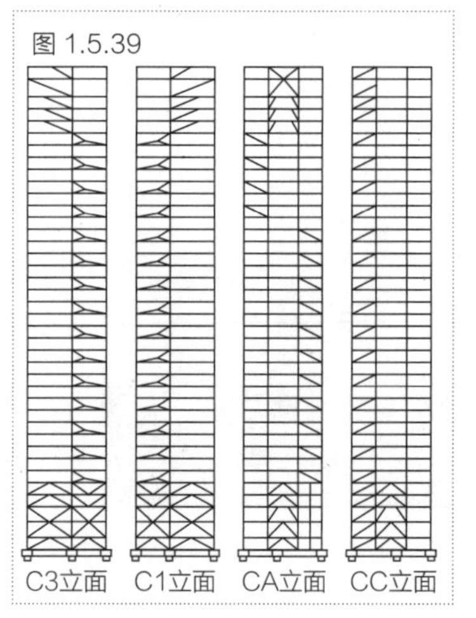

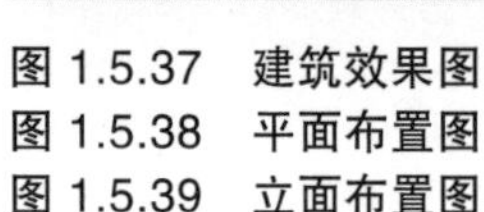
图 1.5.37　建筑效果图
图 1.5.38　平面布置图
图 1.5.39　立面布置图

安装黏滞阻尼器后，在风荷载作用下，结构顶点峰值加速度 X 向由 0.696m/s^2 减小到 0.523m/s^2、Y 向由 0.455m/s^2 减小到 0.304m/s^2，减幅分别为 24.9% 和 33.2%；采用能量法计算附加阻尼比，X 向和 Y 向分别为 0.89% 和 1.0%。在地震作用下，基底剪力 X 向由 28422kN 减小到 26041kN、Y 向由 26954kN 减小到 23345kN，减幅分别为 8.4% 和

13.4%；采用能量法计算附加阻尼比，X 向和 Y 向分别为 1.56% 和 1.8%。

1.5.4 小结

从以上国内外典型的黏滞阻尼器工程应用案例可以看出，黏滞阻尼器在工程中的应用具有以下特点：

（1）黏滞阻尼器在世界范围内得到广泛应用，受到广大工程师的认可；

（2）黏滞阻尼器不仅能够有效地减小地震作用，而且还可以用于控制风荷载响应；

（3）已有黏滞阻尼耗能结构经历了地震的考验，验证了黏滞阻尼器耗能减震作用的有效性；

（4）虽然研究者已经对提高阻尼器的效率进行了很多创新性研究，但是还需要进行大量的探索。

| 第2章 | 黏滞阻尼器构造、性能与力学模型

Chapter 2 Configuration, performance and mechanical model of viscous damper

黏滞阻尼器具有耗能能力强、适用范围广、不提供附加静刚度和几乎不受环境温度影响等优点，是一种具有广阔应用前景的消能减震装置。

本章从构件层面出发，针对黏滞阻尼器的构造、性能与力学模型进行了全方位的介绍。首先，按时间的发展详细介绍了黏滞阻尼器的分类及其相应的构造，并总结了四种具有典型特征的黏性介质的特性；然后，挑选了几种具有代表性的黏滞阻尼器，介绍其相关动力性；最后，总结了适用于不同类型阻尼器的力学模型，并详细介绍了常用结构软件对黏滞阻尼器的模拟方法。

2.1 黏滞阻尼器分类与构造

2.1.1 黏滞阻尼器分类

黏滞阻尼器根据产品外形来划分，主要分为杆式黏滞阻尼器、黏滞阻尼墙和缸筒式黏滞阻尼器（也称三向黏滞阻尼器）三大类，如图 2.1.1 所示。

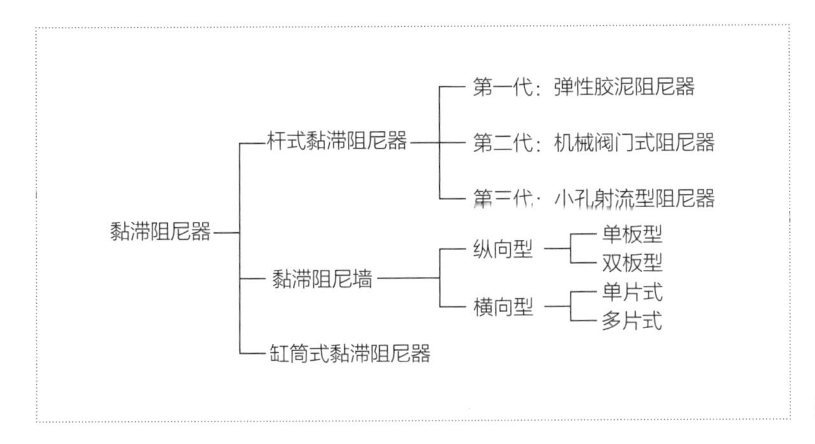

图 2.1.1 黏滞阻尼器分类

杆式黏滞阻尼器一般由缸体、活塞、阻尼孔或间隙、黏滞阻尼介质和导杆等部分组成。其基本工作原理是：在动力荷载的作用下，与结构共同工作的黏滞流体阻尼器的导杆受力，推动活塞运动，活塞两边的黏滞阻尼介质产生压力差，使阻尼介质通过阻尼孔或间隙，从而产生阻尼力。

根据时间发展来划分，杆式黏滞阻尼器可分为：第一代弹性胶泥阻尼器、第二代机械阀门式阻尼器和第三代射流型阻尼器。根据活塞杆构造形式的不同，可以分为单出杆型和双出杆型；根据流体通过活塞位置的不同；可以分为孔隙式、间隙式、混合式黏滞阻尼器。孔隙式黏滞阻尼器根据活塞阻尼孔的形式，可以分为普通圆孔型和小孔射流型[9]。间隙式黏滞阻尼器根据间隙的形状，可以分为等间隙式和变间隙式[45]。

黏滞阻尼墙主要由内部钢板、外部钢板及内外钢板之间的黏滞阻尼介质三部分构成，外部钢板固定于下层楼面，而内部钢板固定于上层楼面，且可以在外部钢板围合的空间内做平面运动，引起黏滞材料的内摩擦而耗散振动能量。实际工程中往往在黏滞阻尼墙外部设钢筋混凝土或者防火材料，以防阻尼墙受到撞击、腐蚀、火灾等因素影响。

按照内部钢板的布置方向来划分，可以分为纵向型和横向型，纵向型即为内钢板平行于外钢板，横向型即为内钢板垂直于外钢板。对于纵向型黏滞阻尼墙来说，按照内部钢板的片数来划分，一片钢板称为单板型，两片钢板称为双板型。对于横向型黏滞阻尼墙来说，按照内部钢板的片数来划分，一片钢板称为单片型，多片钢板称为多片型。

缸筒式黏滞阻尼器主要由大小两个圆桶、黏滞阻尼介质、密封装置等组成，大圆筒固定在下层楼面，内装黏滞阻尼介质，小圆桶固定在上层楼面，并浸泡在大圆筒的黏滞材料中，可沿任意方向运动。缸筒式黏滞阻尼器主要是利用可动部件在黏滞液体中的移动依靠剪切摩擦和液体压缩产生阻尼力。

2.1.2　黏滞阻尼器构造

1. 杆式黏滞阻尼器

（1）第一代弹性胶泥阻尼器

弹性胶泥阻尼器一般由活塞、容器、容器盖、弹性胶泥介质和密封圈等组成，基本构造如图 2.1.2 所示。

基本工作原理是：将弹性胶泥装进能够承受一定压力的活塞缸内，根据需要增加一定的预压缩力，当活塞杆受到一定压力（静压力或冲击力）时，活塞利用活塞缸内节流孔或节流间隙以及弹性胶泥本身体积被压缩后的反作用力产生一定的阻抗力。当缓冲器的活塞被压缩后，缓冲器体内的弹性胶泥处于压缩状态；当作用在活塞柱上的外力撤消后，弹性胶泥的体积则会自行膨胀，将活塞推回到原始位置，在这个过程中弹性胶泥以较慢的速度通过活塞环形间隙（或节流孔）流回原位，实现阻尼器的回程运作[46]。

在弹性胶泥阻尼器运动过程中，一部分外力动能被弹性胶泥吸收并转化为弹性势能，另一部分外力动能则由弹性胶泥在活塞与容器壁之间流动产生的摩擦和弹性胶泥分子链及链段运动或移动产生的摩擦转化为热能耗散，从而起到缓冲、减振作用。

法国 Jarret 公司生产的阻尼器就是第一代黏滞阻尼器，采用具有压缩性、黏滞性的硅酮基人造橡胶，这种材料具有弹性胶泥的特性[47]。由于这种阻尼器只有在单向受压的状态才能发挥作用，为了使其能够承受拉力，采用了图 2.1.3 所示的一种转化装置，将阻尼器放置其中，该装置能够把拉力转化成压力，使第一代黏滞阻尼器能够承受双向拉压作用。

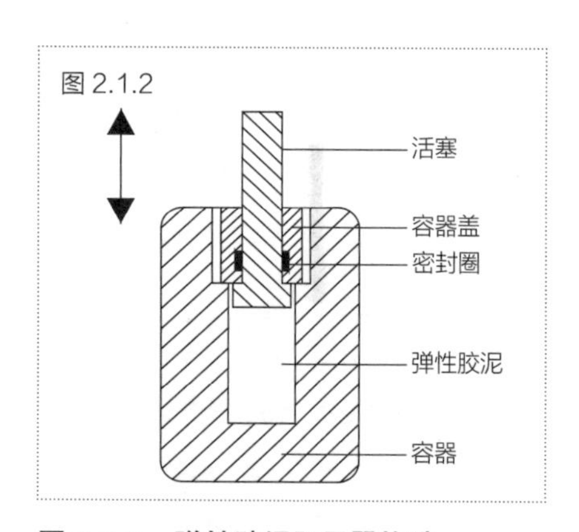

图 2.1.3
外套
放置阻尼器

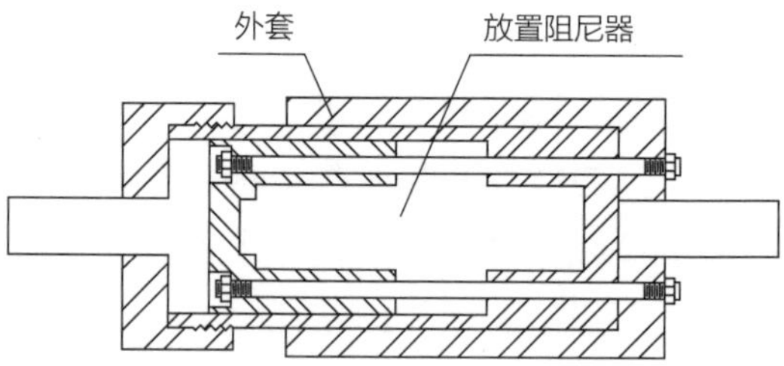

图 2.1.2　弹性胶泥阻尼器构造
图 2.1.3　转换外套结构示意

（2）第二代黏滞阻尼器

①单出杆黏滞阻尼器

单出杆黏滞阻尼器[48]主要由液压缸、活塞杆、活塞、阻尼孔（间隙或者二者兼有）、阻尼材料、密封件等部分组成，如图 2.1.4 所示。

传统的黏滞阻尼器通常采用单出杆形式，但是仔细研究这种阻尼器发现，其在构造上存在缺陷，这种缺陷会造成油缸内压力的急剧变化。当活塞向左运动时，由于原来在油缸外的部分活塞杆进入阻尼器腔体内，而油缸的容积没有增大，阻尼介质在理论上又是不可压缩材料，这样必然造成缸体内油压的急剧上升，当压强上升到某个值时，活塞即无法运动，从而造成“顶死”现象。反之，当导杆向相反方向运动时，被抽出的部分导杆原来在油缸内所占据的体积无法得到补偿，油缸内产生部分“空腔”，这样就会造成缸体内压的急剧降低，直至产生“真空”现象，使导杆不能继续运动。通过上述分析可以看出，这种阻尼器产生的阻尼力是非常不稳定的，而且在“顶死”或“真空”阶段类似于刚性杆，是不能作为阻尼器使用的，可以提供阻尼的是在导杆拉出和返回的过程中，但是由于真空腔的近似弹性作用，大大消减了阻尼器的阻尼作用。由此可以看出这种阻尼器的耗能性能是难以保证的。

为了改进单出杆型阻尼器的缺陷，一般可以在油缸旁设置一个附加调节装置，如图 2.1.5 所示。当活塞杆进入缸体时，阻尼液体受到压力流入调节贮油腔，而当活塞杆伸出缸体时，阻尼液体则从调节贮油腔流回缸体，用这种方法来调节油缸内的压力变化。

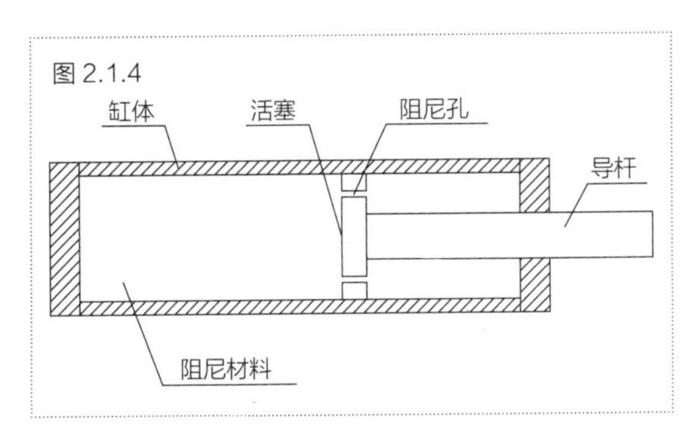

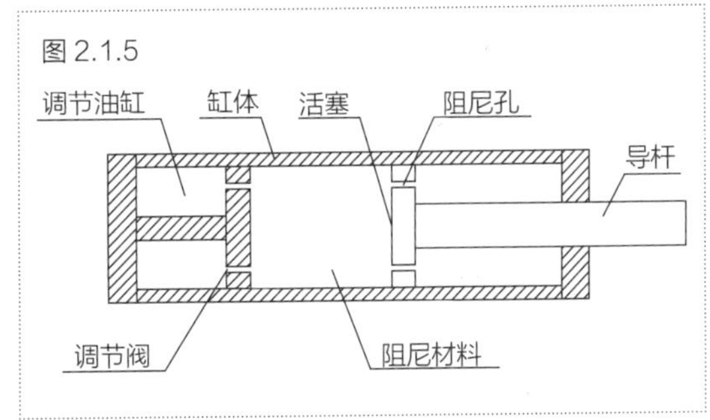

图 2.1.4　单出杆孔隙式黏滞阻尼器
图 2.1.5　设置调节装置的单出杆孔隙式黏滞阻尼器

附加调节装置可采用压力阀和单向阀组合结构，但是这种附加调节装置的阻尼器构造和加工复杂，且不能提供较大的阻尼力。此外这种阻尼器还具有易漏气、漏油、拉压出力有一定出入等缺点。因此，在实际工程中的应用受到较大的限制。

②双出杆黏滞阻尼器

双出杆黏滞阻尼器是由液压缸、活塞杆、活塞、阻尼孔（间隙或者二者兼有）、阻尼材料、密封件等部分组成，如图 2.1.6 所示。与单出杆黏滞阻尼器不同的是活塞两边均有直径相同的活塞杆，即在活塞两边形成两个腔体，这种构造方式可以克服单出杆黏滞阻尼器的上述缺陷。主缸内装满黏滞流体阻尼材料，副缸内无阻尼材料，当活塞向左运动时，原来在油缸外的部分活塞导杆进入阻尼器腔体内，而活塞背面同样体积的活塞导杆则被推出主缸而进入副缸，反之亦然，这样主缸内始终保持体积恒定，因此不会出现真空或顶死的现象。

图 2.1.6 所示的孔隙式黏滞阻尼器阻尼孔为圆孔形式，阻尼力与速度的平方成正比[49]，在高速情况下表现为过阻尼，在低速情况下表现为欠阻尼，因此并不适用于建筑结构。常用的结构形式如图 2.1.7 所示，在阻尼孔处设置控制阻尼力特性的调压阀，调压阀根据作用在阀上的压力与阀弹簧力的平衡关系改变流体通过的面积。

第二代设置机械式阀门的黏滞阻尼器典型构造如图 2.1.7 所示，是现行公认的一种黏滞阻尼器结构形式。不用附加补充油缸和气室，在构造上比较简单，并且密封件较少，给加工使用及维修带来方便。如能选用恰当的阻尼介质，可以实现较大变化范围的阻尼力，且滞回曲线饱满，耗能效果良好。

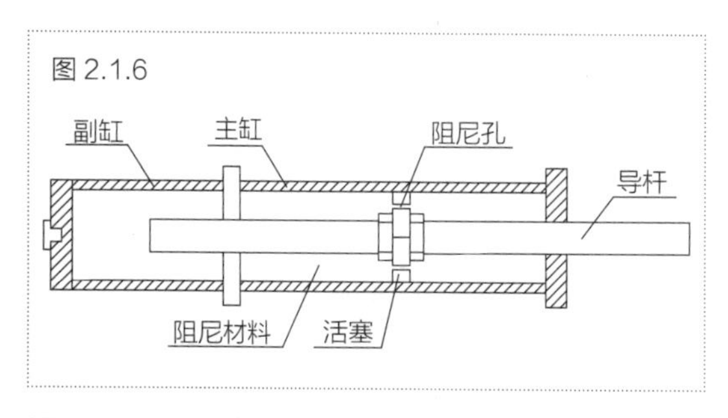

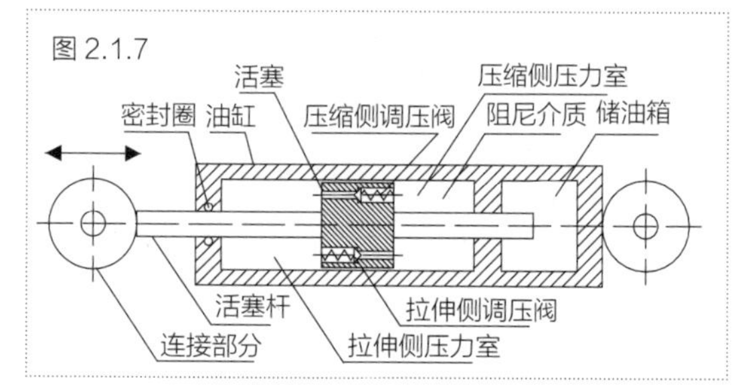

图 2.1.6　双出杆孔隙式黏滞阻尼器
图 2.1.7　设置机械式阀门的黏滞阻尼器

（3）第三代射流型黏滞阻尼器

小孔射流型阻尼器 [10] 是首先由美国泰勒公司 20 世纪 80 年代逐步研究出的具有独立知识产权的阻尼器产品。

与第二代黏滞阻尼器相比，第三代黏滞阻尼器的构造不再设置调节装置，采用具有特制孔道的活塞头。通过这种特制的活塞头来实现具有不同性质的阻尼器。活塞头所设置的小孔采用射流孔的形式，两种较为典型的活塞头截面图如图 2.1.8 所示。

这种纯粹通过改变液体流动速度和方向来获得不同速度指数的活塞头构造形式十分巧妙，已经摆脱了阻尼器内复杂的调节装置以及易损零件——阀门，可以提高阻尼器的耐久性和稳定性。

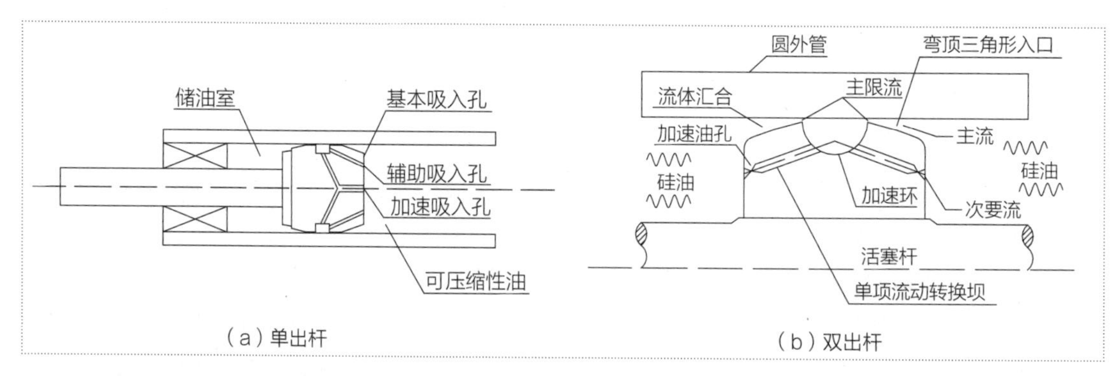

图 2.1.8　射流型阻尼器活塞头的构成

2. 黏滞阻尼墙

（1）纵向型黏滞阻尼墙

纵向型黏滞阻尼墙一般由内部纵向钢板、外部钢板及位于内外钢板之间的黏滞液体三部分组成，有单板型和双板型，基本构造形式如图 2.1.9 所示。其耗能原理为：当内钢板在钢箱内发生往复剪切运动时，引起黏滞材料的内摩擦，耗散外界输入能量，从而减小结构的动力响应。

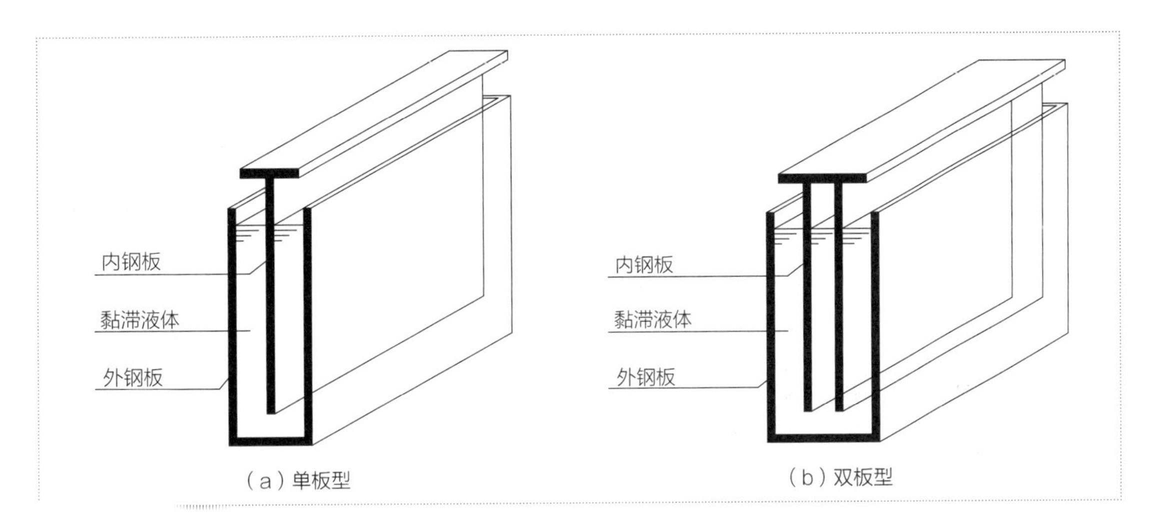

图 2.1.9　纵向型黏滞阻尼墙构造示意

（2）横向型黏滞阻尼墙

横向型黏滞阻尼墙是由夏冬平（2013）等[11]新研发的一种新型黏滞阻尼墙，一般由内部横向钢板、外部钢板及位于内外钢板之间的黏滞液体三部分组成，有单片型和多片型，基本构造形式如图 2.1.10 所示。其耗能原理为：固定于上层楼面的内钢板在固定于下层楼面的钢箱内往复运动，钢箱内的黏滞阻尼介质反复流经阻尼孔，黏滞流体产生内摩擦力，耗散外界输入能量，从而减小结构的动力响应。

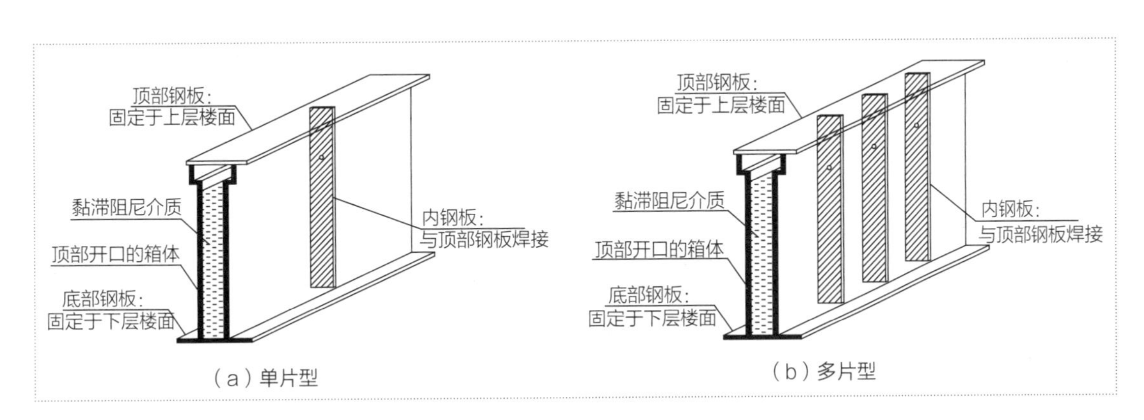

图 2.1.10　横向型黏滞阻尼墙构造示意图

与纵向型黏滞阻尼墙相比，横向型黏滞阻尼墙在构造上主要存在两点不同：①内钢板横向放置，需要进行稳定性验算，必要时可采取增大钢板厚度、设置纵向保护板等措施；②纵向型黏滞阻尼墙内部不需要压力，顶部密封要求不高，一般采用开口式，仅设置限位装置即可；横向型黏滞阻尼墙的密封要求较高，顶板、内钢板与钢箱接触面设置聚四氟乙烯密封条，以保证新型黏滞阻尼墙正常工作。

由于纵向型黏滞阻尼墙研究起步早，技术成熟，所以现阶段黏滞阻尼墙的工程应用主要以这种类型阻尼墙为主。

3. 缸筒式黏滞阻尼器

缸筒式黏滞阻尼器[50]的结构如图 2.1.11 所示，活塞为一个浸在高黏度流体的可动部件，这个可动部件一般可采用中空的缸体，为了增大阻尼力通常在缸体外设置凸凹外壁。该阻尼器可沿任何方向移动，因此又称三向黏滞阻尼器。

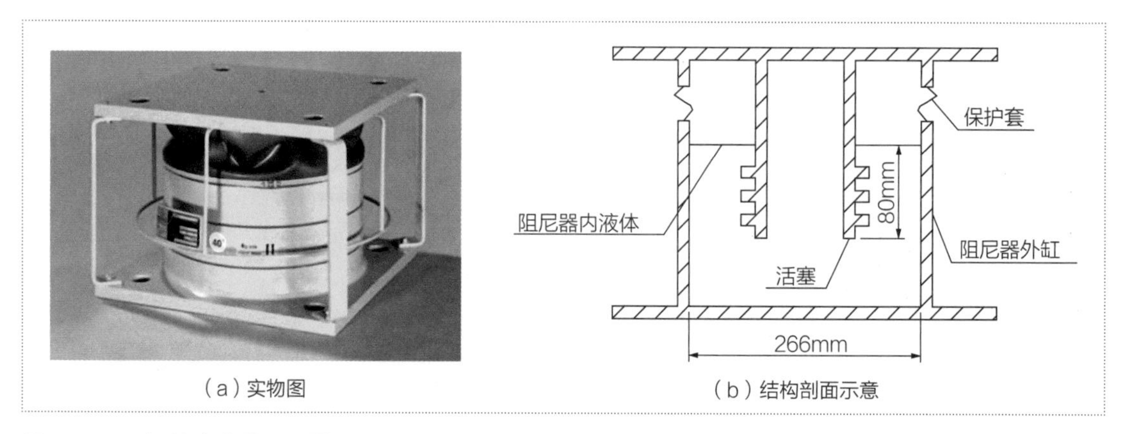

图 2.1.11　缸筒式黏滞阻尼器

缸筒式黏滞阻尼器首次在 1986 年由 GERB 公司制造，其主要应用于电厂或化工厂的管道系统中，避免泵、汽轮机、阀门开启或关闭时的液动力或压力脉冲等振源引起管道系统产生过大的位移与应力。由于该阻尼器主要用于管道系统的振动控制，因此，本书后文不再过多介绍。

2.2　黏滞流体材料特性

黏滞阻尼器对结构进行振动控制的机理是将结构振动的部分能量通过阻尼器中黏滞流体阻尼材料的黏滞耗能耗散掉，达到减小结构振动反应的目的[51，22]。因此，黏滞材料是黏滞阻尼器的一个重要组成部分，黏滞材料的特性对其性能影响很大。

流体流动时产生内摩擦力的性质叫流体的黏性。流体在很小的外力作用下，分子之间会产生相对变形、滑移、扭转，当外力除去后，分子间的变形、滑移、扭转基本上不能复原，这是黏性材料的黏性表现。在外力作用下，流体与固体表面产生摩擦力，其所做的功转化为热能，耗散于周围环境中；同时，在受力过程中，分子之间产生内摩擦力，摩擦做功亦转化为热能耗散出去。这就是黏性流体材料产生阻尼的原因[48]。

流体的黏度是流体最重要的参数之一，它反映了流体的运动特性和耗能能力。影响黏性流体黏度的主要因素是温度，温度升高，液体黏性流体的黏度降低；此外黏度与压强也有关系，压强越大，流体的黏度也越大。油液黏度的变化，对阻尼器的性能有较大影响，所以要求尽可能选用黏温关系比较稳定的流体阻尼材料。

建筑结构所在的外界环境变化较大（包括温差变化、风雨天气以及高温燃烧等），这就要求安装在结构上阻尼器的性能受环境变化的影响要较小，以保证结构控制的有效性。另外，建筑物一般使用寿命很长（≥ 50 年），要求耗能器性能稳定，不能存在老化、风干等问题[53]。所以性能良好的黏滞阻尼介质是黏滞阻尼器耗能稳定的关键因素之一。理想的阻尼介质应具有以下特性：①具有一定的黏度；②稳定性好；③压缩性小；④对温度的敏感性差；⑤抗老化；⑥闪点高，不易燃；⑦无毒、不挥发。

实际上完全理想的材料是不存在的，国内外相关研究表明[48，53，54]，工程上一般采用的流体阻尼介质主要有弹性胶泥、液压油、硅基胶（高分子材料）、有机硅油等。

本节主要介绍以上四种具有典型特征的黏性介质，并给出了黏性介质与不同构造的黏滞阻尼器的匹配关系。

2.2.1 弹性胶泥

弹性胶泥是由聚硅氧烷、填充剂、抗压剂、增塑剂和着色剂等组成的未交联共混物[10,55]。其中，主体材料聚硅氧烷是决定弹性胶泥减震性能的主要因素。弹性胶泥中添加增塑剂和填充剂的目的一是调节黏度、体积压缩率和阻尼值，二是降低成本；添加抗压剂的目的是为在金属缓冲器表面形成稳定的保护膜，以减轻弹性胶泥对金属表面的摩擦磨损。弹性胶泥具有高阻尼性、黏弹性、高压缩性、导热性差、耐久性差等特点。

1. 高阻尼性和黏弹性

未交联的硅橡胶黏度可达 10^7MPa · s，其高阻尼性和黏弹性是由于高聚合度线型聚硅氧烷的每个结构单元上都有对称的取代基、取代基数目多且结构对称，链段和分子链运动时的内摩擦阻力较大，产生高阻尼效应，使聚硅氧烷具有良好的吸振性；而且聚合度越高的硅橡胶，其黏弹性和阻尼效应越显著。弹性胶泥在外力作用下运动时，由于高聚合度线型聚硅氧烷的分子链段和整个分子链的运动要克服很大的阻力，可产生极强的黏稠摩擦力，从而吸收外力所产生的能量，并将部分能量转化为热能，使振动的振幅减小，从而产生阻尼作用达到减振和缓冲目的。

2. 高压缩性

弹性胶泥的主体材料是未交联的高聚合度线型聚硅氧烷。它的可压缩性是由聚硅氧烷呈螺旋状结构、有机侧基朝外排列、并绕 Si—O 键旋转，引起体积变大所致。由于具有这种特殊的分子结构，当受到很大外力作用时，聚硅氧烷分子的体积可以压缩变小；其体积压缩率随摩尔质量的提高而降低，而且还与侧基的种类和数量有关。在外力作用下，高聚合度线型聚硅氧烷在体积压缩过程中要接收部分能量并转化为弹性势能贮存，同时产生弹性；外力去除后在压缩弹性作用下会自行膨胀使体积复原。当外压力达 500MPa 时，弹性胶泥的体积压缩率不小于 17%。压缩率的大小影响着阻尼器的耗能性能，压缩率越大，阻尼器的耗能能力越低。对于建筑用的黏滞阻尼器，一般选用压缩率较小的阻尼介质。

3. 导热性差

胶泥材料当某部分变热，温度会上升得很快，但其他地方却变化不大，致使装置内固液不均。

4. 耐久性差

在长期受力循环作用下，填充材料发热，就会产生硅胶变质和材料分离的现象，其滞回曲线迅速变化，阻尼器失去耗能作用。

5. 小结

虽然弹性胶泥具有高阻尼性，但是高压缩性、耐久性差等特点都使其不合适于需要长期稳定性能的阻尼器。因此，第一代黏滞阻尼器采用弹性胶泥作为填充材料是不适用长期使用的建筑结构，一般仅能用于只提供单向减振且参数要求不高的缓冲器。

2.2.2 液压油

液压油[56～58]是液压系统使用的液压介质，在液压系统中起着能量传递、系统润滑、防腐、防锈、冷却等作用。液压油根据用途和特性一般分为机械油、汽轮机油、汽缸油、精密机床液压油、稠化液压油、航空液压油、液压防锈油。常用液压油的密度一般为880～900kg/m^3。

1. 一般特性与凝固点

国产机械油按50℃运动黏度分为七个牌号，其氧化稳定性差，常用于要求条件不高的液压系统，其凝点不高于－15℃。汽轮机油为黄色透明液体，在高温下有高度抗氧稳定性，无杂质，常用于要求较高的液压系统中，其凝点不高于－15℃。汽缸油、精密机床液压油都为较好的工业润滑油，但其凝点不高于－10℃，不适合于低温环境。稠化液压油和航空液压油的凝固点较低，不高于－40℃，抗氧化稳定好，防锈、消泡、用于低温环境，常用于工程机械和起重运输机械的液压系统中。

可以看出，当外界环境温度低于－10~－15℃时，上述液压油中除稠化液压油和航空液压油外，其余液压油都开始凝固，失去工作性能，不能作为建筑结构用的黏滞阻尼器的黏滞阻尼介质。

2. 黏温性

液压油的黏度主要取决于分子间的相互作用力，温度升高时分子间的距离增加，内聚力减小，故油液的黏度随温度的升高而降低；当温度在30～150℃范围变化时，液压油的黏温公式可以用式（2.2.1）来表示：

$$v_t = v_{50}\left(\frac{50}{t}\right)^n \qquad (2.2.1)$$

式中：v_{50}、v_t分别为50℃和t℃时液压油的运动黏度；n为指数，它随黏度变化的数值如表2.2.1所示。

从表中可以看出，液压油的黏度随温度的变化较大。对于60cSt的液压油而言，在20℃时的黏度为214cSt，是50℃时的60cSt的3.6倍。

阻尼器提供给结构附加的阻尼应该是比较稳定的，这样才能有效地抵抗预设荷载。但黏滞阻尼器的阻尼系数在理论上是与黏滞介质的黏度成正比的，而液压油的黏温系数随温度变化较大，因此不适合作为黏滞阻尼器的黏滞介质。

3. 压缩性

在150大气压以内，20℃时，常用液压油的体积压缩系数β_V=（5:7.5）×10^{-10}Pa；同甲基硅油相似；在一般工程计算中常把液压油看成是不可压缩的。

4. 小结

（1）由于液压油的凝固点高、黏温性能较差，不适合作为黏滞阻尼器的黏滞介质；

（2）如阻尼器作临时或短期用途，且环境温度稳定在 0 ~ 30℃之间，也可采用液压油作为阻尼介质。

表 2.2.1　指数 *n* 随运动黏度变化的数值

V_{50}（cSt）	6.5	9.5	12	21	30	38	45	52	60	68	76
n	1.60	1.72	1.79	1.99	2.13	2.24	2.32	2.42	2.49	2.52	2.56

2.2.3　硅基胶

硅基胶是一种改性高分子材料，是一种具有硅基的直链状的高分子量的聚有机硅氧烷。这种高分子材料，分子量一般在 148000 以上，它的结构形式与甲基硅油类似。这种改性的高分子材料呈现半固态，具有一定的流动性，无色透明，无味，酸碱性呈中性，无腐蚀作用；密度在 0.98g/cm^3 左右。具有良好的耐高低温性、耐老化性，一般可在 -50 ~ 200℃下长期使用；具有良好的防潮性和电绝缘性，还具有压缩变形小、耐饱和、蒸汽性好的特点。

1. 黏度特性

该类黏滞材料具有很高的黏度，黏度约在 30 万 cSt 左右；其本构关系符合非牛顿流体的本构关系式，并且黏度衰减系数在 0.3 ~ 0.05 之间。

硅基胶黏度的衰减系数很小，使阻尼器的力 - 位移滞回曲线更为饱满，呈“回”字形，同时与最大黏度的硅油相比，最大黏滞力能够提高 2 ~ 3 倍。

2. 黏温性

文献 [59] 指出硅基胶具有优良的热稳定性，在 -50 ~ 200℃内，其性能指标变化不大，且能够抵抗长时间的热老化。据估计硅基胶在 120℃下使用寿命可达 20 年，在 150℃下可达 5 年。张同忠 [53] 研究表明，硅基胶是一种温度敏感特性较小的阻尼材料，能够适应于不同温度下的外界环境。

3. 压缩性

张同忠 [53] 通过试验计算出硅基胶压强与压缩率的关系，如表 2.2.2 所示。图 2.2.1 描述了该介质的压缩率与压强的关系，表明硅胶同甲基硅油一样具有一定的压缩性。

表 2.2.2　硅基胶材料的压缩性

压强（MPa）	39.8	59.7	89.6	139.3	163.2	179.1
压缩率（%）	6.01	7.22	8.88	11.23	11.75	12.28

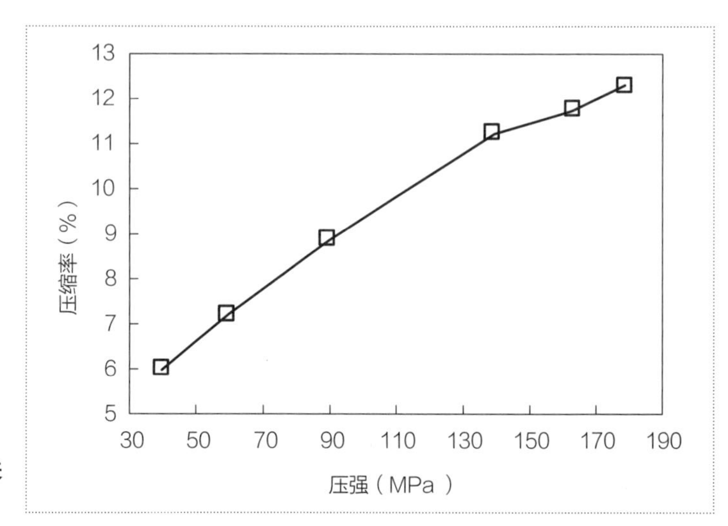

图 2.2.1　硅基胶压缩率与压强的关系曲线

4. 半固体性质

硅基胶呈现半固态，具有流塑性；这种特性也决定了硅基胶的一些应用范围。大量间隙式黏胶阻尼器性能试验表明，硅胶作为第二代间隙式黏胶阻尼器黏滞介质是成功的，并且具有很多独特的优点，可以提供较大的黏滞阻尼力（≥ 400kN），使黏滞阻尼器具有明显的非线性；但是这种高分子材料用做孔隙式黏滞阻尼器的黏滞介质，目前在国内外还没有应用资料。文献 [53] 也指出，硅基胶不适于缸筒式黏滞阻尼器（也称敞口式三向黏滞阻尼器）和黏滞阻尼墙。

5. 小结

（1）由于硅基胶是半固态，这也使其在某些类型的黏滞阻尼器中的应用受到限制。硅基胶适合于不同要求的间隙式黏滞阻尼器，可以提供较大的黏滞阻尼力（≥ 400kN），其黏度衰减系数约在 0.05 ~ 0.3 之间，这使黏滞阻尼器具有明显的非线性。至于是否适合于孔隙式黏滞阻尼器有待于进一步试验研究；但不适合于敞口式三向黏滞阻尼器和黏滞墙。

（2）外界温度对黏滞阻尼器性能的影响，主要是通过影响硅基胶的黏度来实现的，因此设计黏滞阻尼器时要考虑温度的变化；但对于大吨位的硅基胶阻尼器，可以忽略外界温度的影响。

（3）硅基胶的压缩性一方面决定间隙式双出杆阻尼器的耗能有效性和适用范围，另一方面可以利用硅基胶的压缩性制作自复位或具有支座承载力的黏滞阻尼器。

2.2.4　有机硅油

有机硅油 [60] 是分子结构中含有元素硅的高分子合成材料；其分子主链是一条由硅原子和氧原子交替组成的稳定骨架。这种特殊的分子结构和组成使它集无机物的特性与有机物的功能于一身，不但具有无机物二氧化硅的耐高温、耐气候老化、耐臭氧、电绝缘、耐燃、无毒无腐蚀和化学性稳定、无色无味、不挥发等优异性能，而且具有有机高分子材料的黏性特征。因此很多黏滞阻尼器把它作为主要的黏滞介质。

有机硅油的种类很多，根据文献 [59，60] 提供的资料，二甲基硅油（以下简称甲基硅油）

是其中最适合作为建筑等领域减振和阻尼构件的黏滞阻尼介质。

甲基硅油外观是一种无色透明油状液体，无机械杂质，密度一般为 930 ~ 975kg/m^3，不溶于水，并且疏水性好，具有良好的电气绝缘性能。

1. 黏度特性

甲基硅油的运动黏度可以在 10 ~ 300000cSt 间变化；不同黏度的甲基硅油只是聚合度、分子量不同而已，它们的基本分子结构相似，所以在实际使用时，可以用相近黏度的甲基硅油进行调配，而不致影响它的性能。黏度的这种特性对于甲基硅油在建筑结构中的应用是十分重要的。

甲基硅油的黏度是随着剪切应变速率的变化而变化的，呈现非线性；如图 2.2.2 所示，甲基硅油的黏度随着剪切应变速率的增大而变小。但一般认为在较低的剪切速率（应变速率小于 1000s^{-1}）下，呈现牛顿流体性质。硅油在高剪切应变速率（应变速率大于 1000s^{-1}）下，流体黏度才出现明显的降低，表现出非牛顿流体性质。

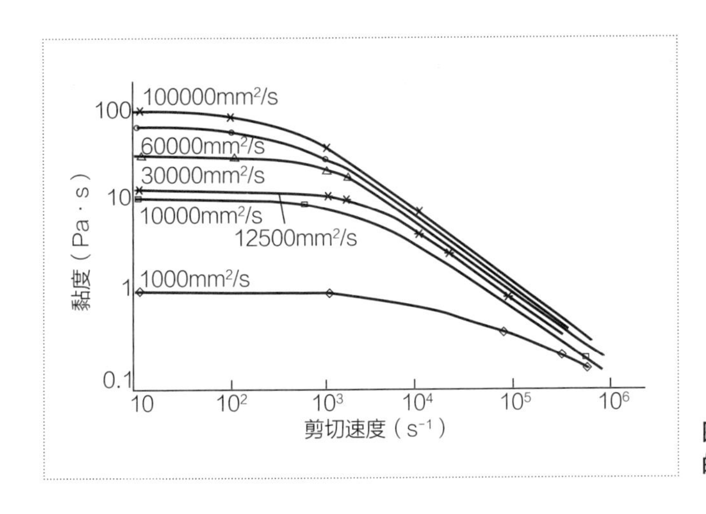

图 2.2.2　二甲基硅油的黏度随剪切速率的变化图

由于甲基硅油的黏度有限，使得其在某些构造的黏滞阻尼器中的应用受到了限制。由于孔隙式阻尼器的黏度衰减系数较大，容易产生较大的阻尼力；间隙式阻尼器的黏度衰减系数很小，使得其力与位移耗能滞回曲线更为饱满，但要产生满足大型结构用的大吨位的阻尼力（≥ 400kN），必导致阻尼器的缸体直径很大（外径≥ 140mm），硅油黏度极高（≥ 20 万 cSt）。这样一方面很不经济，另一方面体积过大占用较大的建筑空间；因此甲基硅油不适用于产生大吨位（≥ 25t）的间隙式黏滞阻尼器。

2. 黏温性、耐候性

由于甲基硅油的分子中主链是由—Si—O—Si—键组成，具有与无机高分子类似的结构，其键能（108 千卡 / 克分子）很高，所以具有优良的耐热性能。甲基硅油长期使用温度为 -60 ~ 200℃，在 200℃时才能被氧化，具有良好的耐氧化稳定性和耐候性。

温度对甲基硅油的影响主要在于引起其黏度的变化，从而导致黏滞阻尼器的性能变化。在有机化学里，表征甲基硅油的黏度随温度变化的参数，用黏温系数来表示。各种不同黏度硅油的黏温系数如表 2.2.3 所示。

表 2.2.3　不同黏度硅油的黏温系数（25℃）

运动黏度（mm^2/s）	10	50	100	500	1000	30000	60000	100000
黏温系数	0.56	0.59	0.60	0.60	0.60	0.61	0.61	0.61

3. 压缩性

目前黏滞阻尼器中常用的黏滞阻尼介质甲基硅油，主链是由—Si—O—Si—键组成，具有与无机高分子类似的结构，其键能很高，并且具有较大的可压缩率，如表 2.2.4 和图 2.2.3 所示。因此在阻尼器缸体的往复运动中，硅油的压缩率影响着阻尼器的耗能性能，但相对于黏性而言影响的程度不大，一般在频率较小的情况下可以忽略。

表 2.2.4　硅油的压缩性（%）

油名 / 黏度（cSt） / 压强（$\times10^6$Pa）	甲基硅油						甲基苯基硅油
	0.65	1.0	2.0	12.8	100	12500	112
50	6.3	5.4	4.8	4.4	4.5	4.5	3.0
100	10.0	8.8	8.2	7.3	7.3	7.3	5.1
150	12.6	11.4	10.7	9.5	9.5	9.3	6.7
200	14.6	13.4	12.7	11.3	11.2	11.0	8.1
300	17.8	16.5	15.8	14.2	16.5	13.8	10.4
500	401MPa 下凝固	20.7	20.1	18.1	20.7	17.7	14.0
1000		26.3	26.0	23.7	26.3	23.0	17.8
2000		31.7	31.5	29.1	31.7	28.1	23
4000		36.6	36.9	34.3	34.0	33.5	

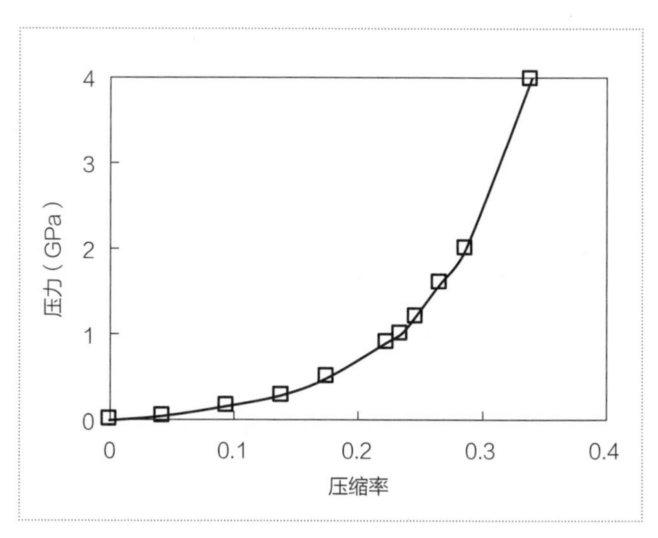

图 2.2.3　硅油的压缩率随压力的变化曲线

4. 小结

由于硅油的黏度有限，其在阻尼器中的应用受到了相应的限制。根据相关试验研究和上述的分析，可得下述结论：

（1）甲基硅油适合于不同要求的孔隙式黏滞阻尼器，可以提供较大的黏滞阻尼力（≥ 400kN）且其阻尼力接近于线性。甲基硅油也适用于间隙式阻尼器，但产生的黏滞阻尼力较小（≤ 300kN）；其黏度衰减系数很小。

（2）外界温度对黏滞阻尼器性能的影响，主要是通过影响甲基硅油的黏度来实现的。因此设计黏滞阻尼器时要考虑到温度的变化。

2.3 黏滞阻尼器性能

黏滞阻尼器的种类很多，由于产品构造和阻尼介质的不同，导致黏滞阻尼器的性能差异很大。因此，本节挑选几种具有代表性的黏滞阻尼器，比如第二代黏滞阻尼器（双出杆孔隙式和间隙式）、第三代黏滞阻尼器（小孔射流型）和黏滞阻尼墙（纵向型和横向型），介绍其相关动力性能试验结果。

2.3.1 杆式黏滞阻尼器

1. 双出杆孔隙式黏滞阻尼器

针对小震能够迅速获得较大的阻尼力，大震能够有效控制阻尼力的增长幅度，避免因激励速度的加大而对阻尼器、支撑以及结构的连接节点产生不利影响等目标，黄镇和李爱群等[61]研制了一种新型调节阀式黏滞阻尼器，也属于双出杆孔隙式黏滞阻尼器。该阻尼器由缸筒、导杆、活塞、阻尼孔、阻尼介质以及压差调节阀组成，其中调节阀由阀芯、调压弹簧和溢流通道组成，如图 2.3.1 所示。活塞有两个关键部分，即阻尼孔和调节阀，二者并联设置于活塞上。作者根据阻尼器的构造特点以及理论分析、性能试验，得到该阻尼器的工作原理、简化力学模型。

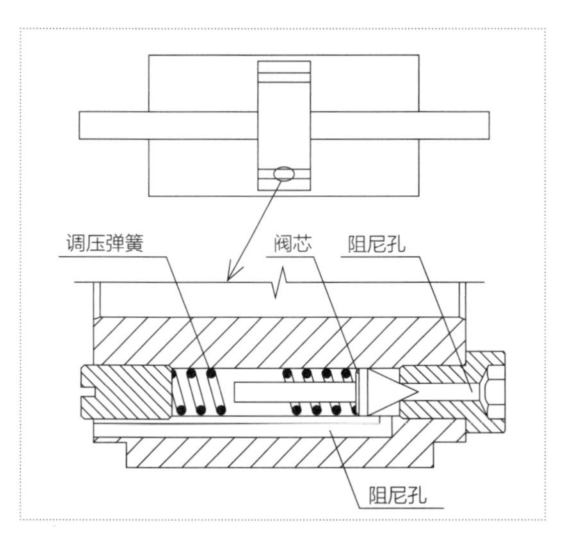

图 2.3.1 调节阀式黏滞阻尼器构造

（1）工作原理

若活塞相对运动速度较小，则缸筒内高压腔的压强没有达到调节阀的开启压强，调节阀未开启，阻尼介质在压差作用下通过与调节阀并联的阻尼孔从缸筒内高压腔流往低压腔。在流动过程中，由于黏滞流体的内摩擦造成能量损失，从而耗散外界输入的能量。

如果外界激励作用加大，随着活塞运动速度的加快，阻尼器缸筒内活塞两端的压差也相应加大。当高压腔内阻尼介质的压强达到或超过调节阀的开启压强时，调节阀开启，对高压腔内的阻尼介质进行溢流，通过阀芯位移的多少调整泄流量的大小，从而使活塞两边的压差基本保持稳定；在此同时，阻尼介质仍在压差作用下，通过阻尼孔从缸筒内的高压腔流往低压腔，只是阻尼孔两端的压差变化不大，所以阻尼器的最大输出阻尼力能够保持稳定。

（2）力学模型

通过公式推导，得到调节阀式黏滞阻尼器的力学模型：

$$F=\begin{cases} CV\left(V<\dfrac{F_k}{C}\right) \\ C'V+F\left(V\geqslant\dfrac{F_k}{C}\right)_k \end{cases} \tag{2.3.1}$$

式中：F 为阻尼器输出阻尼力；F_k 为调节阀开启时阻尼器输出阻尼力；V 为活塞相对阻尼器缸筒运动速度；C 为阻尼器调节阀开启前的名义阻尼系数；C' 为阻尼器调节阀开启后的名义阻尼系数。

（3）力学性能试验

通过改变激励频率和位移幅值，测定各种工况下该型阻尼器的力－位移关系曲线，如图 2.3.2 所示。在外界激励较小时，阻尼器的滞回曲线呈光滑椭圆形状，与常规线性黏滞阻尼器一致；随着外界激励加大，阻尼器输出阻尼力达到额定值阀值后，调节阀参与工作，阻尼器最大输出阻尼力的增幅被控制在较小的水平。

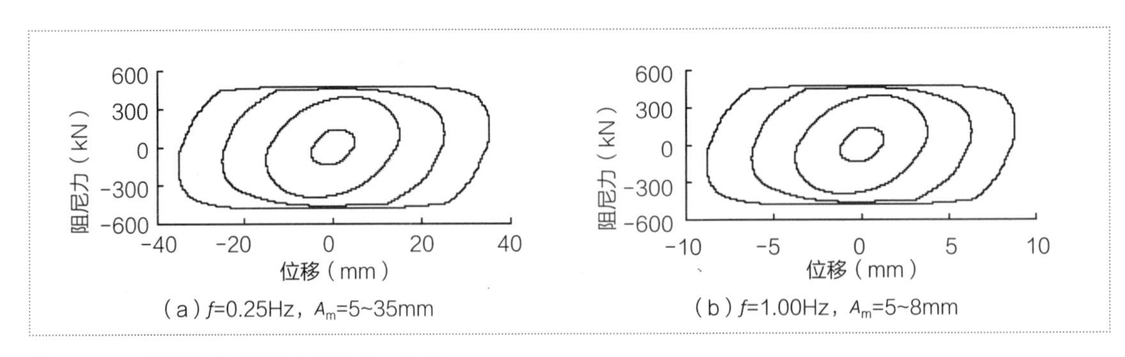

图 2.3.2　调节阀式黏滞阻尼器试验结果

通过对所采集的试验数据进行分析，可以得到阻尼器阻尼力 F 与活塞相对运动速度 V 的关系曲线，如图 2.3.3 所示。可以看出，当缸筒内压强达到调节阀开启压强时，调压阀参与工作，虽然外界激励不断加大，阻尼力 F_{max} 增幅较小，且总体保持稳定，与设计目标一致。

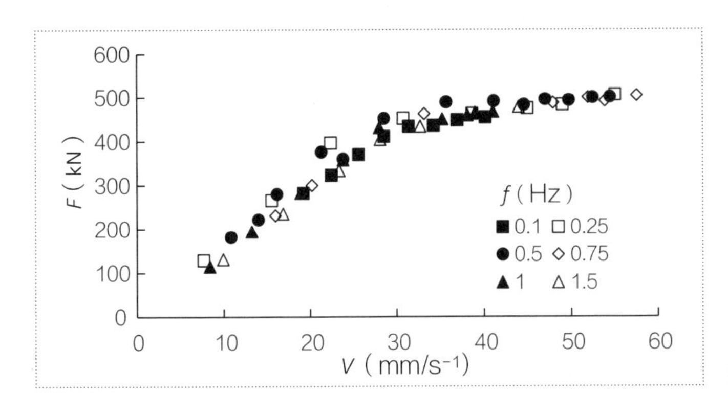

图 2.3.3 *F–V* 关系曲线

根据阻尼器在调节阀开启前后的阻尼力理论计算公式，对阻尼器的阻尼力 - 位移关系进行仿真分析，并与对应工况的试验结果相对比。如图 2.3.4 所示，理论推导的力学模型在调节阀开启前后均能比较准确地反映阻尼器的实际受力情况。

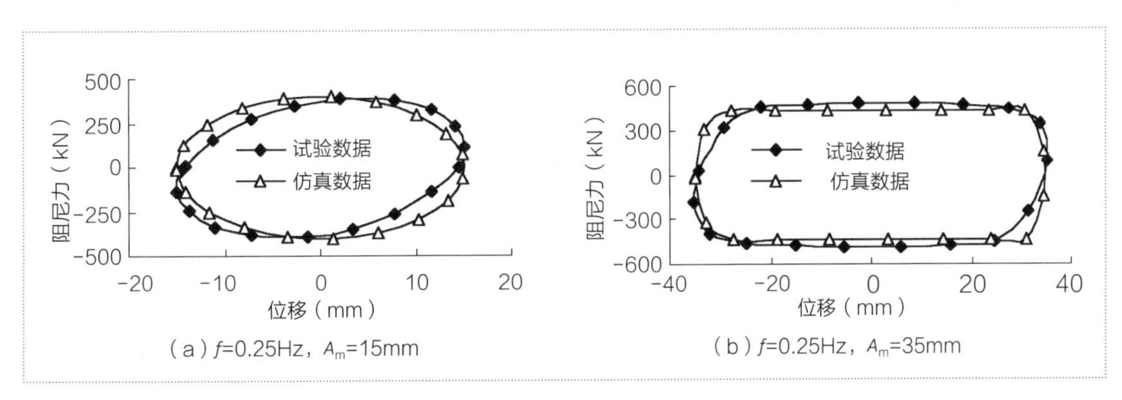

图 2.3.4 试验与仿真结果对比

2. 双出杆间隙式黏滞阻尼器

根据流体在间隙中流动的规律，欧进萍等[62]设计了双出杆油缸间隙式黏滞阻尼器，如图 2.3.5 所示。阻尼介质采用 700 号甲基硅油。

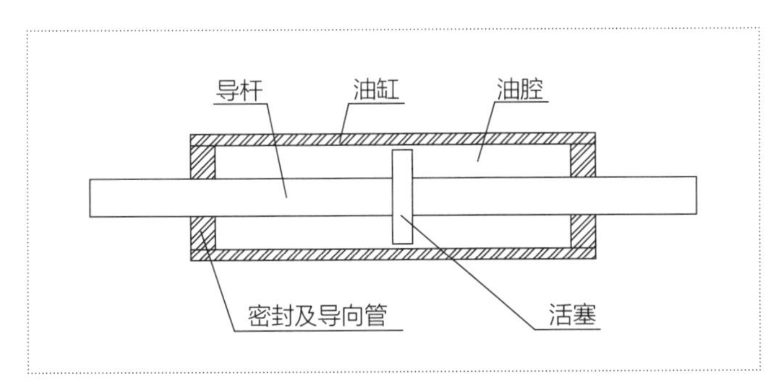

图 2.3.5 双出杆间隙式黏滞阻尼器

通过理论分析，推导出该类型阻尼器的力学模型为 $F=CV^{\alpha}$，即速度相关型阻尼器。进行阻尼器的力学性能实验，得到了不同实验工况下阻尼器的滞回曲线，部分实验和计算结果见

表 2.3.1。图 2.3.6 所示为 a2 和 a3 工况下，黏滞阻尼器滞回曲线与理论曲线对比结果，图中细线为理论计算滞回曲线，粗线为实验滞回曲线。可以看出，阻尼器的滞回曲线饱满，具有很强的耗能能力；且阻尼器理论分析结果与实验结果吻合很好，验证了理论推导的力学模型的正确性。

表 2.3.1　黏滞阻尼器的性能试验结果

工况	f（Hz）	A（mm）	$\|\bar{V}_{max}\|$（mm/s）	$\|\bar{F}_{max}\|$（kN）	α	$\bar{C}$ [kN/（mm/s）$^{\alpha}$]
a1	1	5	31.43	4.49	0.87	117.8
a2	2	5	62.53	6.32	0.84	
a3	3	5	93.53	7.57	0.83	
a4	4	5	124.81	8.37	0.81	
a5	1	10	62.70	62.44	0.84	
a6	1	20	124.89	8.44	0.81	

注：输入正弦波，A 为其幅值，f 为其频率。

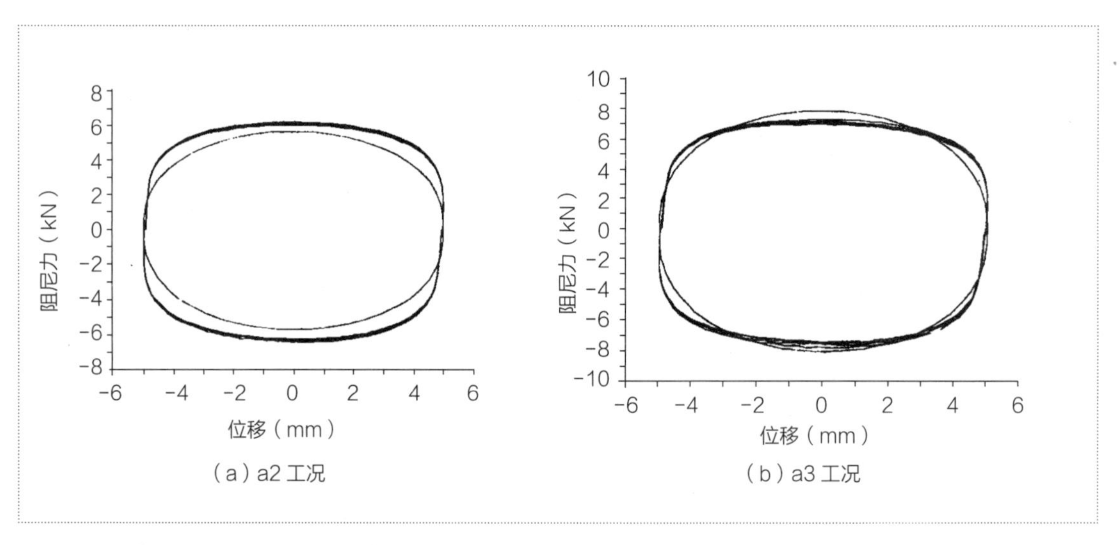

图 2.3.6　黏滞阻尼器理论曲线与试验曲线

3. 射流型黏滞阻尼器

美国纽约州立大学的 Constantinou 和 Symans 是最早对第三代射流型黏滞阻尼器进行实验研究的学者，于 1993 年发表了相关实验结果 [63]。

Constantinou 和 Symans 对单出杆射流型线性黏滞阻尼器（图 2.3.7 和图 2.3.8）进行了不同激励频率、位移幅值和温度条件下的稳态简谐周期加载实验研究。在频率 0.1~25Hz、环境温度（1℃、23℃、47℃）的条件下，共进行了 58 次实验。

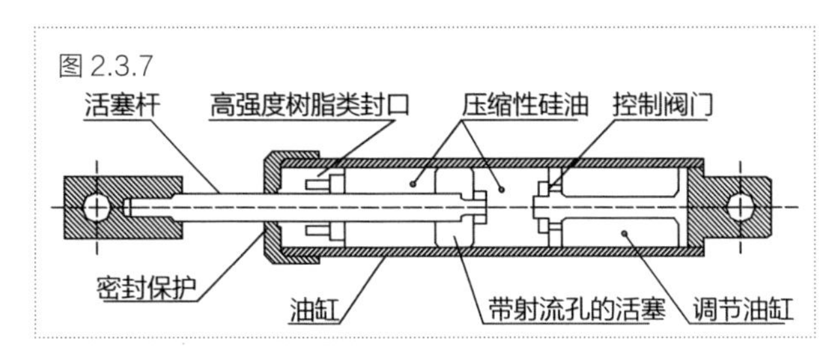

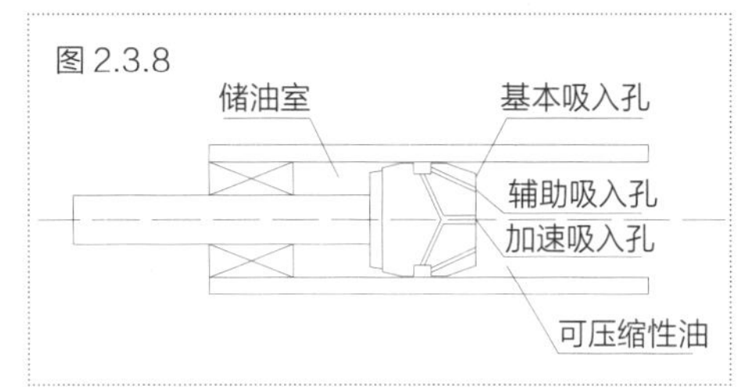

图 2.3.7　单出杆射流型黏滞阻尼器
图 2.3.8　单出杆阻尼器活塞头构造

（1）频率和幅值相关性

在不同温度条件下，加载频率分为 1Hz、2Hz 和 4Hz，黏滞阻尼器的力与位移的关系曲线如图 2.3.9 所示。实验结果表明：当活塞运动频率小于 4Hz 时，该阻尼器基本不呈现存储刚度的作用，且表现出线性阻尼器的特性。当活塞运动频率大于 4Hz 时，阻尼器存储刚度作用明显，且其量值达到频率超过 20Hz 时的损失刚度。图 2.3.10 所示为频率 20Hz、位移幅值 0.05in、温度 23℃条件下黏滞阻尼器的滞回曲线，曲线倾斜，呈现出黏弹性的特征，即存储刚度作用显著。

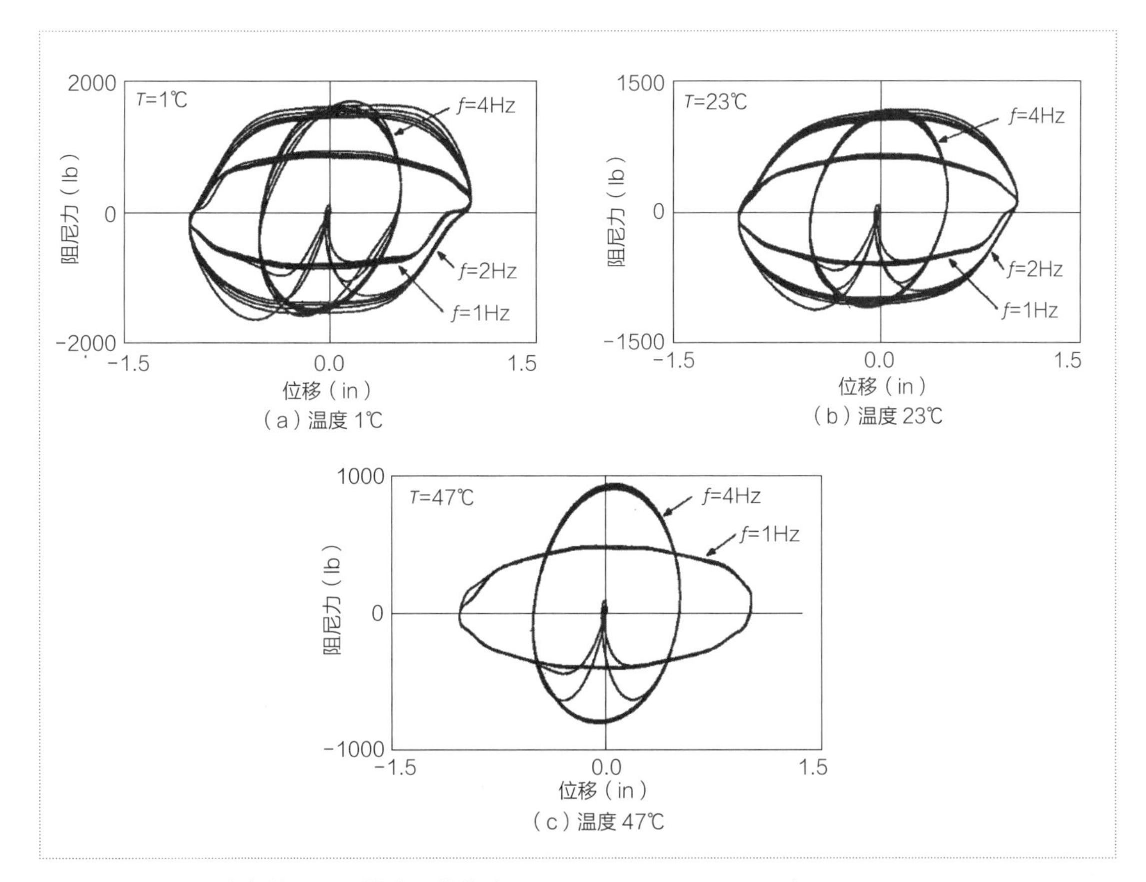

图 2.3.9　不同温度条件下阻尼器滞回曲线（1 in=25.4mm；1 lb=4.45N）

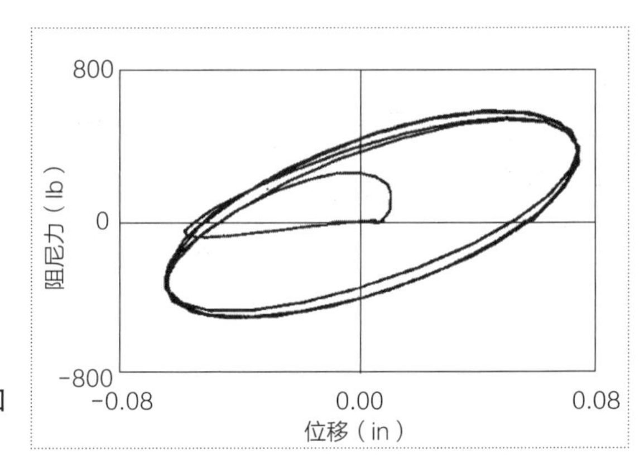

图 2.3.10　频率 20Hz 和温度 23℃时阻尼器滞回曲线（1 in=25.4mm；1 lb=4.45N）

将上述临界值 4Hz 称为截断频率。截断频率的数值跟调节油缸的构造设计有关。对于黏滞阻尼器，截断频率的存在是一个期望的特性。一般结构的基本频率小于截断频率，阻尼器对结构基本振型只提供附加阻尼；高阶振型频率大于截断频率，阻尼器对结构高阶振型既提供附加阻尼又提供刚度，可以有效抑制高阶振型的响应。

阻尼器呈现出频率依赖性，主要由于设置调节油缸的缘故。在高频激励下，调节油缸阀门的动力特性与阻尼器活塞的运动不协调，限制流体流入调节油缸和油液体积的减小，油液被压缩，产生存储刚度。这种现象可以通过采用双出杆的构造来消除。

在相同的频率和不同的位移幅值激励下，实验结果表明该阻尼器的力学特性几乎与激励幅值无关。

（2）温度相关性

温度对阻尼系数 C 的影响如图 2.3.11 所示。可以看出，在三种温度条件下，阻尼力与速度呈线性关系，满足线性阻尼器的特性，直线的斜率即为阻尼系数。随着温度的降低，实验结果偏离线性属性的速度就越小。

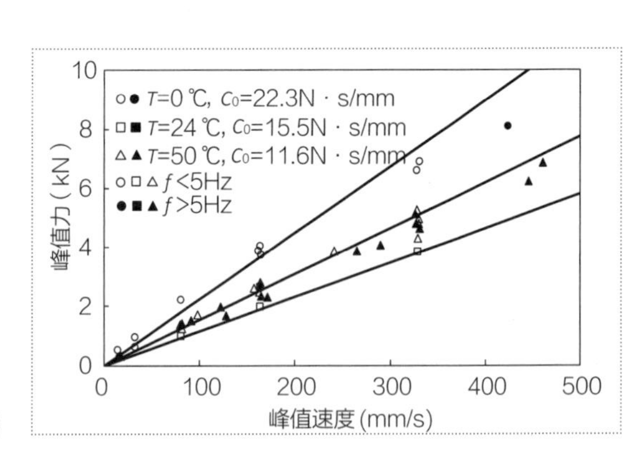

图 2.3.11　不同温度条件下阻尼力与速度的关系曲线

在较大的温度范围内，图 2.3.11 所示的阻尼系数呈现出相对稳定的行为。根据不同温度下的阻尼系数实验结果，假如一个建筑在常温 24℃下建造，温度在 0~50℃范围内变化，则温度变化对阻尼比的影响程度为 +44%~−25%。当建筑预设 20% 的附加阻尼比时，受极端温度的影响，附加阻尼比将在 15%~29% 之间变化。因此，可以看出，黏滞阻尼器的温度相关性较小，可以忽略。

（3）力学模型验证

射流型黏滞阻尼器在很宽的频率范围内表现出黏弹性的特性，可用广义的 Maxwell 模型表示为：

$$P(t)+\lambda\dot{P}(t)=C_0\dot{u}(t) \tag{2.3.2}$$

式中：P 为输出的阻尼力；λ 为松弛时间；C_0 为零频率时的阻尼系数；u 为活塞与阻尼器缸体的相对位移。

在很宽的频率范围内，对试验和理论的分析结果进行了对比研究，如图 2.3.12 所示。可以看出，当加载频率小于 20Hz 时，试验值和 Maxwell 模型计算值吻合较好；当加载频率超过 20Hz 时，Maxwell 模型低估了存储刚度的作用，但该频段在地震响应分析中通常并不考虑。该模型可以很好地考虑低频（<2Hz）时的存储刚度，但这个存储刚度实际应用时意义不大。

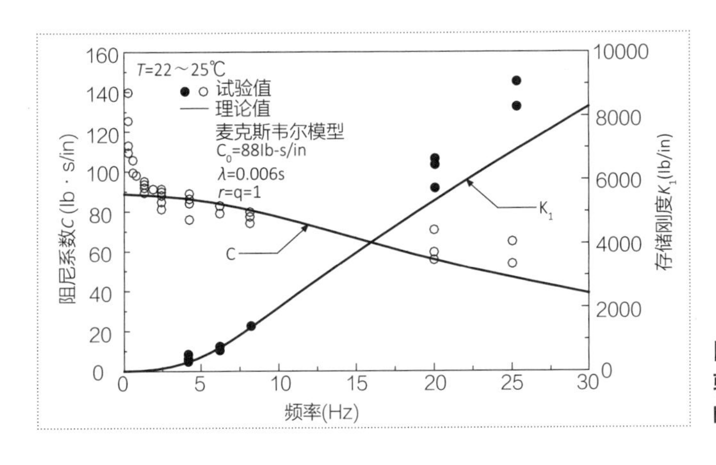

图 2.3.12　阻尼系数和存储刚度的试验值与计算值对比（1 in=25.4mm；1 lb=4.45N）

当加载频率小于 4Hz 时，阻尼器的松弛时间 λ=0.006s，式（2.3.2）中 $\lambda\dot{P}$ 的值很小。对于典型的建筑结构，$\lambda\dot{P}$ 可以忽略不计。因此，该实验用的阻尼器力学模型可简化为：

$$P(t)=C_0\dot{u}(t) \tag{2.3.3}$$

式（2.3.3）所示的公式适用于线性阻尼器。当推广到非线性阻尼器时，更通用的公式可表示为 [64]：

$$P(t)=C_0\left|\dot{u}(t)\right|^{\alpha}\mathrm{sgn}\left[\dot{u}(t)\right] \tag{2.3.4}$$

第三代非线性黏滞阻尼器应用在美国加利福尼亚的一个医疗中心的隔震系统当中 [65]。该系统共采用 400 个高阻尼叠层橡胶支座和 186 个非线性黏滞阻尼器，阻尼器的最大输出力 1400kN（对应速度 1.5m/s）和冲程 ±610mm。在纽约州立大学进行了该黏滞阻尼器的 1/6 缩尺模型力学性能实验。图 2.3.13 所示为阻尼力与速度的实验数据，很好地体现了黏滞阻尼器的非线性特征。同时可以看出，在 0~49℃温度变化范围内，阻尼器的力学特性几乎不受温度的影响。

美国泰勒公司[10]是最早生产第三代小孔射流型阻尼器的公司，其生产的射流型黏滞阻尼器通过了美国土木工程学会组织高速公路新技术评估中心（HITEC）的大型测试。泰勒阻尼器通过了一些体现其性能优势的测试，主要有敏感性测试、阻尼器功率测试、超载测试、耐久性测试。

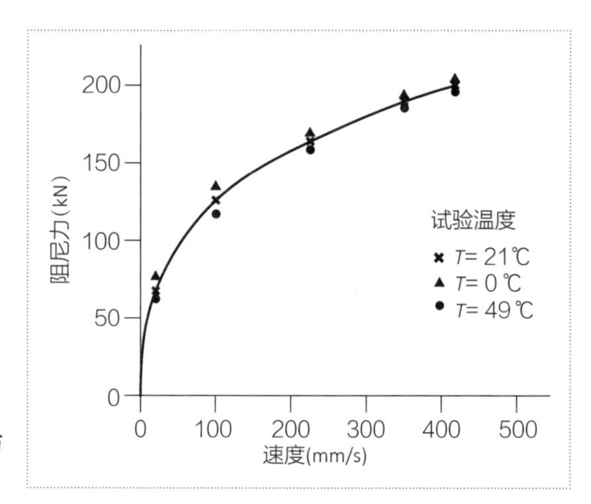

图 2.3.13 缩尺比例为 1/6 的黏滞阻尼器阻尼力与速度的关系曲线

（1）敏感性

在美国加利福尼亚的一个医疗中心项目中，泰勒公司在测试阻尼器在高速工作时的性能后，也对阻尼器的低速进行了测试，从接近 0 到 0.17in/s（4.335mm/s）。在极低速度下阻尼器可以从侧面反应第三代黏滞阻尼器的低速下灵敏性和敏感性。

阻尼器参数为 C=150kip · s/in（26269.03kN · s/m），α=0.5。图 2.3.14 为阻尼器速度范围在 ±10in/s（±255mm/s）时的试验数据点和理论的峰值力 - 峰值速度关系曲线。从测试报告来看，射流型阻尼器可以从 0.02mm/s 的速度时开始，直到其最大工作速度，如 2~3m/s 下都能准确工作，满足测试要求。

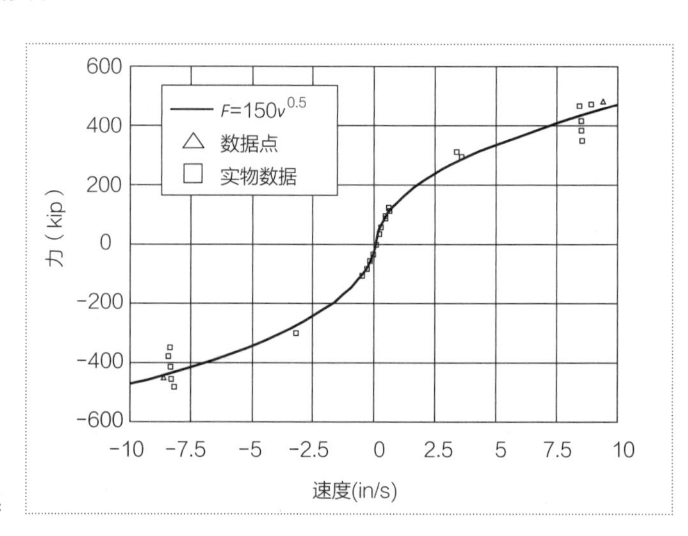

图 2.3.14 峰值力与峰值速度关系

（2）阻尼器功率

在美国 Pinnacle Marina Tower 项目中，设计者对阻尼器提出了有关功率的测试要求。具体内容：所有阻尼器要接受 180min 的测试程序，如表 2.3.2 所示，并假设一次激励循环的周期为 10s。阻尼器的力、速度、位移、温度以及时间数据将以每个循环 100 个数据的频率，连续不断地记录下来。

在测试的结尾部分，阻尼器效能的降低程度应不超过 30%。阻尼器效能可被定义为在一致速度剖面下的能量耗散能力。阻尼器需要在降温至环境温度后仍保有其全部的性能。

此外，应用在菲律宾的圣弗朗西斯香格里拉塔上的阻尼器也进行了能量耗散功率测试。通过周期 7s（0.142Hz）持续 180min 的正弦激励来模拟风荷载的作用。在阻尼器外表面的中部加设了温度测量设备，经过测试的阻尼器平均温度升高了 22℃，没有发生渗漏或泄露现象。

表 2.3.2　连续测试幅值一览表

时间（min）	所需输出功率（kW）
0~100	0.86
100~105	1.24
105~110	0.95
110~115	1.33
115~180	0.86

（3）超载

在 HITEC 测试中，提出超载测试“极限测试”，即要求阻尼器通过两倍速度的超载速度测试。第三代黏滞阻尼器分别测试了阻尼器最大速度的 0.5 倍、1 倍、1.5 倍、2 倍，且顺利通过。在津秦高铁中，第三代黏滞阻尼器通过了 1.8 倍最大锁定力的静压测试。

（4）耐久性

泰勒公司做过津秦高速铁路 10 万次循环疲劳测试和台湾高速铁路 100 万次的阻尼器抗疲劳测试，不允许有任何可见的结构损害、损坏、变形或泄露。津秦高速铁路 10 万次循环疲劳测试：以 5% 最大额定输出力进行 10 万次振幅 ±2.5mm 的循环试验。台湾高速铁路 100 万次的阻尼器抗疲劳测试：在 1/10 荷载下完成 1Hz 的频率、10% 最大额定荷载（300kN）的 100 万次循环疲劳测试。

2.3.2　黏滞阻尼墙

1. 纵向型黏滞阻尼墙

欧谨等 [66，67] 将一种新型的黏滞阻尼材料应用于开发黏滞阻尼墙。为考察黏滞阻尼墙在不同环境温度、位移幅值及振动频率下的耗能性能，分别考虑了两种试验温度：常温（20℃）及低温（-5℃），位移幅值分别为 5mm、10mm、15mm、20mm、25mm，加载频率分别为 0.1Hz、0.3Hz、0.5Hz、0.7Hz、1.0Hz、2.0Hz。通过试验研究表明，该黏滞阻尼墙是一种速度相关型消能阻尼器，且其耗能性能与材料特性、环境温度、位移幅值、振动频率等多种因素密切相关。

（1）温度相关性

黏滞阻尼墙的耗能性能随温度变化较大。在振动频率和位移幅值相同时，黏滞阻尼墙在低温下的最大阻尼力较高，耗能能力更强，且黏弹性特征更为明显，如图 2.3.15 所示。

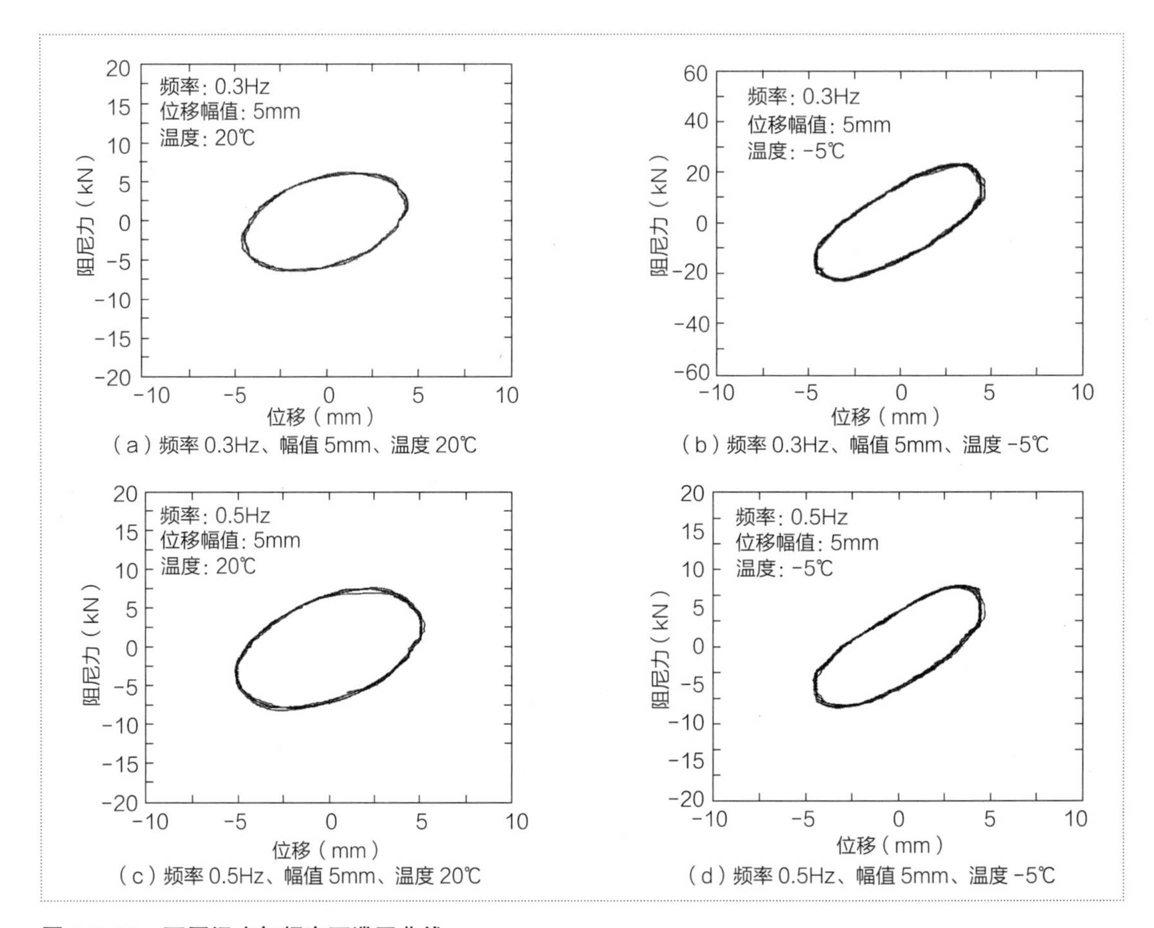

图 2.3.15　不同温度与频率下滞回曲线

（2）位移幅值相关性

黏滞阻尼墙的耗能性能与位移幅值有关。当振动频率和环境温度一定时，随着位移幅值的增加，黏滞阻尼墙最大阻尼力增大，且滞回曲线所包围的面积增加，说明其耗能能力随位移幅值的增加而增强，如图 2.3.16 所示。

（3）振动频率相关性

黏滞阻尼墙的耗能性能与振动频率有关。如图 2.3.17 所示，当位移幅值和环境温度一定时，随着加载频率的增大，黏滞阻尼墙的阻尼力增大且耗能能力增强，同时，黏弹性特征较为明显，在结构设计中应予以考虑。

该黏滞阻尼墙的阻尼力可用黏滞阻尼力和黏弹性恢复力之和表示：

$$Q_w=Q_d+Q_k \tag{2.3.5}$$

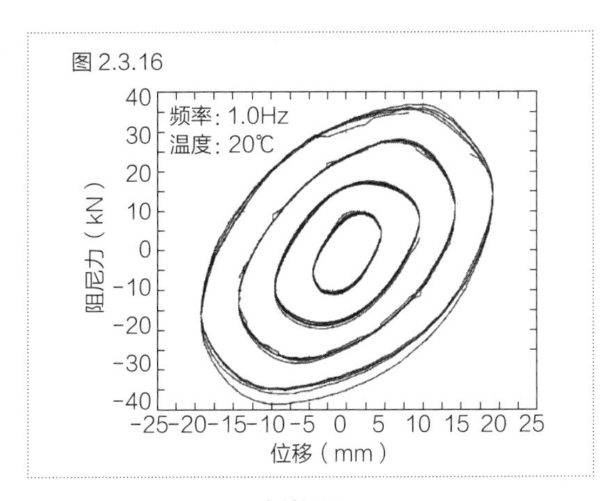

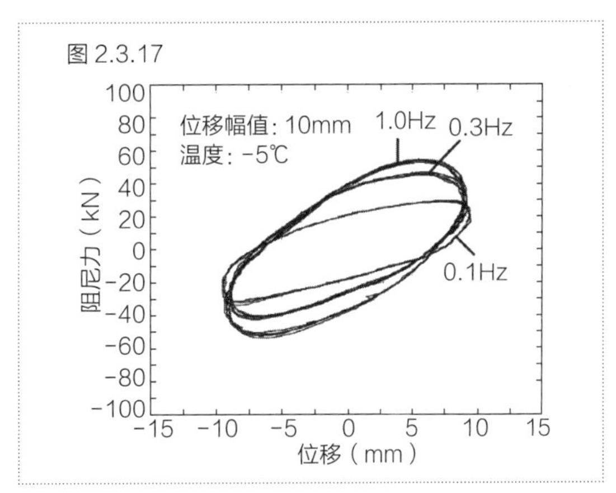

图 2.3.16　不同位移幅值下的滞回曲线
图 2.3.17　不同频率下的滞回曲线

式中: Q_w 为总的黏滞抵抗力，Q_d 为黏滞阻尼力，Q_k 为黏弹性恢复力。

图 2.3.18 给出了加载频率分别为 0.3Hz 和 0.5Hz 时，理论计算值与试验值的对比曲线。可以看出，理论值与试验值符合程度较好，可用于该类型黏滞阻尼墙阻尼力的理论计算。

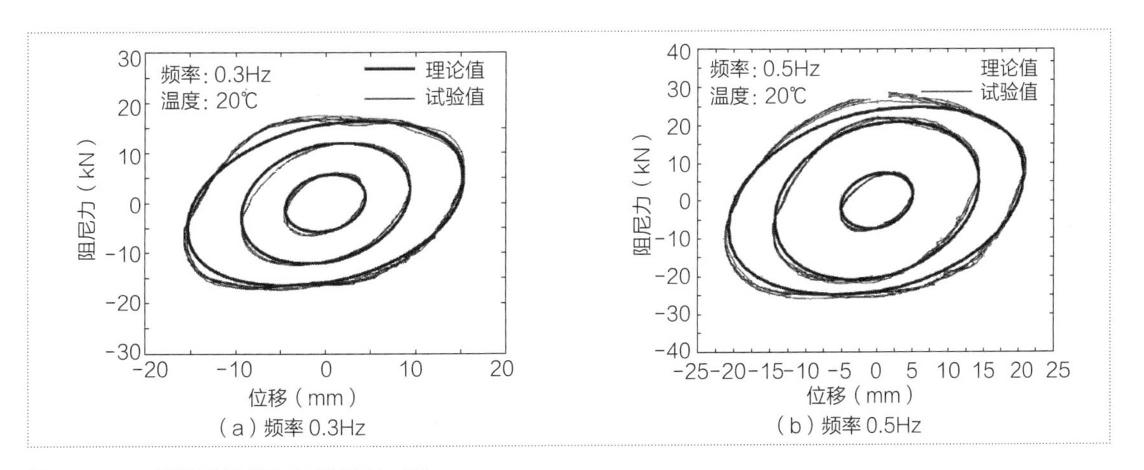

图 2.3.18　理论计算值与试验值的对比

冯德民等 [68] 对三种规格的黏滞阻尼墙进行了速度依赖性（振幅一定和频率一定）试验，采用正弦波、往复加载 6 次，加载频率分别为 0.1Hz、0.3Hz、0.5Hz、0.7Hz、1.0Hz 和 1.5Hz，振幅分别为 10mm、20mm、30mm。

（1）位移幅值和振动频率相关性

其中，型号为 VFD-NL×850×60 的黏滞阻尼墙的部分试验结果，如图 2.3.19 和图 2.3.20 所示。可以看出，黏滞阻尼墙的力学性能与位移幅值和振动频率有关。

（2）力学模型验证

目前黏滞阻尼墙一般使用的力学模型是考虑了阻尼墙阻尼特性及内部刚度的麦克斯韦尔（Maxwell）模型，如图 2.3.21 所示。

图 2.3.22 为 VFD-NL×850×60 黏滞阻尼墙在试验频率 0.7Hz、位移 ±30mm 情况

下试验结果与力学模型对比，二者吻合较好，验证了黏滞阻尼墙采用麦克斯韦尔模型考虑阻尼特性和内部刚度的正确性。

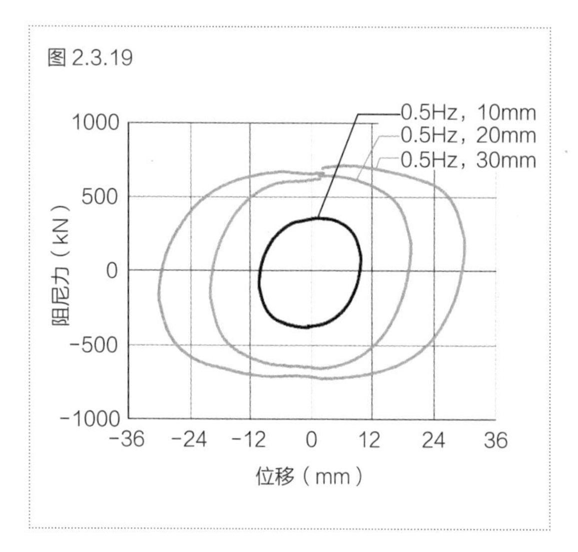

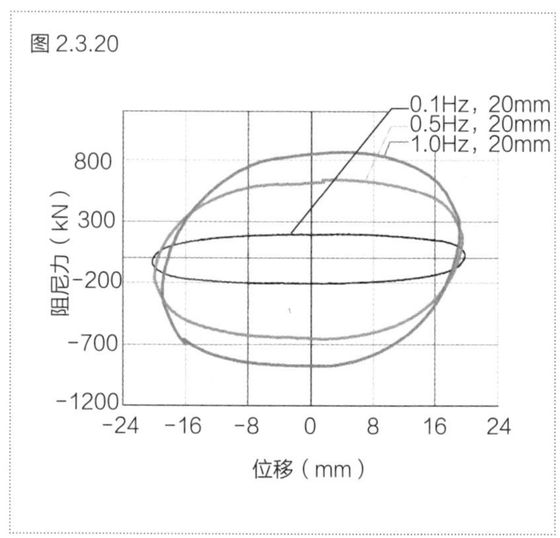

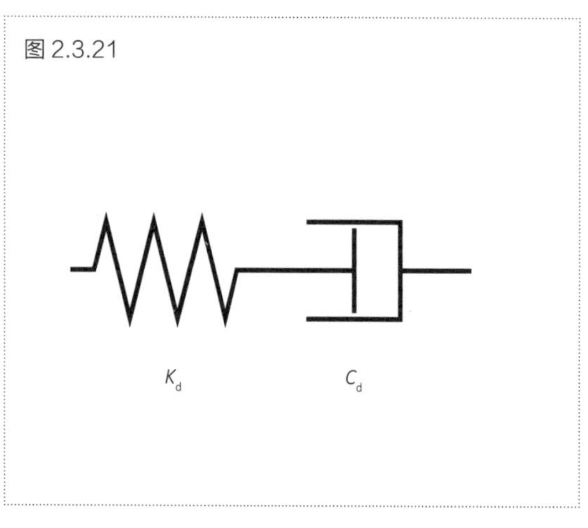

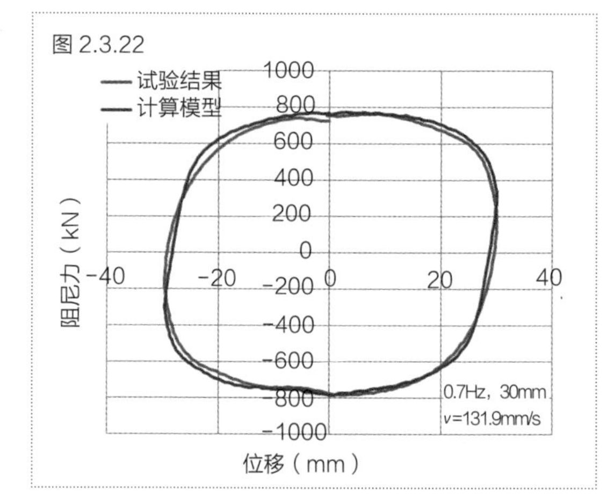

图 2.3.19　不同位移幅值下的滞回曲线
图 2.3.20　不同振动频率下的滞回曲线
图 2.3.21　麦克斯韦尔模型
图 2.3.22　黏滞阻尼墙试验与计算模型对比

2. 横向型黏滞阻尼墙

夏冬平等[11]设计了一种不同于传统黏滞阻尼墙的新型横向型黏滞阻尼墙，并进行相关的动力性能试验，研究表明新型黏滞阻尼墙也是一种速度相关型阻尼器，且其耗能性能与位移幅值、振动频率等多种因素密切相关。

（1）速度相关性

新型黏滞阻尼墙是一种速度相关型消能器。如图 2.3.23 所示，新型黏滞阻尼墙的阻尼力随速度的增大而增大；速度相同的不同工况（频率、位移幅值不同），其最大阻尼力几乎无差别，如图 2.3.24 所示。

（2）位移幅值相关性

新型黏滞阻尼墙的滞回特性与位移幅值有关。在环境温度和加载频率一定的情况下，新型黏滞阻尼墙滞回曲线所包围的面积随位移幅值的增大而增加，并且阻尼力也提高，耗能效果越好，如图 2.3.25 所示。

（3）动态刚度特性

当加载频率较低时，滞回曲线的倾角很小（图 2.3.25a），甚至可以忽略不计，此时可认为新型黏滞阻尼墙是一种无刚度阻尼器。但当加载频率较高时，滞回曲线出现一定的倾角（图 2.3.25b），这是由于在较大的压力作用下，阻尼介质和内钢板产生了一定的弹性变形，导致新型黏滞阻尼墙出现了瞬时刚度。

（4）频率无关性

该新型黏滞阻尼墙无频率相关性。如图 2.3.23 所示，在速度相同、频率不同的工况下，新型黏滞阻尼墙的最大阻尼力不随加载频率变化而变化。

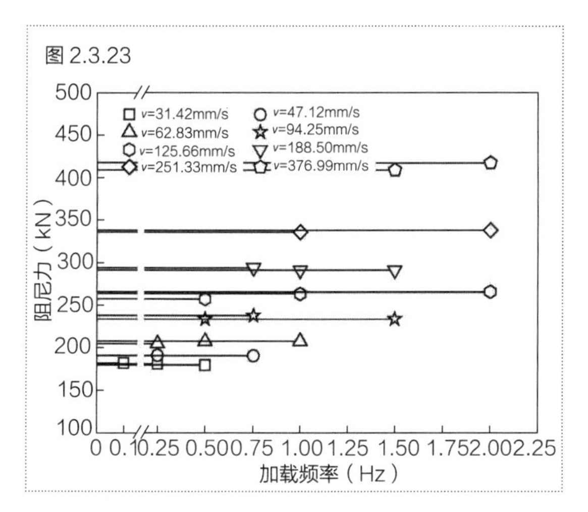

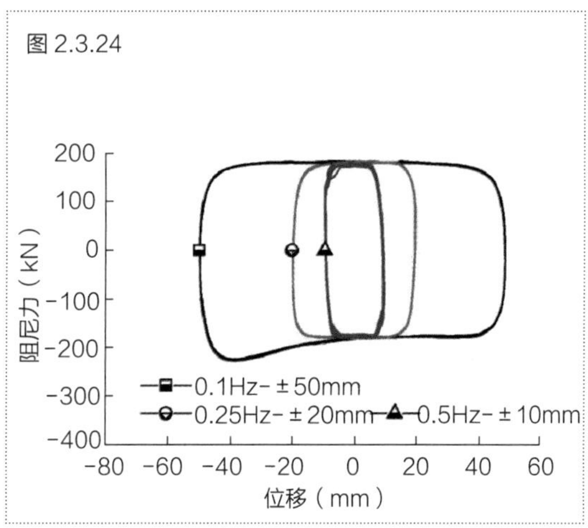

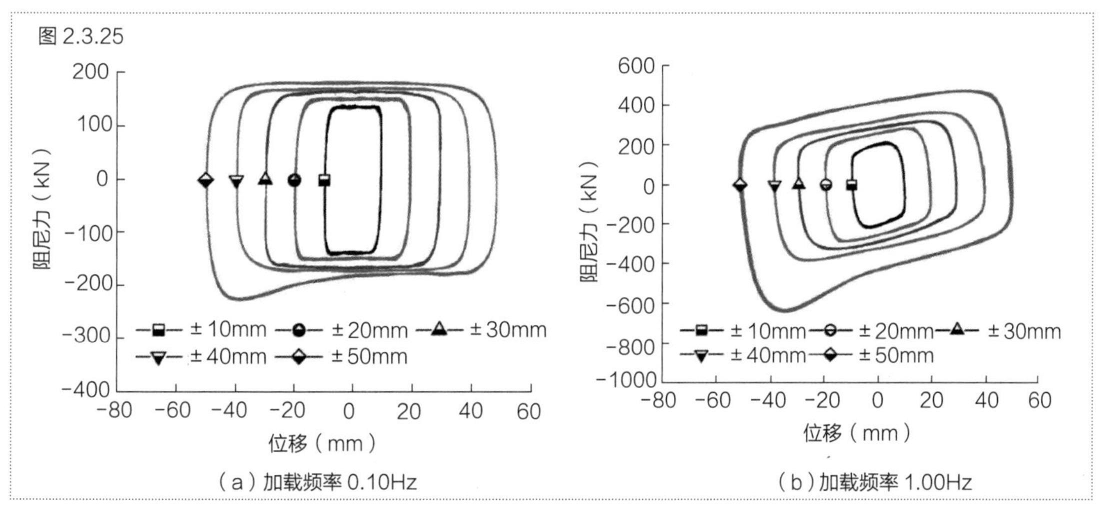

（a）加载频率 0.10Hz　　（b）加载频率 1.00Hz

图 2.3.23　同速度不同频率下的最大阻尼力

图 2.3.24　速度为 31.42mm/s 时阻尼墙的滞回曲线

图 2.3.25　不同位移幅值下的滞回曲线

2.4 黏滞阻尼器力学模型

已有很多的学者或研究机构对阻尼器的力学性能进行了研究。研究发现：黏滞阻尼器是一种速度相关型的阻尼器，则其力学关系式即为黏滞阻尼力与速度的关系。

2.4.1 杆式黏滞阻尼器

杆式黏滞阻尼器的力学模型[62～64，69～71]可用下式表达：

$$F=CV^{\alpha} \tag{2.4.1}$$

式中：F 为阻尼力；C 为阻尼系数，工作期间保持常数；V 为活塞相对运动速度；α 阻尼指数。

对建筑结构来说，阻尼指数 α 常用的取值范围为 0.3~1.0。当 $\alpha=1$ 时，式（2.4.1）表示线性阻尼器；当 $\alpha\neq1$ 时，式（2.4.1）表示非线性阻尼器。

2.4.2 黏滞阻尼墙

相关研究表明[49，72～75]，黏滞阻尼墙呈现出黏弹性的特性，含有黏滞阻尼力和弹性力。对于黏滞阻尼力，基本上都认为其与钢板间相对运动速度有关，统一可以用下式表达：

$$F_{c}=CV^{\alpha} \tag{2.4.2}$$

式中：F_{c} 为黏滞阻尼力；其他同上。

对于弹性力，一般是由内外钢板和黏滞材料的弹性变形产生，可以等效成弹簧，可用下式来表达：

$$F_{k}=ku \tag{2.4.3}$$

式中：F_{k} 为弹簧力；k 为阻尼墙内部刚度；u 为钢板间相对变形。

黏滞阻尼墙的力学模型考虑黏滞阻尼力和弹性力两部分。目前考虑阻尼墙阻尼特性和内部刚度的模型有 Maxwell 模型（麦克斯韦模型）和 Kelvin 模型（开尔文模型）。

2.5 软件模拟

2.5.1 杆式黏滞阻尼器

消能减震技术在建筑工程中的广泛应用，促使了计算机模拟技术的不断发展。各种相关建筑结构设计软件都已经可以提供相关模拟单元，用于模拟消能减震装置。下面简略介绍一下现阶段常用的结构设计软件对黏滞阻尼器的模拟方法，主要包括 ETABS/SAP2000、YJK、Midas 和 Perform-3D。

1.ETABS/SAP2000

ETABS 和 SAP2000[76] 同属美国 Computer and Structures Inc.（CSI）公司开发研制的房屋建筑结构分析与设计软件，是美国乃至全球公认的结构分析计算程序，在世界范围内得到广泛应用。ETABS 适用于规则的高层建筑，SAP2000 适用于复杂的大跨度建筑。两种软件对阻尼器模拟方法基本相同，本小节以 ETABS 为例进行介绍。

ETABS 中提供了模拟各种隔震减震装置的单元，具体包括 Linear、Damper、Gap、Hook、Plastic1、Isolater1、Isolater2，其中 Damper 单元可用于模拟黏滞阻尼器，该单元采用基于 Maxwell 的黏弹性模型（图 2.5.1），由一个阻尼器单元和一个弹簧串联组成。一个 Damper 单元包括六个自由度，对于每个变形自由度，可以指定独立的阻尼器属性，包括线性和非线性两种属性。

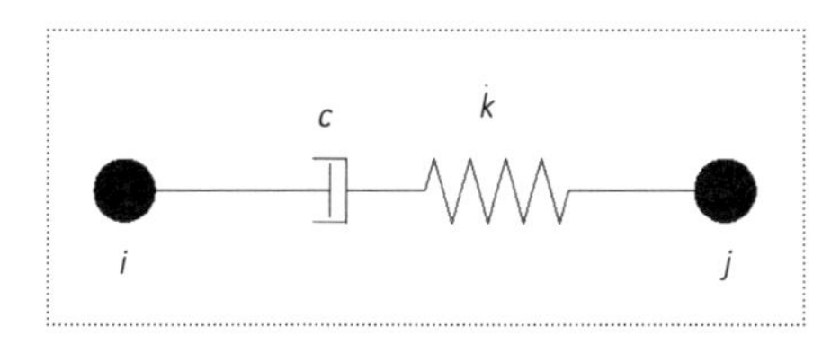

图 2.5.1　Damper 基于 Maxwell 的黏弹性模型

杆式黏滞阻尼器在 ETABS 中的模拟过程如下：

（1）黏滞阻尼单元的定义

如图 2.5.2 所示，在“定义”菜单下选择“连接属性”>“添加新属性”；在“非线性连接属性数据”对话框中，类型选为“Damper”；按阻尼器的属性定义“质量”和“质量”参数；在方向属性中，定义阻尼器的轴向属性（钩选 U1），根据阻尼器的阻尼指数确定是否钩选非线性属性；然后点击“修改 / 显示 U1”，定义阻尼器相关参数，如刚度、阻尼、阻尼指数等。

（2）黏滞阻尼单元的布置

黏滞阻尼单元在软件中的布置方法为：首先布置“NONE”属性构件，然后赋予其阻尼器单元的连接属性。

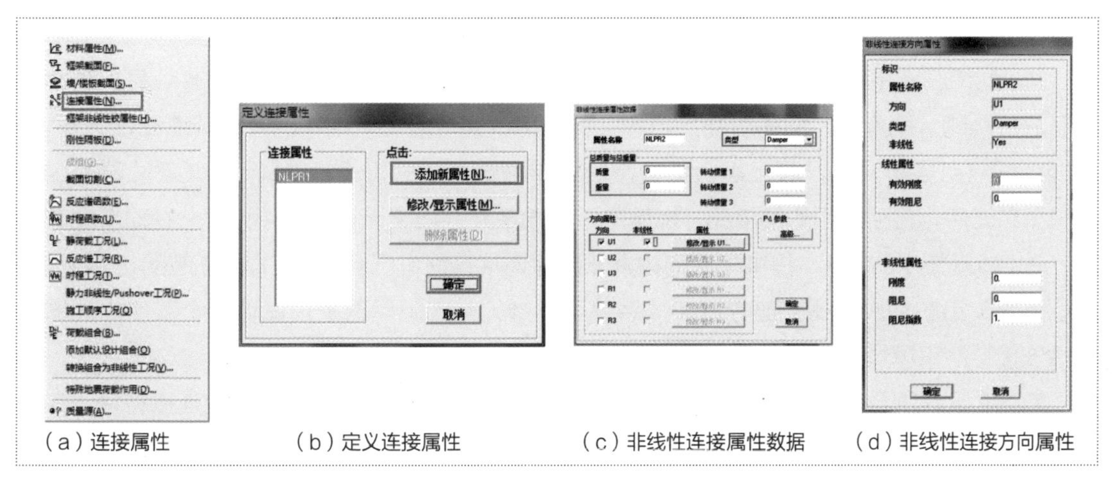

（a）连接属性　（b）定义连接属性　（c）非线性连接属性数据　（d）非线性连接方向属性

图 2.5.2　黏滞阻尼器的参数定义

2.YJK

YJK 是由北京盈建科软件有限责任公司为多、高层建筑结构计算分析而研制的空间组合结构有限元分析与设计软件，适用于各种规则或复杂体型的多、高层钢筋混凝土框架、框架－剪力墙、剪力墙、筒体结构以及钢－混凝土混合结构和高层钢结构等。YJK 软件可以支持消能减震结构的非线性分析与设计计算，软件中提供了消能减震单元，主要包括阻尼器、塑性单元、隔震支座和间隙等单元。杆式黏滞阻尼器可采用阻尼器单元来模拟，软件中的建模方法主要有两种，第一种通过特殊支撑将建模中输入的斜撑杆件定义为阻尼器单元，一般用于定义斜向和竖向放置的阻尼器；第二种是通过设置两点约束的方式来布置阻尼器单元，一般用于定义水平放置的阻尼器。

第一种方法操作步骤：前处理及计算 > 特殊支撑 > 设置连接属性，定义 U1 方向的属性，如图 2.5.3 所示。定义阻尼器的连接属性后，点取需要布置阻尼器位置的斜撑构件，即可完成阻尼器的布置。

第二种方法操作步骤：前处理及计算 > 节点属性 > 两点约束，定义 U1 方向的属性，如图 2.5.4 所示。定义阻尼器的连接属性后，选取同标准层平面内的两个节点，即可完成阻尼器的布置。

图 2.5.3

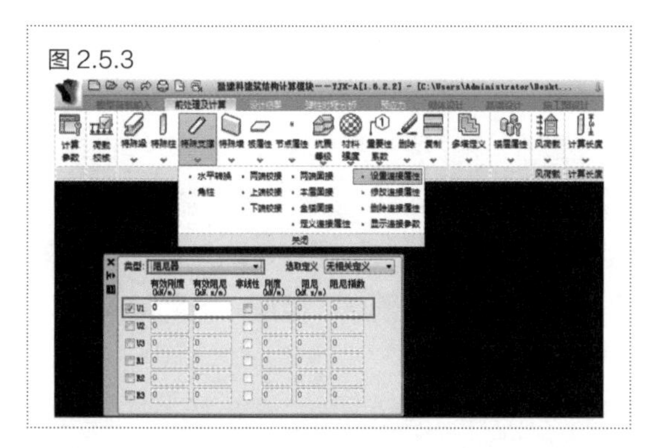

图 2.5.4

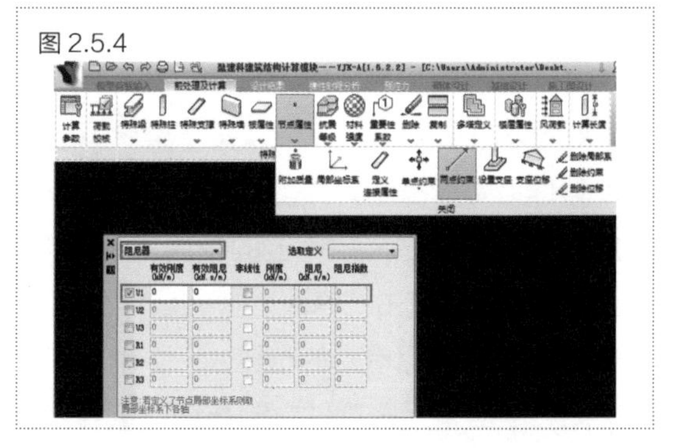

图 2.5.3　阻尼器单元定义方法一
图 2.5.4　阻尼器单元定义方法二

3.Midas

Midas/GEN 是目前国内应用较广泛的建筑结构通用有限元分析和设计软件，具有强大的计算分析功能。既能满足钢筋混凝土结构、钢结构、钢骨混凝土结构的分析计算和设计要求，也能很好地完成对钢－混凝土组合结构及各种特种结构的分析设计。Midas/GEN 具有全面的有限单元库，包括常用的梁单元、桁架单元、索单元、墙单元、实体单元等。针对新型的隔震、消能减震技术的应用，提供相应的边界非线性连接特性进行考虑，可以分析黏弹性阻尼器、滞回系统、铅芯橡胶隔振支座等减隔振系统。其中，黏滞阻尼器采用设置两个节点之间的非线性连接特性来模拟。

如图 2.5.5 所示，在边界菜单栏下打开一般连接特性设置界面，添加新的连接特性。在特性值类型中选择黏弹性消能器，按实际产品参数输入阻尼器重量。钩选“Dx”并在非线性特性值中选择 Maxwell 模型，按实际选取的产品参数输入阻尼器非线性特性值。定义完成一般

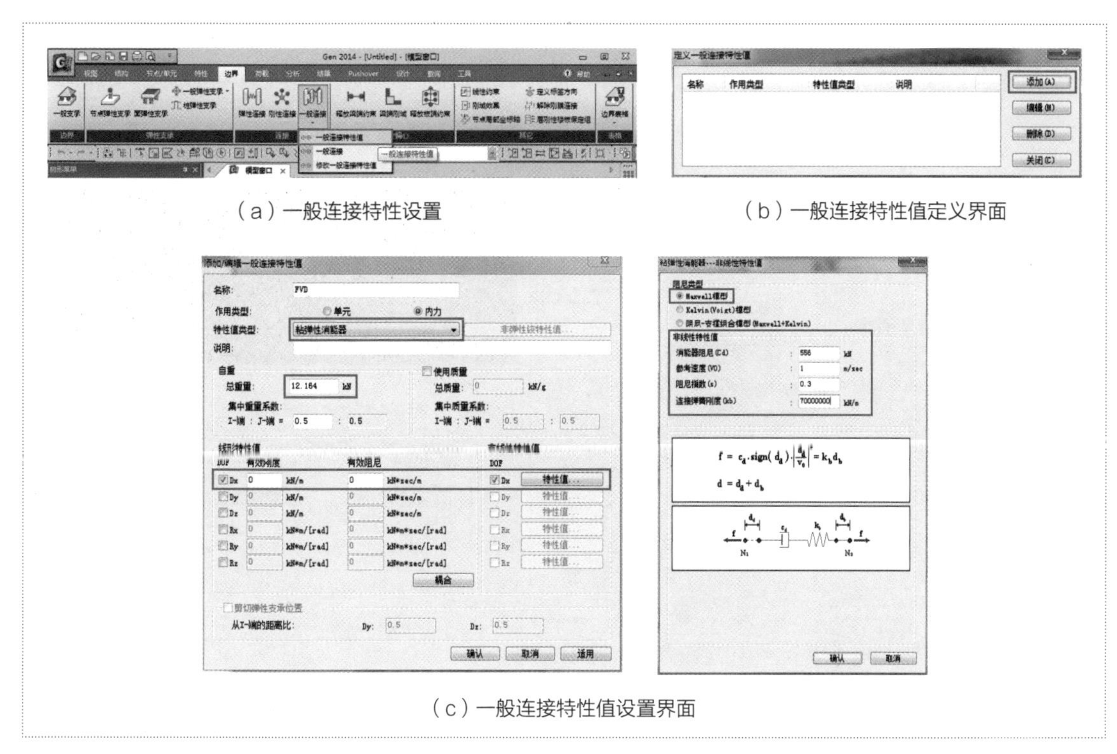

（a）一般连接特性设置

（b）一般连接特性值定义界面

（c）一般连接特性值设置界面

图 2.5.5　阻尼器单元的定义

连接特性后，点取需要布置阻尼器的两端节点，即可完成阻尼器的布置。

4.Perform-3D

Perform-3D[77] 是专门用于结构非线性分析与抗震性能评估的软件，它是在 Drain-2DX 和 Drain-3DX 程序的基础上，由美国加州大学伯克利分校的 Powell 教授开发的、结合了现代先进抗震设计理论的商业有限元软件。软件以结构材料和单元的力学性能设定为前提，以抗震性能设计方法为指导，通过基于变形或强度的限制状态对复杂结构进行弹塑性分析和抗震性能评估。软件支持多种类型单元，包括带有节点区的梁、柱、支撑、剪力墙、楼板、黏滞阻尼器和隔震器等。其中，黏滞阻尼器采用“黏滞阻尼单元 + 线弹性杆单元”模拟。通过分别定义一个轴力与轴向变形率呈非线性关系的黏滞阻尼单元与一个具有一定刚度的线弹性杆单元进行组装，形成一个只抵抗轴力的黏性杆复合构件，模拟黏滞阻尼器。

该复合构件在 Perform-3D 中不能施加任何单元荷载，无法直接定义黏滞阻尼器的质量和重量，可通过在支撑两端节点处施加节点质量和节点荷载考虑。

杆式黏滞阻尼器在 Perform-3D 中的模拟过程如下：

（1）黏滞阻尼单元的定义

如图 2.5.6 所示，在“Inelastic”标签下添加新的“Fluid Damper”类型的属性，按阻尼器的实际参数取值设置以下基本参数“Damper Length”（阻尼器自身长度）、“Exponent，n”（阻尼指数）、“Rate at Last segment”（最后一段起始点速度）、“Force at last segment”（最后一段起始点的力）、“NO. of segment”（拟合线性段数），软件会根据所设置的基本参数自动生成由若干段（即所设置的拟合段数）连续折线拟合成的阻尼力 - 变形率曲线，如图 2.5.7 所示。

图 2.5.6

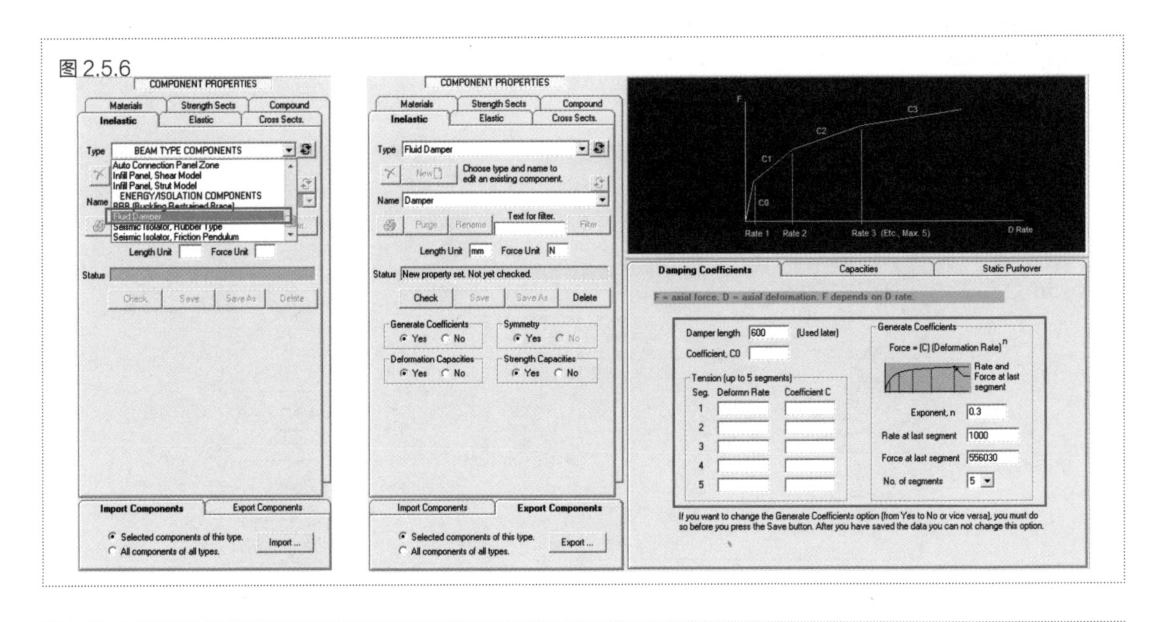

图 2.5.7

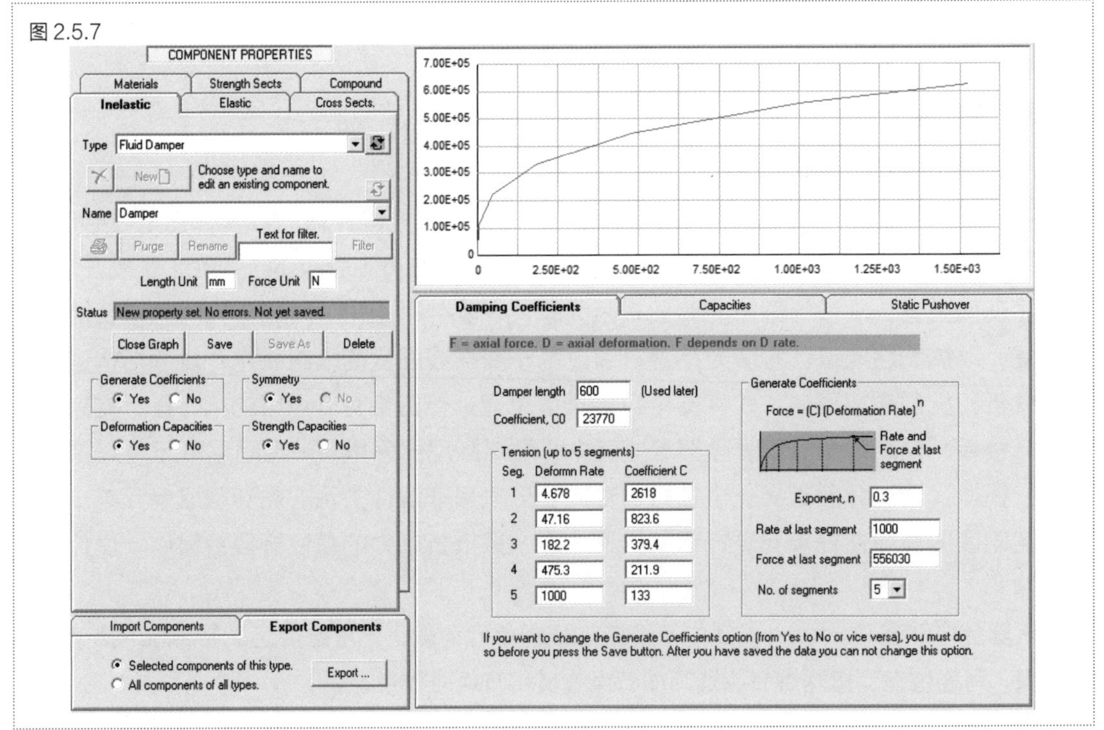

图 2.5.6　黏滞单元属性的定义
图 2.5.7　黏滞单元阻尼力与变形率曲线的生成

（2）线弹性杆单元的定义

如图 2.5.8 所示，在“Elastic”标签下添加新的“Linear Elastic Bar”类型的属性，按实际与阻尼器相连的支撑截面属性设置弹性模量和截面面积。

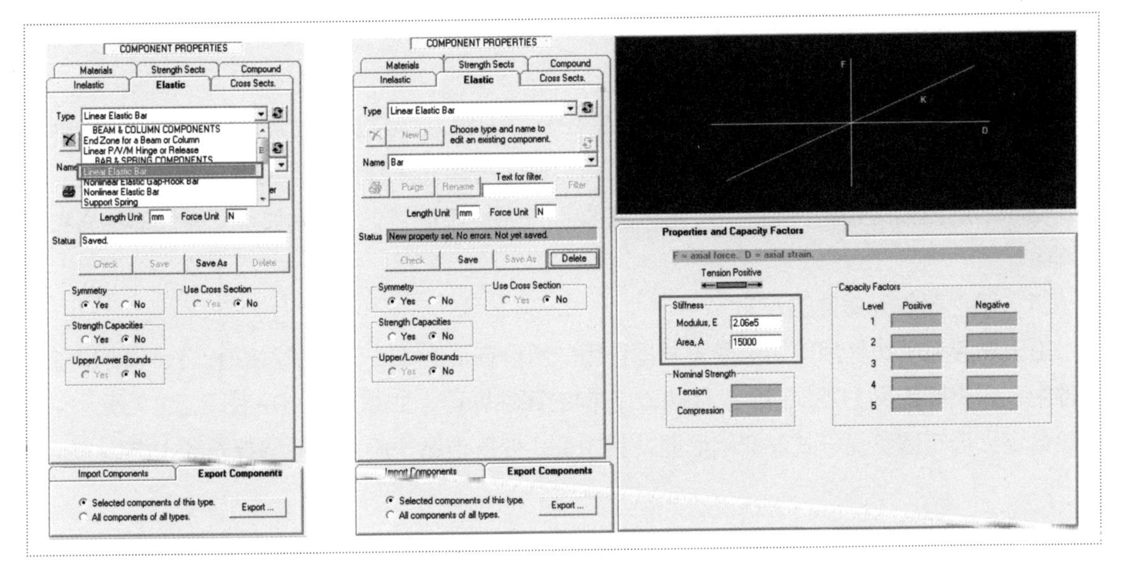

图 2.5.8　弹性杆单元的定义

(3) 黏滞阻尼器的组装

如图 2.5.9 所示，在“Compound”标签下添加新的“Fluid Damper Compound Component”类型的构件属性，将已经定义好的黏滞阻尼单元和线弹性杆单元进行组装，即形成黏滞阻尼器。将此复合构件属性赋予模型中已绘制的线对象，完成黏滞阻尼器的布置。

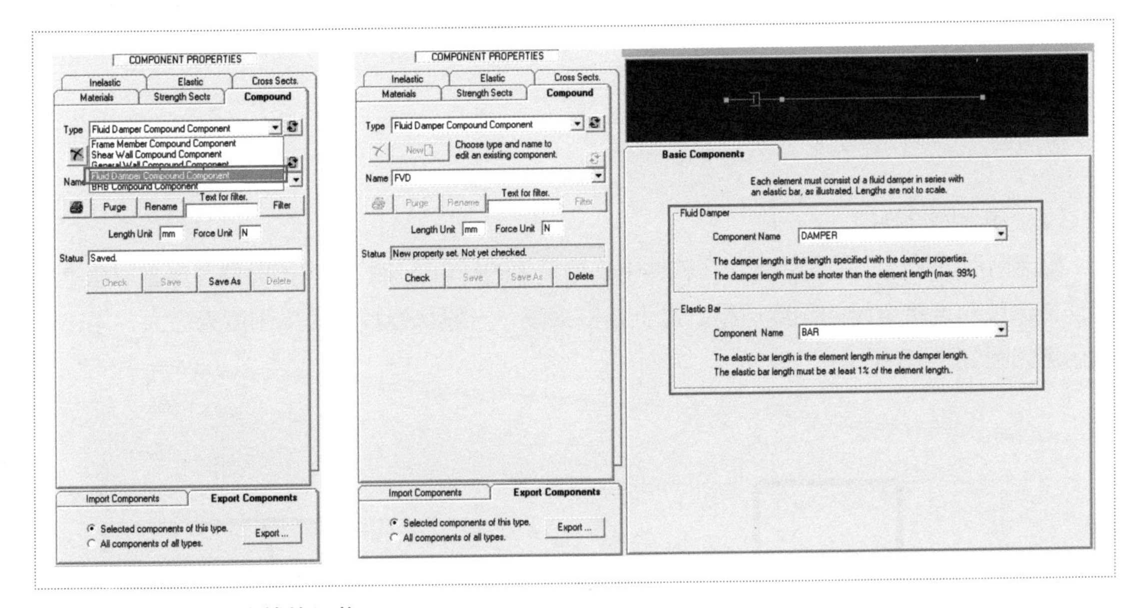

图 2.5.9　黏滞阻尼支撑的组装

2.5.2　黏滞阻尼墙

黏滞阻尼墙是面单元，而黏滞阻尼器是杆单元，所以对二者的模拟存在一定的区别。下面简略介绍一下现阶段常用的结构设计软件对黏滞阻尼墙模拟方法，主要包括 ETABS/

SAP2000、YJK、Midas 和 Perform-3D。

1.ETABS/SAP2000/YJK/Midas

虽然黏滞阻尼墙是一个平面单元，但是在 ETABS、SAP2000、YJK 和 Midas 软件中的模拟方法与杆式黏滞阻尼器基本相同，都可以采用杆单元来模拟，详见 2.5.1 节的描述。与杆式黏滞阻尼器相比，黏滞阻尼墙的模拟主要存在两点不同之处：阻尼器单元属性的定义和单元刚度。

（1）阻尼器单元属性的定义

由于黏滞阻尼墙利用剪切变形来发挥作用，所以在 ETABS、SAP2000、YJK 和 Midas 软件中，只需要定义 U2/U3 或者 Dy/Dz 方向的属性即可，如图 2.5.10~ 图 2.5.12 所示。相关参数定义与布置参见杆式黏滞阻尼器，其中剪切变形位置一般取阻尼墙单元的中点。

图 2.5.10

图 2.5.11

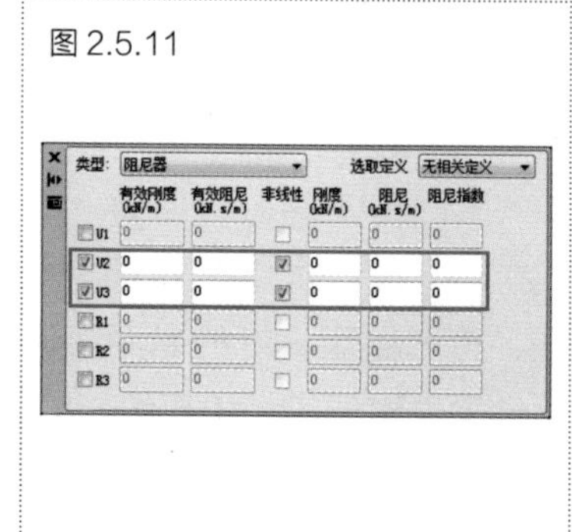

图 2.5.12

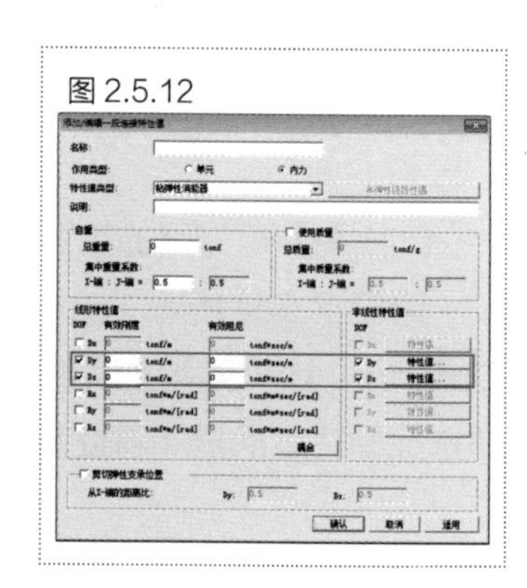

图 2.5.10　ETABS
图 2.5.11　YKJ
图 2.5.12　Midas

（2）单元刚度模拟

黏滞阻尼墙是一个平面单元，在软件中采用简化的杆单元来模拟，同时要考虑阻尼墙本身和连接部位对连接梁段的刚度贡献。对于连接梁段，一般认为其平面内刚度无穷大，简化等效示意如图 2.5.13 所示。

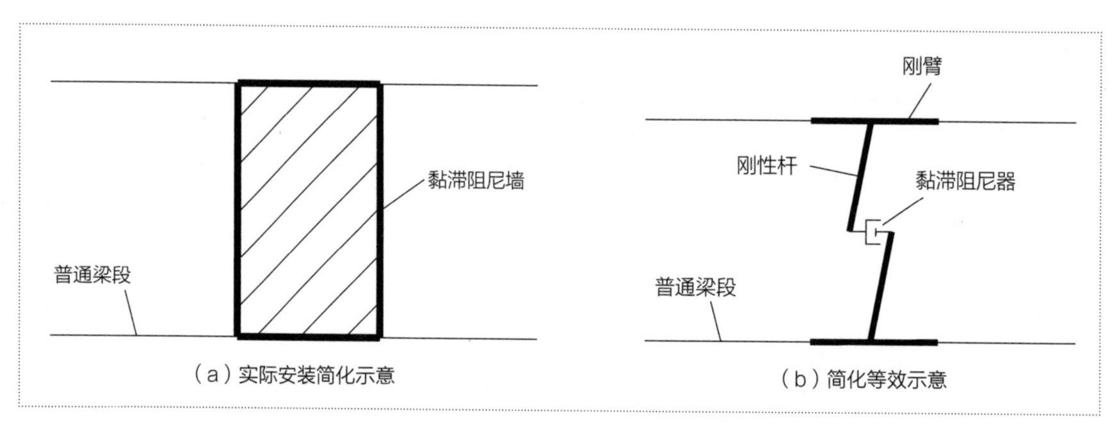

（a）实际安装简化示意　　（b）简化等效示意

图 2.5.13　黏滞阻尼墙简化等效示意

2.Perform-3D

Perform-3D 中没有专门用来模拟黏滞阻尼墙的单元，根据黏滞阻尼墙的实际受力情况，可采用“刚臂＋刚性杆＋黏滞阻尼器”来等效模拟，如图 2.5.13（b）所示。刚臂模拟与阻尼墙连接的梁段，考虑阻尼墙本身的刚度及安装构件对连接梁段的刚度贡献；上、下刚性杆模拟阻尼墙的内、外部钢板，用黏滞阻尼器连接，模拟黏滞阻尼墙内、外钢板错动时的阻尼特性。其中，黏滞阻尼器的模拟参见 2.5.1 节的描述，线弹性杆的刚度属性设置应符合实际黏滞阻尼墙产品的弹性刚度值。

| 第3章 | 黏滞阻尼减震结构分析方法

Chapter 3 Analysis method of viscous damping dissipation energy structure

对于传统的高层和超高层结构，常用的分析方法包括振型分解反应谱法、静力弹塑性分析法（推覆分析）、弹性动力时程积分法、弹塑性动力时程分析法和能量分析法。不同于传统结构，黏滞阻尼减震结构包含黏滞阻尼单元（呈现速度相关性），只有在动力荷载作用下才能发挥阻尼单元的耗能作用。振型分解反应谱法和静力弹塑性分析法（推覆分析）属于静力分析方法，不适用于黏滞阻尼减震结构，因此，只有动力时程积分法和能量分析法适用于黏滞阻尼减震结构。

本章主要介绍适用于黏滞阻尼减震结构的分析方法以及时程波选取原则。针对用于评价黏滞阻尼器耗能减震作用大小的附加阻尼比，介绍了三种常用的计算方法，并通过工程案例详解三种方法的应用步骤。

3.1 分析方法

3.1.1 动力时程分析法

动力时程分析法分为直接动力法和快速非线性分析方法（FNA）。

1. 直接动力法

直接动力法[1]是将地震动产生的地面加速度直接输入到结构的振动方程中，根据选定的结构恢复力特性曲线，采用逐步积分的方法进行结构的动力分析，可以得到各个时刻点结构的内力、位移和加速度等反应，从而可观察到地震作用下，在弹性和弹塑性阶段，结构内力变化以及构件开裂、损坏直至倒塌的全过程。这种方法可以准确地考虑结构的非线性特性，包括材料非线性、几何非线性以及非线性连接等。

对于多自由度体系，结构在地震作用下任意时刻的动力平衡方程为：

$$[M]\{\ddot{x}(t)\}+[C]\{\dot{x}(t)\}+[K]\{x(t)\}+\{F_D(\dot{x}(t))\}=-[M]\{\ddot{x}_g(t)\}=\{p(t)\} \tag{3.1.1}$$

式中：$[M]$ 为总质量矩阵；$[C]$ 为总体阻尼矩阵；$[K]$ 为总体刚度矩阵；$\{\ddot{x}(t)\}$、$\{\dot{x}(t)\}$ 和 $\{x(t)\}$ 分别为多自由度体系的质量相对于地面的加速度、速度和位移矩阵；$\{F_D(\dot{x}(t))\}$ 为附加的阻尼力列阵；$\{\ddot{x}_g(t)\}$ 为地震地面运动加速度时程曲线；$\{p(t)\}$ 为等效外荷载列阵。

直接动力法的原理基于以下两种思想：第一，将本来在任何连续时刻都应满足的动力平衡方程的位移 $\{x(t)\}$，代之以仅在有限个离散时刻 t_0，t_1，t_2，…，满足这一方程的位移 $\{x(t)\}$，从而获得有限个时刻上的近似动力平衡方程；第二，在时间间隔 $\Delta t_i=t_{i+1}-t_i$ 内，以假设的位移、速度和加速度的变化规律来代替实际未知的情况。

式（3.1.1）常见的求解方法有中心差分法、线性加速度法、Wilson-θ 法、Newmark-β 法和 Houbolt 法等。在动力时程分析时，Wilson-θ 法和 Newmark-β 法是两种最常用的逐步积分方法。

2. 快速非线性分析方法（FNA）

快速非线性分析方法（FNA）是由 Wilson 教授提出的[78]，采用弹性结构系统与刚度和质量正交的、荷载相关的 Ritz 向量，来减少要求解的非线性系统的规模。在每次迭代或加载步骤结束时，非线性单元中的力用迭代法进行计算，对每个时间增量都可准确地求解出非耦合模态方程。

当结构设置黏滞阻尼单元后，式（3.1.1）可改写为：

$$[M]\{\ddot{x}(t)\}+[C]\{\dot{x}(t)\}+[K]\{x(t)\}+\{R_{NL}(t)\}=-[M]\{\ddot{x}_g(t)\}=\{p(t)\} \tag{3.1.2}$$

式中：$\{R_{NL}(t)\}$ 为黏滞阻尼单元力总和的整体节点力向量。

求解式（3.1.2）的第一步，要计算一组 N 个正交荷载相关的 Ritz 向量 Φ，使其满足下列方程：

$$\{\Phi\}^{\mathrm{T}}[M]\{\Phi\}=[I] \tag{3.1.3}$$

$$\{\Phi\}^{\mathrm{T}}[K]\{\Phi\}=[\Omega]^2 \tag{3.1.4}$$

式中：$[I]$ 为单位矩阵，而 $[\Omega]^2$ 为对角矩阵，在该对角矩阵中，对角项被定义为 ω^2_n。

此时，结构的响应可以通过引入下面的矩阵变换用向量来表示：

$$\{x(t)\}=\{\Phi\}\{Y(t)\} \tag{3.1.5}$$

$$\{\dot{x}(t)\}=\{\Phi\}\{\dot{Y}(t)\} \tag{3.1.6}$$

$$\{\ddot{x}(t)\}=\{\Phi\}\{\ddot{Y}(t)\} \tag{3.1.7}$$

把式（3.1.5）、式（3.1.6）和式（3.1.7）代入式（3.1.2），并在方程式两边同乘以 $\{\Phi\}^{\mathrm{T}}$，然后产生一组可由下列矩阵方程表示的 N 个非耦合方程：

$$[I]\{\ddot{Y}(t)\}+[\Lambda]\{\dot{Y}(t)\}+[\Omega]^2\{Y(t)\}=\{F(t)\} \tag{3.1.8}$$

其中线性和非线性模态力 $\{F(t)\}$ 由下式得出：

$$\{F(t)\}=\{\Phi\}^{\mathrm{T}}\{p(t)\}-\{\Phi\}^{\mathrm{T}}\{R_{\mathrm{NL}}(t)\} \tag{3.1.9}$$

对式（3.1.8）的非线性模态方程进行求解，从而得到非线性时程分析的计算结果。非线性模态方程的具体求解算法可参照文献 [78] 和 [79] 的详细介绍。

3.1.2 能量分析法

能量法的概念最初由 Housner[80] 于 1956 年提出。所谓能量分析法，即从结构体系自身的耗能能力出发，综合考虑多种与能量有关的影响因素（如地震波、结构动力特性等），在确定地震总输入能量的基础上，研究其在结构各部位的分布，以及各耗能机制间的关系，并依此对结构体系在地震过程中的安全性做出整体的分析和评价。能量分析法的基本原理是确保地震过程中输入结构的能量不超过结构自身的耗能能力，即：地震输入能量≤结构自身耗能能力[81]。

1. 单自由度体系

基于能量方法的反应方程一般可以分为：以相对位移定义的能量反应方程和以绝对位移定义的能量反应方程。

在相对坐标系下，当受到水平地震作用时，黏滞阻尼单自由度体系结构的运动微分方程为：

$$m\ddot{x}+c\dot{x}+f_{\mathrm{s}}+f_{\mathrm{d}}=-m\ddot{x}_{\mathrm{g}} \tag{3.1.10}$$

式中：m 为结构质量；c 为结构的黏滞阻尼系数；f_s 为结构的滞变恢复力；f_d 为耗能器阻尼力；$\ddot{x}$、$\dot{x}$ 和 x 分别为单自由度体系的质量相对于地面的加速度、速度和位移；$\ddot{x}_g$ 为地面运动加速度。

式（3.1.10）用绝对位移 $x_a=x+x_g$ 可表示为：

$$m\ddot{x}_a+c\dot{x}+f_s+f_d=0 \tag{3.1.11}$$

（1）相对能量方程

取式（3.1.10）两端对质点的相对位移 x 在时域上进行积分，得：

$$\int_0^t m\ddot{x}\mathrm{d}x+\int_0^t c\dot{x}\mathrm{d}x+\int_0^t f_s\,\mathrm{d}x+\int_0^t f_d\,\mathrm{d}x=-\int_0^t m\ddot{x}_g\mathrm{d}x \tag{3.1.12}$$

上式可简写成：

$$E_v+E_c+E_s+E_d=E_{in} \tag{3.1.13}$$

式中：E_v 为相对动能，$E_v=\int_0^t m\ddot{x}\mathrm{d}x=\frac{1}{2}m\dot{x}^2$；$E_c$ 为结构自身黏滞阻尼耗能，$E_c=\int_0^t c\dot{x}^2\mathrm{d}t$；$E_s$ 为变形能，包括弹性应变能 E_k 和结构滞回耗散能量 E_h，$E_s=\int_0^t f_s\dot{x}\mathrm{d}t$；$E_d$ 为阻尼器耗能，$E_d=\int_0^t f_d\dot{x}\mathrm{d}t$；$E_{in}$ 为地震相对输入能量，$E_{in}=-\int_0^t m\ddot{x}_g\dot{x}\mathrm{d}t$。

式（3.1.13）可进一步写成：

$$E_v+E_c+E_h+E_k+E_d=E_{in} \tag{3.1.14}$$

（2）绝对能量方程

取式（3.1.11）两端对质点的绝对位移 X_a 在时域上进行积分，得：

$$\int_0^t m\ddot{x}_a\mathrm{d}x_a+\int_0^t c\dot{x}\mathrm{d}x_a+\int_0^t f_s\mathrm{d}x_a+\int_0^t f_d\,\mathrm{d}x_a=0 \tag{3.1.15}$$

将 $x_a=x+x_g$ 代入式（3.1.15）中，可得：

$$\frac{m\dot{x}_a^{\ 2}}{2}+\int_0^t c\dot{x}\mathrm{d}x+\int_0^t f_s\,\mathrm{d}x+\int_0^t f_d\,\mathrm{d}x=\int_0^t m\ddot{x}_a\,\mathrm{d}x_g \tag{3.1.16}$$

式（3.1.16）可进一步写成：

$$E'_v+E_c+E_s+E_d=E'_{in} \tag{3.1.17}$$

式中：E'_v 为绝对动能，$E'_v=\frac{1}{2}m\dot{x}_a^2$；$E'_{in}$ 为地震绝对输入能量，$E'_{in}=-\int_0^t m\ddot{x}_a\dot{x}_g\mathrm{d}t$。

2. 多自由度体系

对于地震作用下的多自由度耗能减震体系，类似于式（3.1.12）和（3.1.16），也可以写出其相对和绝对能量方程。

相对能量方程：

$$\sum_{i=1}^{N}\left(\frac{1}{2}m_i\dot{x}_i^{\,2}\right)+\sum_{i=1}^{N}\int_0^t c_i\dot{x}_i\,\mathrm{d}x_i+\sum_{i=1}^{N}\int_0^t f_{si}\,\mathrm{d}x_i+\sum_{i=1}^{N}\int_0^t f_{\mathrm{d}i}\,\mathrm{d}x_i=\sum_{i=1}^{N}\int_0^t(-m_i\ddot{x}_{\mathrm{g}})\,\mathrm{d}x_i \tag{3.1.18}$$

上式可简写为：

$$\sum_{i=1}^{N}E_{\mathrm{v}i}+\sum_{i=1}^{N}E_{\mathrm{c}i}+\sum_{i=1}^{N}E_{\mathrm{s}i}+\sum_{i=1}^{N}E_{\mathrm{d}i}=\sum_{i=1}^{N}E_{\mathrm{in}i} \tag{3.1.19}$$

绝对能量方程：

$$\sum_{i=1}^{N}\left(\frac{1}{2}m_i\dot{x}_{\mathrm{a}i}^{\,2}\right)+\sum_{i=1}^{N}\int_0^t c_i\dot{x}_i\,\mathrm{d}x_i+\sum_{i=1}^{N}\int_0^t f_{\mathrm{s}i}\,\mathrm{d}x_i+\sum_{i=1}^{N}\int_0^t f_{\mathrm{d}i}\,\mathrm{d}x_i=\sum_{i=1}^{N}\int_0^t m_i\ddot{x}_{\mathrm{a}i}\,\mathrm{d}x_{\mathrm{g}} \tag{3.1.20}$$

上式可简写为：

$$\sum_{i=1}^{N}E'_{\mathrm{v}i}+\sum_{i=1}^{N}E_{\mathrm{c}i}+\sum_{i=1}^{N}E_{\mathrm{s}i}+\sum_{i=1}^{N}E_{\mathrm{d}i}=\sum_{i=1}^{N}E'_{\mathrm{in}i} \tag{3.1.21}$$

3.2　附加阻尼比计算方法

消能器通过滞回作用耗散地震能量，为结构提供附加阻尼，降低结构的动力响应。为了更加直观地体现消能器的作用，同时方便采用振型分解反应谱法对黏滞阻尼结构进行分析与设计，我国规范提出采用附加阻尼比来表示消能器对结构的耗能减震作用。附加阻尼比的常用计算方法有三种，包括规范提供的计算方法、能量曲线对比法和结构响应对比法。

3.2.1　规范提供的计算方法

《建筑抗震设计规范》GB 50011—2010 第 12.3.4 条和《建筑消能减震技术规程》JGJ 297—2013 第 6.3.2 条中指出，消能部件附加给结构的有效阻尼比可按下式计算：

$$\xi_{\mathrm{d}}=\sum_{j=1}^{n}W_{\mathrm{c}j}/4\pi W_{\mathrm{s}} \tag{3.2.1}$$

式中：ξ_{d}为消能减震结构的附加有效阻尼比；$W_{\mathrm{c}j}$ 为第 j 个消能部件在结构预期层间位移 Δu_j 下往复循环一周所消耗的能量（kN · m）；W_{s} 为消能减震结构在水平地震作用下的总应变能（kN · m）。

当不计结构扭转影响时，消能减震结构在水平地震作用下的总应变能 W_{s}，可按下式计算：

$$W_s=\sum F_i u_i/2 \tag{3.2.2}$$

式中：F_i 为质点 i 的水平地震作用标准值（一般取相应于第一振型的水平地震作用即可，kN）；u_i 为质点 i 对应于水平地震作用标准值的位移（m）。

速度相关型黏滞消能器在水平地震作用下往复循环一周所消耗的能量，可按下式计算：

$$W_{cj}=\lambda_1 F_{djmax}\Delta u_j \tag{3.2.3}$$

式中：λ_1 为阻尼指数的函数，可按表 3.2.1 取值；F_{djmax} 为第 j 个消能器在相应水平地震作用下的最大阻尼力（kN）；Δu_j 为第 j 个消能器两端的最大相对水平位移（m）。

表 3.2.1　λ_1 值

阻尼指数 α	λ_1 值
0.25	3.7
0.50	3.5
0.75	3.3
1	3.1

注：其他阻尼指数对应的 λ_1 值可线性插值。

位移相关型和速度非线性相关型消能器在水平地震作用下往复循环一周所消耗的能量，可按下式计算：

$$W_{cj}=\sum A_j \tag{3.2.4}$$

式中：A_j 为第 j 个消能器的恢复力滞回环在相对水平位移 Δu_j 时的面积（kN · m）。

可以看出，消能部件在水平地震作用下往复循环一周所消耗的能量即为其滞回曲线的包络面积。当计算消能减震结构在水平地震作用下的总应变能 W_s 时，可以取结构水平地震作用下的层剪力标准值与层间位移标准值的乘积或者层间剪力标准值与层位移标准值的乘积，以上各参数取计算结果的包络值。

3.2.2　能量曲线对比法

能量曲线对比法是基于结构各部分的耗能与其自身的阻尼呈线性关系，根据结构固有阻尼比、固有阻尼比对应的耗能和消能器耗能，推算消能器附加给结构的阻尼比。可按下式计算：

$$\xi_d=\frac{W_d}{W_1}\cdot\xi_1 \tag{3.2.5}$$

式中：ξ_d为消能减震结构的附加有效阻尼比；ξ_1为消能减震结构的固有阻尼比；W_d 为所有消能部件消耗的能量（kN · m）；W_1 为结构固有阻尼比对应消耗的能量（kN · m）。

现阶段常用的结构分析软件（比如 ETABS、SAP2000 和 Perform-3D）都可以计算固有阻尼比对应的耗能 W_1 和消能器耗能 W_d，为设计人员采用此方法计算附加阻尼比提供了便捷。

3.2.3　结构响应对比法

结构响应对比法 [82] 是采用等效对比结构动力响应的方法来确定消能减震结构的附加阻尼比。具体实施方法：采用一个有控模型（加设阻尼器）与一组具有不同阻尼比的无控模型（不加设阻尼器）进行对比，分别施加同样的时程函数进行动力时程分析，对比结构的动力响应（层剪力和结构顶点位移等参数），找到与有控模型反应最为接近的某个无控模型，则认为该无控模型的阻尼比即为有控模型的总阻尼比，扣除结构的固有阻尼比，即可得到阻尼器附加给结构的有效阻尼比。

当采用结构响应对比法计算附加阻尼比时，需要计算多组模型进行对比，实施起来比较繁琐。因此，此法实际应用时，一般配合其他附加阻尼比计算方法使用，起到验证校核的作用。

3.2.4　应用举例

以某超高层建筑为例，简略介绍以上三种计算方法的应用。该建筑采用杆式黏滞阻尼器进行减震设计，黏滞阻尼器的阻尼指数为 0.3，阻尼系数为 360kN/（mm/s）$^{0.3}$。对该超高层建筑进行多遇地震非线性时程分析。

1. 规范提供的计算方法

以天然波 TR1-X 向作用为例，在其作用下，其中一个黏滞阻尼器的滞回曲线如图 3.2.1 所示。参照式（3.2.3），可以取其阻尼力和位移的绝对最大值计算阻尼器的耗能 W_{cj}。结构的附加阻尼比详细计算过程如表 3.2.2 所示，可以看出根据式（3.2.1）计算得到附加阻尼比为 4.1%。

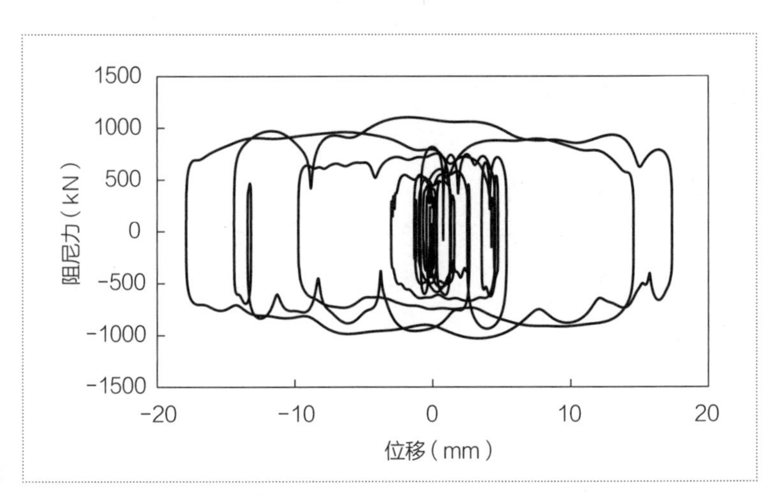

图 3.2.1　阻尼器滞回曲线

表 3.2.2　附加阻尼比计算表格

地震波 TR1-X	F_{djmax}（kN）	Δa_j（m）	λ	阻尼器数量	W_{cj}（kN·m）
X 向阻尼器	1098	0.0181	3.66	8	581.3
Y 向阻尼器	811.2	0.0076	3.66	8	180.9
$\sum W_{cj}$（kN·m）	762.1				
W_s（kN·m）	1485.6				
$\xi_d=\sum_{j=1}^{n}W_{cj}/4\pi W_s$	4.1%				

2. 能量曲线对比法

取天然波 TR1-X 作用下的能量分析结果计算附加阻尼比。通过分析软件提取相关数据（固有阻尼比对应耗能 W_1 和消能部件耗能 W_d），根据式（3.2.5）计算阻尼器提供给结构的附加阻尼比为 4.3%，详见表 3.2.3。

表 3.2.3　能量曲线对比法计算表格

计算参数	数值
固有阻尼比 ξ_1	4%
固有阻尼比对应耗能 W_1（kN·m）	1364
消能部件耗能 W_d（kN·m）	1470
附加阻尼比 ξ_d	$\frac{1470}{1364}\times 4\%=4.3\%$

注：表格中的能量参数取地震时程波最后时刻对应的累积能量。

3. 结构响应对比法

简略介绍结构响应对比法配合规范方法的应用过程。从上面的计算结果可知，采用规范提供的方法计算天然波 TR1-X 作用下的附加阻尼比为 4.1%。然后采用结构响应对比法对其验证，即采用增加结构整体阻尼比的简化方法验证附加阻尼比的准确性。分别建立三个分析模型，模型信息见表 3.2.4。

表 3.2.4　分析模型

分析模型	是否布置阻尼器	模态阻尼比	附加阻尼比	总阻尼比
方案一（无控模型）	否	4%	0	4%
方案二（无控模型）	否	4%	4.1%	8.1%
方案三（阻尼器参与建模）	是	4%	—	—

注：无控模型表示不设置阻尼器的模型。

在天然波 TR1-X 作用下，对比三个模型在多遇地震作用下顶点位移和层剪力，对比分析结果如图 3.2.2、图 3.2.3 和表 3.2.5 所示。可以看出，考虑 4.1% 附加阻尼比的简化模型与有控模型的顶点位移和基底剪力基本吻合，因此可以证明阻尼器确实有效地增加了结构阻尼比，且附加阻尼比约为 4.1%。

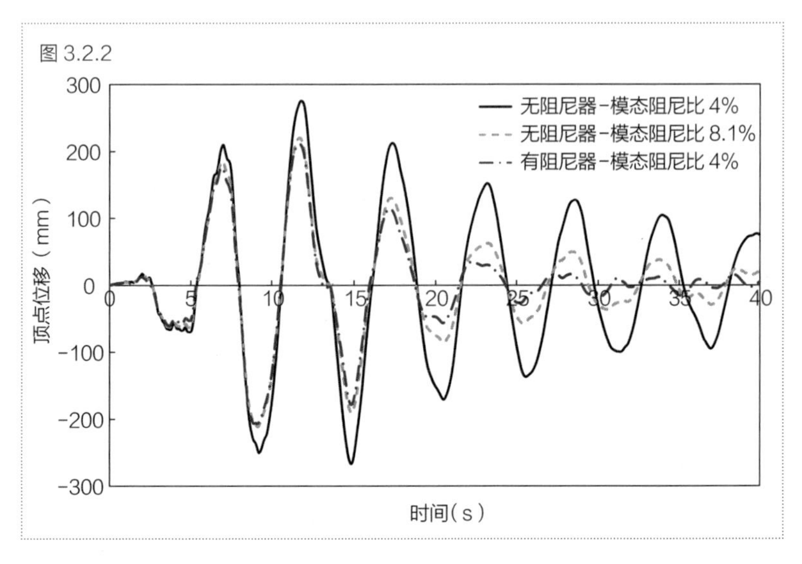

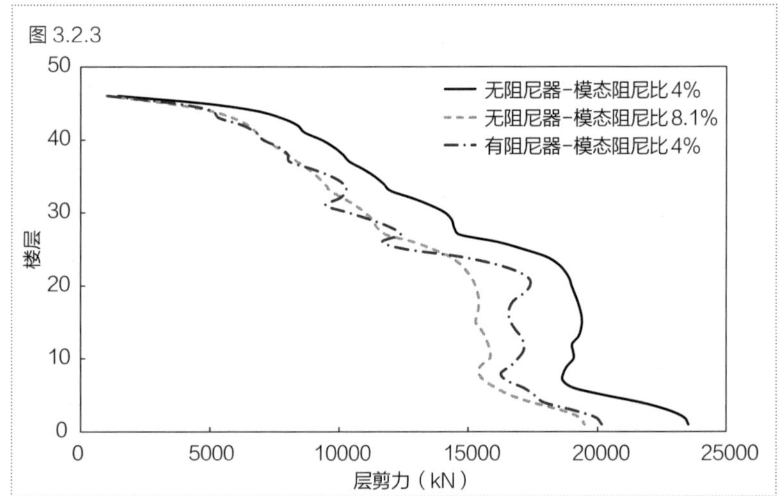

图 3.2.2　顶点位移时程曲线
图 3.2.3　层剪力曲线对比

表 3.2.5　顶点位移和基底剪力对比

天然波 S0169	顶点位移（比例）	基底剪力（比例）
方案一（简化模型）	274（100%）	23525（100%）
方案二（简化模型）	220（80%）	19489（83%）
方案三（阻尼器参与建模）	210（77%）	20149（86%）

对比以上三种方法的分析结果，可以看出，附加阻尼比的计算结果基本一致。当实际应用时，三种方法都可用于计算黏滞阻尼结构的附加阻尼比，同时可以根据阻尼器的类型和计算效率等要求，选择相应的计算方法。

3.3 时程波选取原则

3.3.1 中国规范

中国规范对结构进行动力时程分析的地震波提出了相关要求。《建筑抗震设计规范》GB 50011—2010[83] 第 5.1.2 条和《高层建筑混凝土结构技术规程》JGJ 3—2010[84] 第 4.3.5 条规定：结构进行动力时程分析时，地震波应符合下列要求：

（1）应按建筑场地类别和设计地震分组选用实际强震记录和人工模拟的加速度时程曲线，其中实际强震记录的数量不应少于总数的 2/3，多组时程曲线的平均地震影响系数曲线应与振型分解反应谱法所采用的地震影响系数曲线在统计意义上相符；弹性时程分析时，每条时程曲线计算所得结构底部剪力不应小于振型分解反应谱法计算结构的 65%，多条时程曲线计算所得结构底部剪力的平均值不应小于振型分解反应谱法计算结果的 80%。

（2）地震波的持续时间不宜小于建筑结构自振周期的 5 倍和 15s，地震波的时间间隔可取 0.01s 或 0.02s。

（3）输入地震波加速度的最大值可按表 3.3.1 采用。

表 3.3.1　时程分析时输入地震加速度的最大值（cm/s^2）

设防烈度	6 度	7 度	8 度	9 度
多遇地震	18	35（55）	70（110）	140
设防地震	50	100（150）	200（300）	400
罕遇地震	125	220（310）	400（510）	620

注：7、8 度时括号内数值分别用于设计基本地震加速度为 0.15g 和 0.30g 的地区，g 为重力加速度。

以上三点要求反映出，正确选择输入的地震加速度时程曲线，要满足地震动三要素的要求，即频谱特性、持续时间和有效峰值均要符合规定。频谱特性可用地震影响系数曲线表征，依据所处的场地类别和设计地震分组确定；输入地震加速度时程曲线的有效持续时间，一般从首次达到该时程曲线最大峰值的 10% 那一点算起，到最后一点达到最大峰值的 10% 为止，约为结构基本周期的 5~10 倍；加速度有效峰值按表 3.3.1 采用，即以地震影响系数最大值除以放大系数（约 2.25）得到。

对于中国规范中提出的选波要求，工程应用时通常分为两个步骤。具体的做法为：

步骤一：首先根据表 3.3.1 对地震时程波进行加速度调幅；然后对其进行频谱特性分析，获得地震波的加速度反应谱；最后将其与设计反应谱进行对比，保证多组时程波的平均地震影响系数曲线与振型分解反应谱法所用的地震影响系数曲线相比，在对应于结构主要振型的周期点上相差不大于 20%。

步骤二：根据选用的地震时程波对结构进行弹性动力时程分析，获得结构基底剪力，将其与振型分解反应谱法计算结果进行对比，保证多条地震波的平均基底剪力一般不会小于振型分解反应谱法计算结果的 80%，每条地震波输入的计算结果不会小于 65%；计算结果也不必过大，每条地震波输入的计算结果不大于 135%，多条地震波输入的计算结果平均值不大于 120%。

3.3.2 日本规范

日本抗震规范采用两水准设计 [85]，第一水准为中地震，对应的地震水准为 50 年内超越概率 80%，重现期大约为 30 年，在该水准下通过容许应力计算来验算结构的弹性强度；第二水准为大地震，对应地震水准为 50 年内超越概率 10%，重现期为 475 年，相当于中国抗规的中震水准，在该水准下对结构极限承载力进行验算。

当结构进行时程分析时，选用的地震波应符合表 3.3.2 的要求 [36]。输入地震波速度的最大值，按照中地震最大地震速度 25cm/s、大地震最大地震速度 50cm/s 进行调幅。

表 3.3.2 日本抗（减）震设计分析用地震波

地震水准	水准 1	水准 2
分析用地震波	下述 1）或 2）	下述 1）或 2）
	1）告示波 + 记录波 x25/PGV	1）告示波 + 记录波 x50/PGV
	2）记录波 x25/PGV	2）场地波 + 记录波 x50/PGV

注：PGV 表示地震波峰值速度。

日本设计用地震波一般包括以下三种 [86]：

（1）实际观测记录的地震波——简称记录波

采用记录波，根据设计最大速度进行标准化调幅，然后将其输入到结构中进行分析。

（2）国家法定的人工模拟地震波——简称告示波

告示波是指国家法定的人工模拟地震波，依据设计响应谱生成，适用于日本全国范围。

（3）根据场地设定的人工模拟地震波——简称场地波

日本法律上认可设计者根据场地特性制作的人工模拟地震波可以替代告示波。

日本水平方向输入地震动的设定方法 [87]：

（1）根据国土交通省颁布的基岩加速度响应谱，合理考虑表层地盘的放大效应后得到地表加速度响应谱，以此为目标谱，并综合考虑持续时间、相位等规定，生成 3 条以上人工波（告示波）作为输入地震动。

（2）能够通过合理考虑结构周边的断层分布、断层的破坏模型、过去的地震活动、地盘构造等，生成针对具体场地的人工波（场地波）时，可以以此作为告示波中的代表大震水准（极少发生的地震动）的输入地震动。此种情况下，合理考虑相位分布等要素，与告示波合计生成 3 条以上的人工波。

（3）对于以上（1）和（2）的情况，为了确认所生成人工波的适用性，应同时使用观测地震波作为输入地震动。即在以往的代表性的观测地震波中，考虑场地和结构的特性合理选择 3 条以上地震波，分别根据最大响应速度 25cm/s、50cm/s 进行调幅，作为代表中震（少有发生的地震动）和大震（极少发生的地震动）水准的输入地震动。

第4章 黏滞阻尼伸臂结构设计

Chapter 4 **Design of viscous damping outrigger structure**

4.1 引言

4.1 Introduction

4.2 黏滞阻尼伸臂减震机理

4.2 Seismic energy dissipation mechanism of viscous damping outrigger

4.3 黏滞阻尼伸臂参数研究

4.3 Parameter study of viscous damping outrigger

4.4 黏滞阻尼伸臂布置研究

4.4 Study on arrangement of viscous damping outrigger

4.5 结构高宽比影响研究

4.5 Study on influence of structural aspect ratio

4.6 抗震设防烈度影响研究

4.6 Study on influence of seismic precautionary intensity

4.7 黏滞阻尼伸臂结构设计方法

4.7 Design method of viscous damping outrigger structure

针对传统刚性伸臂桁架系统存在的问题，提出将伸臂桁架与黏滞阻尼器相结合，形成黏滞阻尼伸臂技术。与传统采用柱间支撑形式布置的黏滞阻尼器相比，黏滞阻尼伸臂是黏滞阻尼器的一种创新性应用方式。对位于高烈度抗震设防区的框架－核心筒结构，采用该技术不仅可以充分发挥阻尼器的耗能效率，有效地降低地震作用，还可以避免传统刚性伸臂桁架所带来的不利影响。

本章针对黏滞阻尼伸臂结构的减震设计进行了系统的研究。首先从黏滞阻尼伸臂的减震机理出发，介绍其工作原理、变形构成和减震机理；然后针对影响黏滞阻尼伸臂耗能效率的参数（阻尼器参数和伸臂桁架刚度）进行了深入的研究；接下来，系统地研究了黏滞阻尼伸臂的布置位置和布置数量，以期达到结构安全与造价经济的完美统一；对不同结构高宽比和不同抗震设防烈度下的减震效果进行了研究，掌握黏滞阻尼伸臂的减震规律；最后基于以上的研究成果，总结出一套合理可行的黏滞阻尼伸臂结构设计方法。

4.1 引言

高层建筑框架－核心筒结构体系存在核心筒侧向刚度不足和内力偏大的缺陷，未能充分发挥外框架抵抗侧向力的作用。为了解决以上问题，通常在建筑的设备层（或避难层）设置伸臂桁架，连接核心筒与外框架，增强结构整体抗侧刚度和抗倾覆能力。伸臂桁架能够利用周边框架柱的轴向刚度形成抵抗力矩，使其充分参与结构抗侧，同时减小底部墙肢的拉应力。设置伸臂桁架前后，核心筒倾覆力矩的变化情况如图 4.1.1 所示。对于高烈度地震区的超高层建筑，广泛采用带伸臂桁架的框架－核心筒结构 [88～90]。

虽然刚性伸臂桁架可以改善结构受力情况，但是同时也会带来一些不利问题。以高烈度地震区某 230m 超高层建筑为例，对不利问题进行详细说明。该建筑采用型钢混凝土外框架

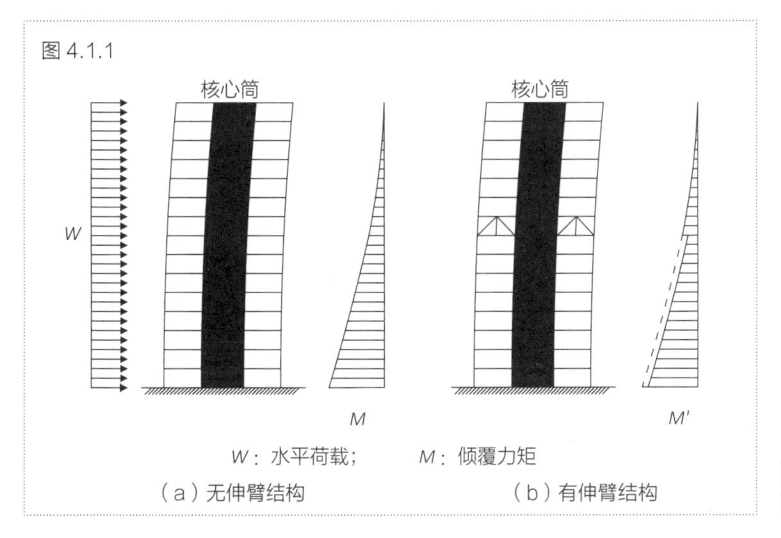

图 4.1.1　核心筒倾覆力矩

图 4.1.2　某超高层结构示意图

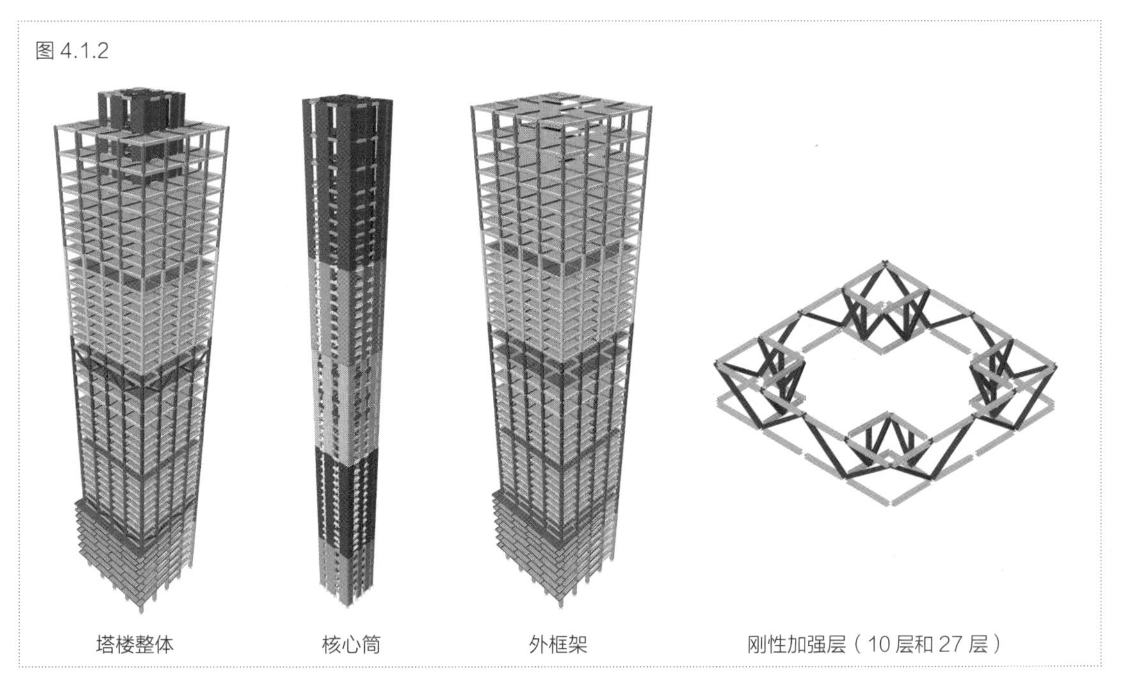

+ 钢筋混凝土核心筒混合结构体系。由于位于高烈度地震区，为满足规范对层间位移角限值的要求，必须在 10F 和 27F 布置两道刚性加强层（伸臂桁架和环带桁架），如图 4.1.2 所示。

通过对无加强层结构和有加强层结构进行对比分析，发现存在以下问题：

（1）设置刚性加强层后，结构整体刚度增大，导致周期变短，地震作用增大，如表 4.1.1 所示。

表 4.1.1　周期与基底剪力

周期（s）	无加强层	有加强层
1	5.58	4.58
2	5.38	4.46
3	3.43	3.13
4	1.55	1.41
5	1.53	1.40
6	1.18	1.12
基底剪力（kN）	28131	30876

（2）楼层的抗侧刚度比和抗剪承载力比在加强层处发生突变，形成软弱层和薄弱层，如图 4.1.3 和图 4.1.4 所示。

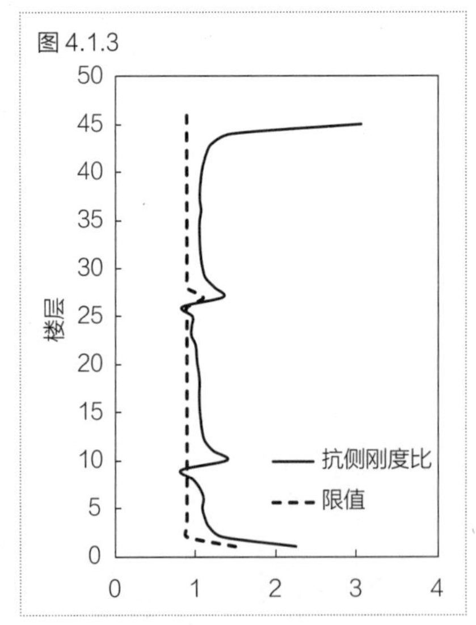

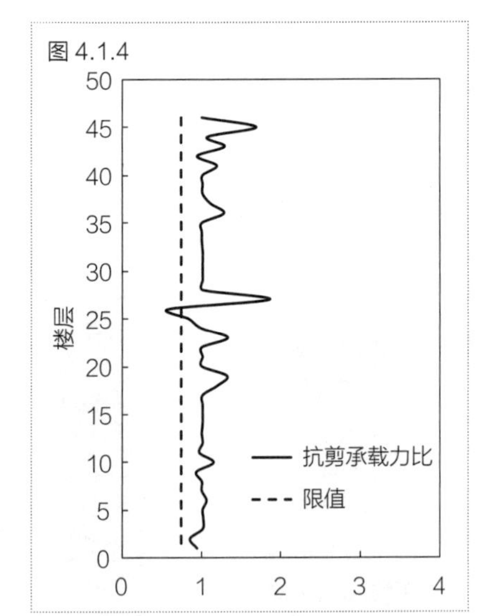

图 4.1.3　楼层抗侧刚度比

图 4.1.4　楼层抗剪承载力比

（3）在罕遇地震作用下，伸臂桁架所在楼层应力集中，且伸臂桁架的耗能能力小，主要依靠核心筒的连梁和墙肢耗能，致使其破坏较严重，后期修复难度加大，如图 4.1.5 所示。

为解决以上结构抗震设计问题，建议采用一种创新性的解决方案：在传统的刚性伸臂桁架中布置黏滞阻尼器形成一种带黏滞阻尼器的伸臂桁架，可简称黏滞阻尼伸臂桁架（又称柔性加强层）。

柔性加强层首先在菲律宾圣弗朗西斯科香格里拉塔中得到应用[91]，但是用于控制结构在风荷载下的响应，还缺少对柔性加强层抗震性能的系统研究。吴宏磊等[92]已对黏滞阻尼伸臂桁架抗震性能进行了初步研究，证明了其用于超高层结构抗震的有效性。因此本章将对黏滞阻尼器结合伸臂桁架布置的抗震性能进行系统研究。

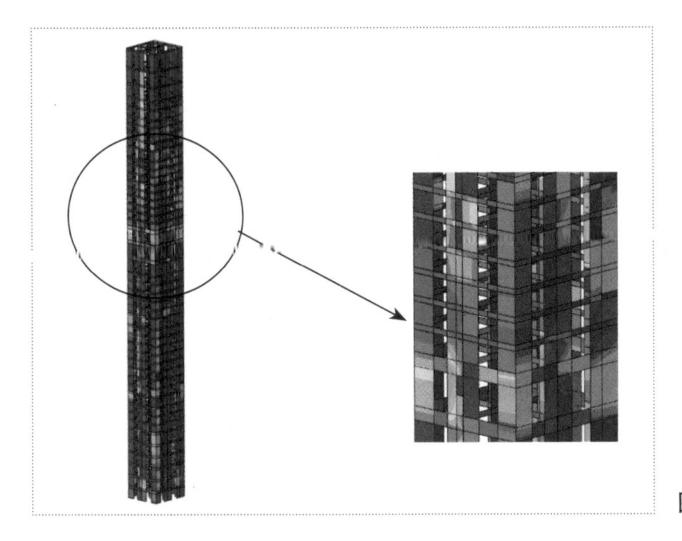

图 4.1.5　加强层楼层处局部损伤示意图

按阻尼器的布置形式划分，黏滞阻尼器与伸臂桁架的组合方式主要有三种：单斜杆布置、水平布置和竖向布置。以本节采用的超高层建筑为例，研究三种不同布置形式的黏滞阻尼器减震效率，并与刚性加强层进行对比。

建立三种阻尼方案：阻尼方案一为单根阻尼支撑的布置形式，将伸臂桁架与外框柱连接处的斜腹杆用黏滞阻尼支撑代替，如图 4.1.6（a）所示；阻尼方案二为水平方向布置黏滞阻尼器，在伸臂桁架斜腹杆交点与核心筒之间设置水平方向黏滞阻尼器，如图 4.1.6（b）所示；阻尼方案三为竖向布置黏滞阻尼器，在伸臂桁架与外框柱之间设置竖向的黏滞阻尼器，如图 4.1.6（c）所示。

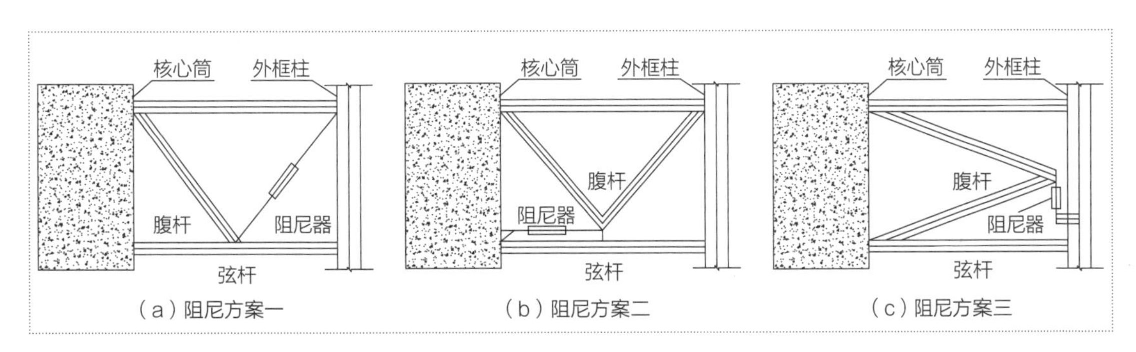

图 4.1.6　黏滞阻尼器在伸臂桁架上的布置形式对比

图 4.1.7 为四个方案的层间位移角和层剪力对比曲线。表 4.1.2 为多遇地震作用下不同方案的最大层间位移角和基底剪力对比结果。可以看出，三种黏滞阻尼器布置方案都不同程度

地减小了结构最大层间位移角和基底剪力，且阻尼方案三减震效果优于阻尼方案一和阻尼方案二。由于阻尼方案三黏滞阻尼器工作效率更高（表 4.1.3），消耗了更多的地震输入能量（表 4.1.4）。由此可知，黏滞阻尼器结合伸臂桁架最优的方式为竖向布置于伸臂桁架的端部（图 4.1.6c）。

因此，本章以下研究内容都是基于黏滞阻尼器竖向布置的形式。

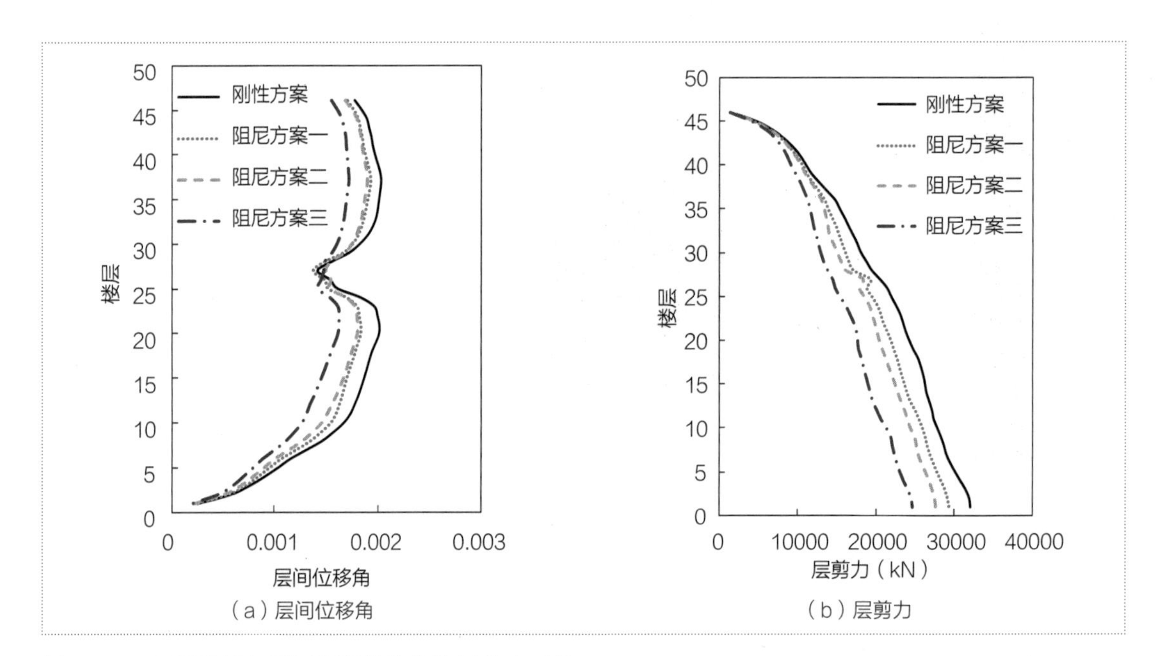

图 4.1.7　多遇地震作用下层间位移角和层剪力对比

表 4.1.2　多遇地震作用下阻尼器布置方案减震效果对比

对比方案	最大层间位移角	减幅	基底剪力（kN）	减幅
刚性方案	1/495	基准模型	32103	基准模型
阻尼方案一	1/521	5.0%	29295	8.7%
阻尼方案二	1/531	6.7%	27664	13.8%
阻尼方案三	1/586	15.6%	24656	23.2%

表 4.1.3　多遇地震作用下黏滞阻尼器工作状态对比

对比方案	最大阻尼力（kN）	最大变形（mm）
阻尼方案一	935	11.6
阻尼方案二	953	12.3
阻尼方案三	1153	21.5

表 4.1.4 多遇地震作用下结构耗能对比

对比方案	输入能量	阻尼器耗能	阻尼器耗能百分比
阻尼方案一	3241	616	19.0%
阻尼方案二	3058	647	21.2%
阻尼方案三	2858	1147	40.1%

4.2 黏滞阻尼伸臂减震机理

4.2.1 工作原理

黏滞阻尼伸臂是将传统伸臂桁架与外围框架柱断开，把黏滞阻尼器竖向布置于伸臂桁架与外框架柱的交接处而形成的一个系统，典型的黏滞阻尼伸臂系统如图 4.2.1 所示，包括核心筒（剪力墙）、外框柱、伸臂桁架、黏滞阻尼器。

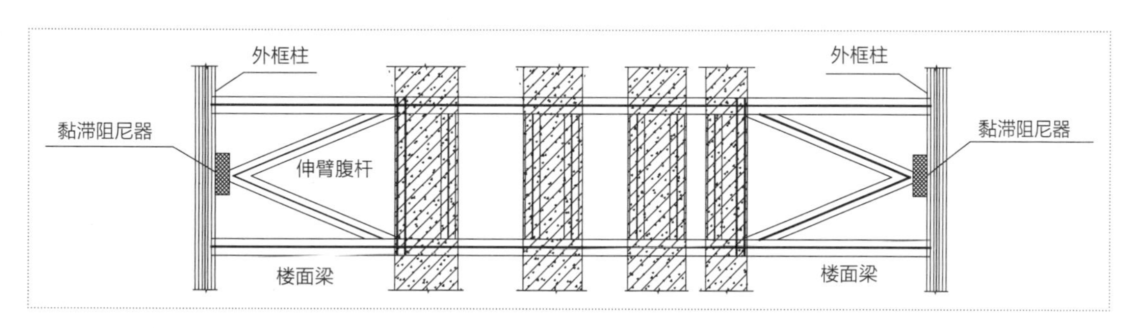

图 4.2.1 黏滞阻尼伸臂系统示意图

对于高度在 200 ~ 400m 之间的超高层建筑，常采用框架 - 核心筒结构体系 [93]，结构高宽比基本上大于 5，在水平荷载作用下，结构侧向变形主要呈现为弯曲变形。

从图 4.2.2 中可以看出，黏滞阻尼伸臂的工作原理就是将核心筒的弯曲变形通过伸臂桁架的杠杆作用转换为黏滞阻尼器的变形。因此，将黏滞阻尼器布置于伸臂桁架外侧，可以最大程度地发挥伸臂桁架的杠杆作用，进而充分发挥黏滞阻尼器的耗能作用。

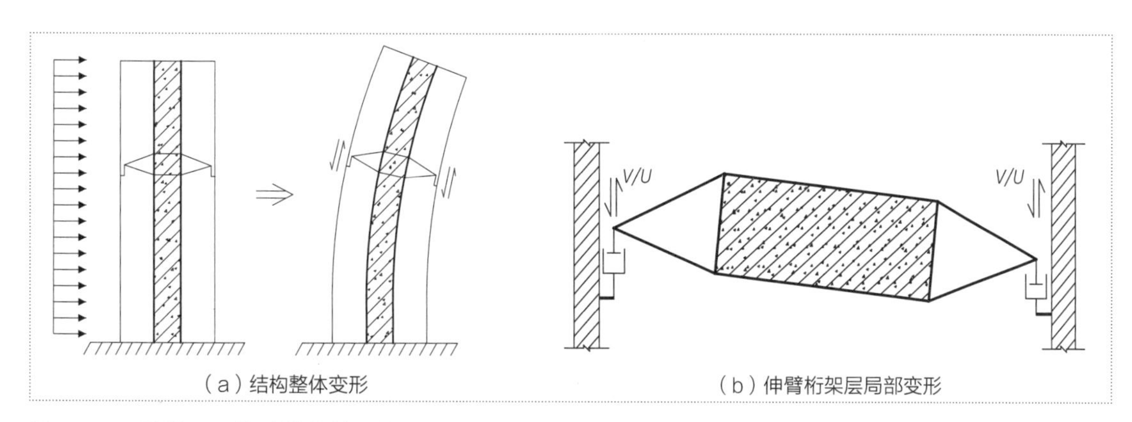

图 4.2.2 黏滞阻尼伸臂结构的工作原理

4.2.2 变形分解

通过仔细分析工作原理可知，影响黏滞阻尼器发挥效率的因素主要与三个部分的变形有关：核心筒、框架柱和伸臂桁架。具体来说：

（1）核心筒的抗弯刚度

黏滞阻尼伸臂一端连接于核心筒，所以黏滞阻尼器一端的轴向变形来自于核心筒的弯曲变形。不考虑伸臂桁架在阻尼力作用下的变形，通过伸臂桁架的杠杆作用，核心筒的弯曲变形引起阻尼器的轴向变形为 Δ_θ，属于有利变形，如图 4.2.3（c）所示。

核心筒弯曲变形对阻尼器效率发挥的影响规律比较复杂，将在本章 4.4.1 节和 4.5.2 节中讨论，分别为阻尼伸臂沿核心筒高度布置位置和核心筒高宽比对阻尼伸臂减震效率的影响。

（2）伸臂桁架的弯曲线刚度

黏滞阻尼伸臂由黏滞阻尼器和伸臂桁架组成，黏滞阻尼器一端直接连接于伸臂桁架，所以伸臂桁架自身端部变形也构成黏滞阻尼器变形的一部分。由于伸臂桁架的刚度有限，黏滞阻尼器出力会引起伸臂桁架端部变形 Δ_F，如图 4.2.3（d）所示。这部分变形对于黏滞阻尼器发挥作用的影响属于不利变形，所占比重受伸臂桁架刚度的影响。伸臂桁架刚度的影响及其合理设计方法将在本章 4.3.3 节中讨论。

（3）框架柱的轴向刚度

黏滞阻尼伸臂另一端连接于框架柱，所以黏滞阻尼器另一端的轴向变形来自于外框架柱的轴向变形 Δ_c，如图 4.2.3（e）所示。

在水平荷载和阻尼力共同作用下，框架柱有轴向拉伸压缩变形的趋势，属于不利变形。因此，框架柱的轴向刚度越大越好。

由以上分析可知，黏滞阻尼器的总变形 Δ_d 可用下式表达：

$$\Delta_d=\Delta_\theta-\Delta_c-\Delta_F$$

式中：Δ_d 为黏滞阻尼器总变形；Δ_θ 为核心筒刚体转动引起伸臂端部理论最大变形；Δ_c 为框架柱轴向变形；Δ_F 为黏滞阻尼器反力引起伸臂端部变形，如图 4.2.3 所示。

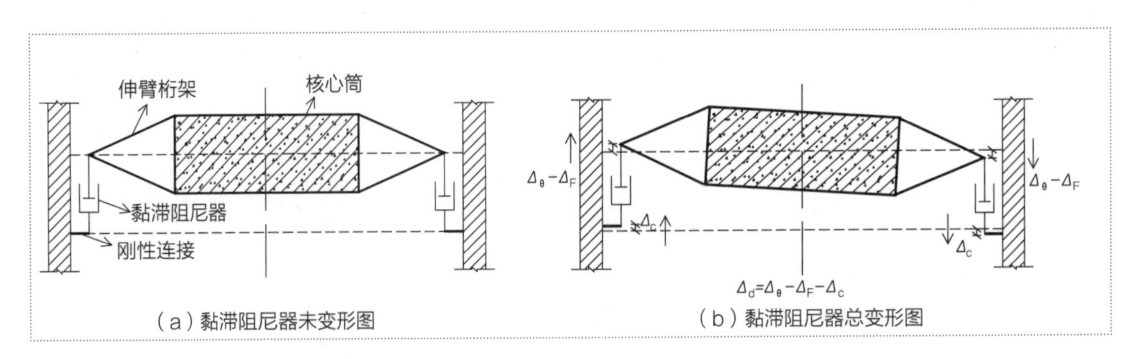

（a）黏滞阻尼器未变形图　（b）黏滞阻尼器总变形图

图 4.2.3　黏滞阻尼器变形分解图（一）

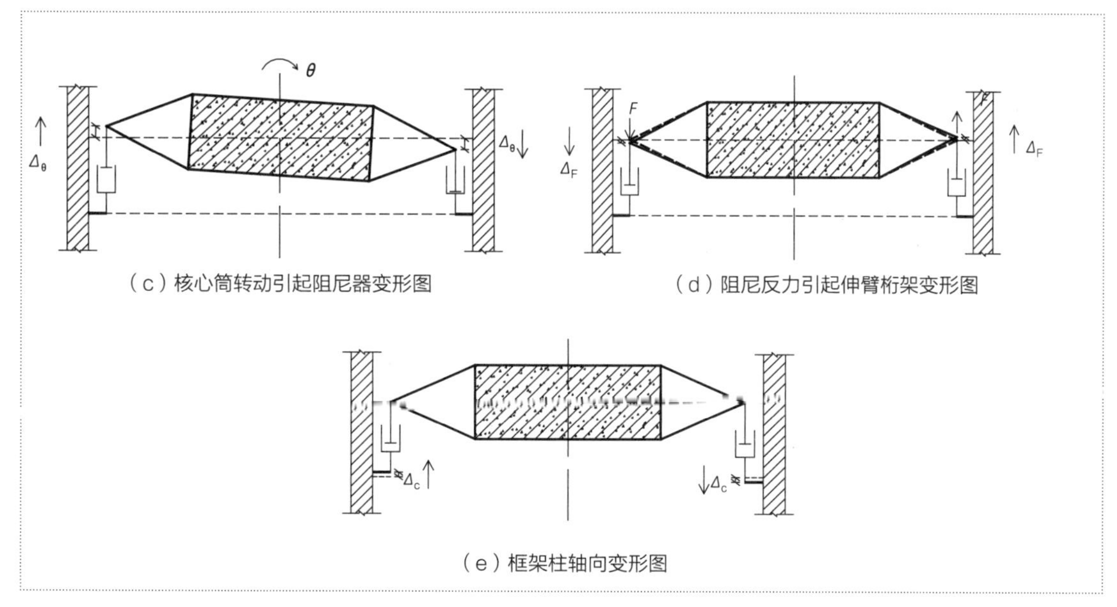

图 4.2.3 黏滞阻尼器变形分解图（二）

4.2.3 减震机理

为了解释黏滞阻尼伸臂的减震机理，首先需要了解以下两点：

（1）消能减震结构是指在建筑结构中设置消能部件，通过其局部运动或变形提供附加阻尼，消耗输入到结构的地震能量，以达到消能减震目的。

（2）刚性伸臂桁架通过连接核心筒与外框架，提高框架承担的倾覆力矩，进而降低底部墙肢的倾覆力矩，增强了框架与核心筒的协同工作效应。总体上来说，刚性伸臂桁架提高了结构的抗侧刚度和抗倾覆能力。对于黏滞阻尼伸臂来说，在静力荷载作用下，由于没有速度不产生阻尼力，此时伸臂桁架相当于与外框架断开；在动力作用下，外框与核心筒的相对运动使黏滞阻尼器获得速度，产生阻尼力，此时黏滞阻尼伸臂桁架起到协同框架与核心筒共同受力的作用，与刚性伸臂桁架类似。

因此从本质上来说，黏滞阻尼伸臂的减震机理可以从两个方面来理解：附加阻尼作用（来自于黏滞阻尼器的耗能作用）和等效动刚度作用（在动力作用下产生）。

1. 附加阻尼作用

在动力作用下，黏滞阻尼伸臂中的黏滞阻尼器为结构提供附加阻尼，耗散震动能量，降低结构响应。减震效果可以用附加阻尼比的大小来衡量。

随着结构阻尼比的增加，结构中的阻尼耗散地震能量的能力增强，结构受到的地震作用也随之降低。阻尼的减震作用在规范反应谱中也有所体现，如图 4.2.4 所示，随着结构阻尼比的提高，地震影响系数逐渐降低。表 4.2.1 列出了不同阻尼比的反应谱在不同周期点处的地震影响系数对比结果。

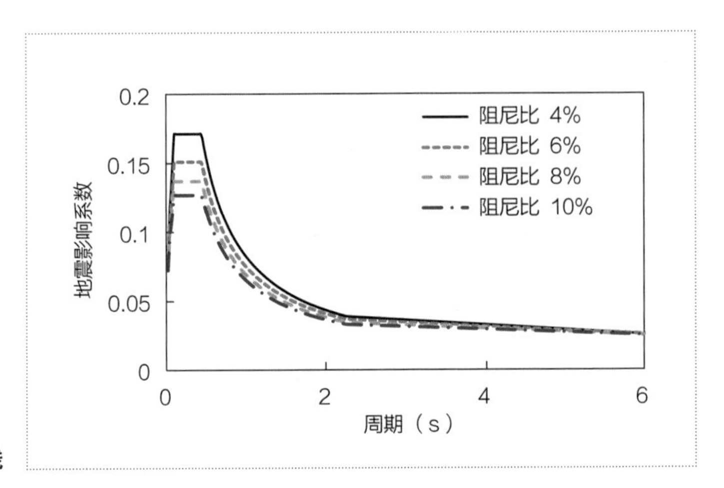

图 4.2.4　不同阻尼比下的反应谱曲线

表 4.2.1　不同阻尼比的反应谱在不同周期点处的地震影响系数

周期（s） \ 阻尼比	4%	6%	8%	10%
0.1	0.171	0.151	0.137	0.127
1.12	0.074	0.067	0.062	0.059
2.25	0.039	0.036	0.034	0.033
3.38	0.035	0.033	0.031	0.030
4.5	0.031	0.030	0.029	0.028
6	0.026	0.025	0.025	0.025

2. 等效动刚度作用

黏滞阻尼伸臂不提供静刚度，但可以提供等效动刚度。在动力作用下，黏滞阻尼器产生阻尼力，此时黏滞阻尼伸臂的作用类似于刚性伸臂桁架，可以增强外框架参与结构整体抗倾覆的程度，如图 4.2.5 所示。

但是黏滞阻尼器的阻尼力与刚性杆件的弹性力产生原理不同。弹性力正比于杆件两端的变形差，而阻尼力是速度的幂函数，速度是杆端变形的导数，阻尼力与杆端变形的关系反映在其滞回曲线中，如图 4.2.6 所示，其中割线的斜率即黏滞阻尼器在不同时刻的刚度。可以看出，黏滞阻尼器的等效动刚度是不断变化的。

黏滞阻尼结构由于阻尼伸臂的作用，结构总刚度不断变化，最小可与无控结构（具体指无黏滞阻尼伸臂的结构，以下类同）相同，因此黏滞阻尼结构的侧向变形要小于无控结构。与带刚性伸臂桁架的结构相比，黏滞阻尼伸臂结构的刚度变小，周期增大。对于超高层结构来说，结构的基本周期在规范反应谱的下降段。因此，黏滞阻尼伸臂结构周期增大将引起地震影响系数变小，有利于降低结构的地震作用。

3. 减震机理算例验证

（1）模型建立

以某超高层建筑为基础，建立对比模型对黏滞阻尼伸臂减震机理进行验证。结构高度

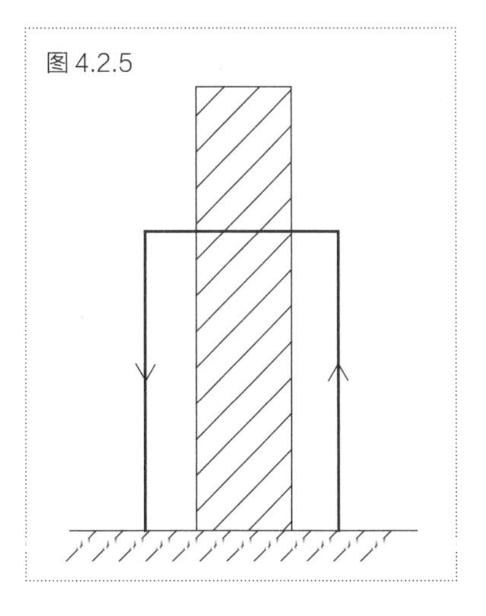

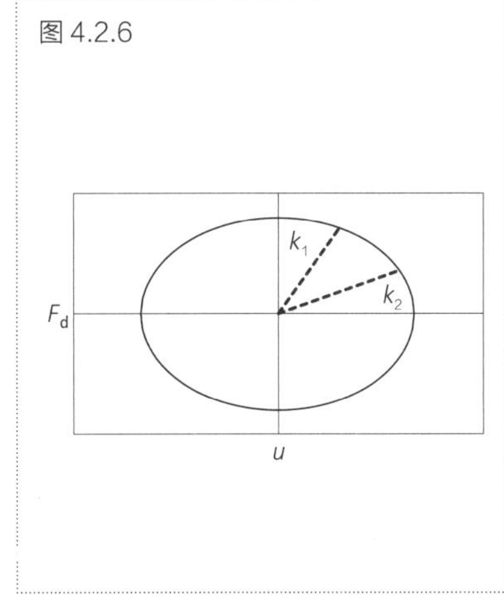

图 4.2.5　黏滞阻尼伸臂等效动刚度示意图

图 4.2.6　黏滞阻尼器在不同时刻的动刚度示意图

图 4.2.7　算例结构示意图

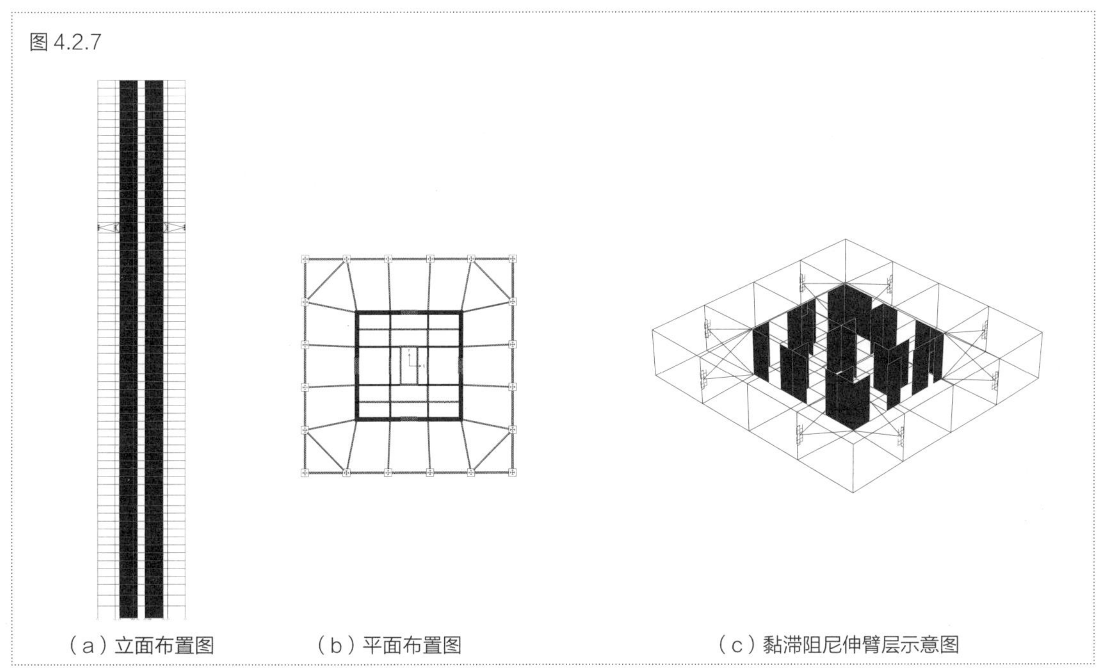

（a）立面布置图　（b）平面布置图　（c）黏滞阻尼伸臂层示意图

300m，共 54 层。塔楼平面尺寸 50.0m×50.0m，周边共 20 根框架柱，每侧 6 根；核心筒居中布置，平面尺寸 25.0m×25.0m。在 47 层设置黏滞阻尼伸臂桁架，采用大型结构分析有限元软件 ETABS 建立模型，结构平面图、立面图和黏滞阻尼伸臂层如图 4.2.7 所示。本章接下来的研究内容都基于该模型。

结构的前 12 阶周期如表 4.2.2 所示。

表 4.2.2　结构基本动力特性

阶数	周期（s）	阶数	周期（s）
1	6.73	7	0.90
2	6.68	8	0.88

续表

阶数	周期（s）	阶数	周期（s）
3	4.13	9	0.80
4	1.87	10	0.57
5	1.85	11	0.55
6	1.46	12	0.53

（2）时程波选取

该超高层建筑所处地区的抗震设防烈度为 8 度（0.2g），场地特征周期为 0.45s。地震时程波选取 5 条天然波和 2 条人工波，基本信息如表 4.2.3 所示，地震波时程曲线如图 4.2.8 所示。

表 4.2.3　地震时程波信息

地震信息		记录点数	时间间隔（s）	记录持时（s）
GM1	天然波	6400	0.02	128
GM2	天然波	13020	0.005	65.1
GM3	天然波	2959	0.02	59.18
GM4	天然波	2473	0.02	49.46
GM5	天然波	2245	0.02	44.9
GM6	人工波	4001	0.01	40.01
GM7	人工波	4001	0.01	40.01

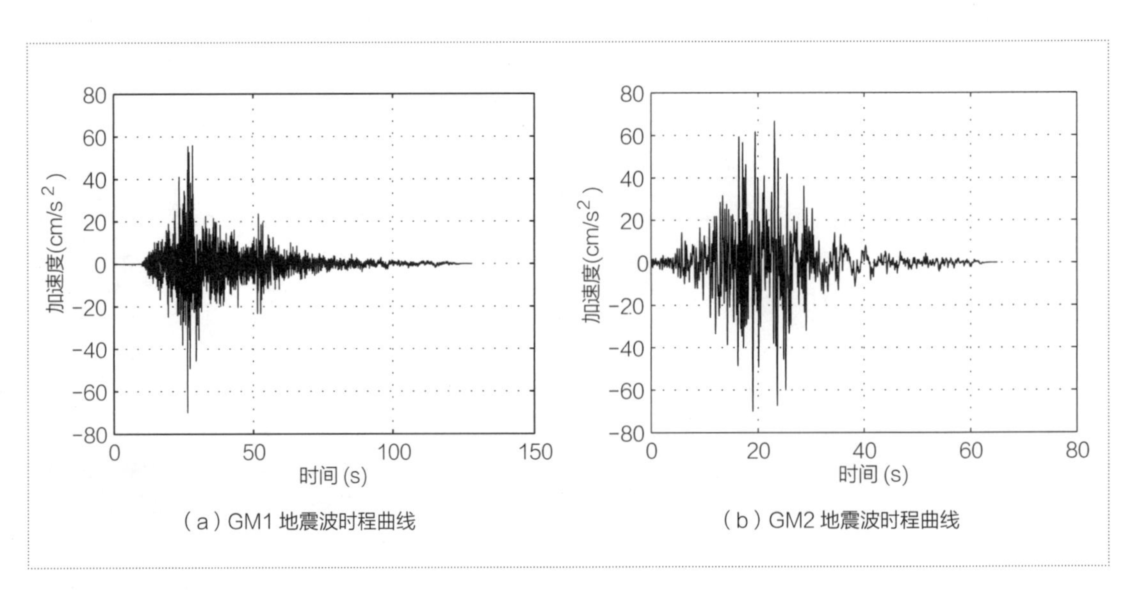

（a）GM1 地震波时程曲线　（b）GM2 地震波时程曲线

图 4.2.8　地震波时程曲线（一）

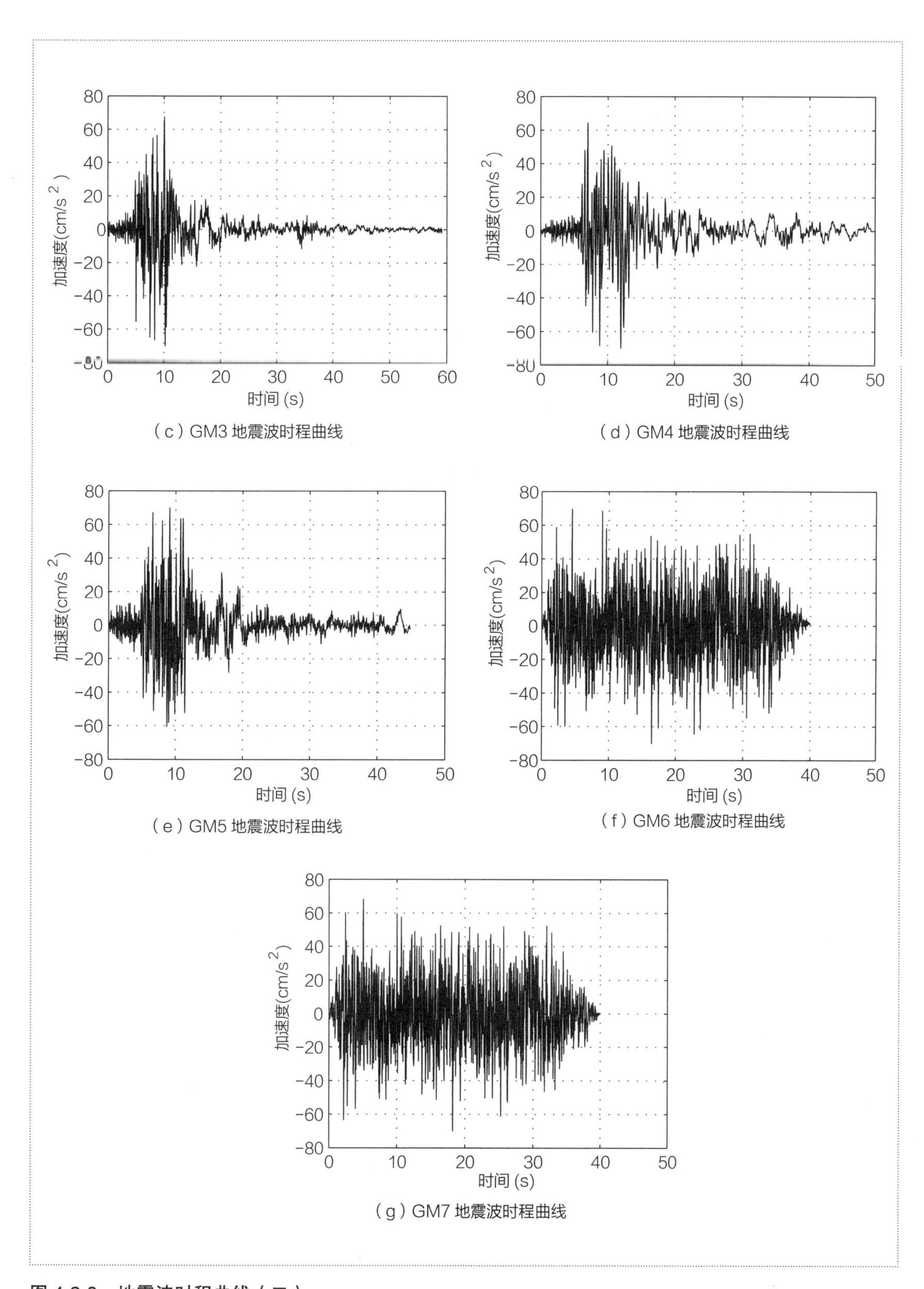

（c）GM3 地震波时程曲线

（d）GM4 地震波时程曲线

（e）GM5 地震波时程曲线

（f）GM6 地震波时程曲线

（g）GM7 地震波时程曲线

图 4.2.8　地震波时程曲线（二）

首先，对 7 条地震时程波进行 4% 固有阻尼比下的频谱分析，如图 4.2.9 所示。表 4.2.4

列出了结构的前 6 阶周期地震波频谱特性与规范反应谱的拟合度分析结果。可以看出，7 条地震时程波平均加速度反应谱在结构主要周期点的地震影响系数与规范反应谱的偏差均在 20% 以内，满足我国抗震规范要求。

然后，对比动力时程分析法与反应谱法得到的基底剪力，如表 4.2.5 所示，7 条波计算的基底剪力值在反应谱法的 82% ~ 122% 之间，平均值约为反应谱法的 101%，满足规范要求。

综上可知，本项目所采用的 7 条地震时程波适用于结构时程分析。

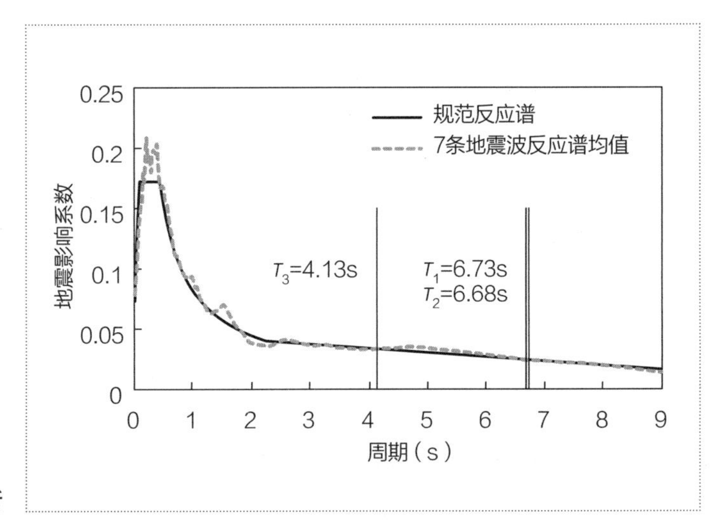

图 4.2.9　地震波时程频谱分析

表 4.2.4　规范反应谱与地震波反应谱在主要周期点的对比

周期阶数	1	2	3	4	5	6
规范反应谱	0.0233	0.0235	0.0325	0.0460	0.0465	0.0580
地震波反应谱	0.0235	0.0237	0.0327	0.0444	0.0458	0.0658
ERR	-0.9%	-0.7%	-0.6%	3.4%	1.4%	-13.4%

注：ERR=（规范反应谱 - 地震波反应谱）/ 规范反应谱

表 4.2.5　地震波基底剪力对比

分析数据	反应谱法	GM1	GM2	GM3	GM4	GM5	GM6	GM7	时程分析平均值
基底剪力（kN）	56250	54741	64998	52956	46305	46664	68420	62166	56607
时 / 反	—	97%	116%	94%	82%	83%	122%	111%	101%

注：时 / 反 = 时程分析法计算结果 / 规范反应谱法计算结果。

由于结构平面对称，选取结构 *X* 向进行动力时程分析。根据《建筑消能减震技术规程》JGJ 297—2013 第 6.3.2 条，计算得结构 *X* 向的附加阻尼比为 1.14%，如表 4.2.6 所示。

表 4.2.6 附加阻尼比计算结果

时程波	W_{cj} 阻尼器耗能（kN · m）	W_s 应变能（kN · m）	附加阻尼比
GM1	1019	6789	1.19%
GM2	1177	8311	1.13%
GM3	855	6125	1.11%
GM4	645	4805	1.07%
GM5	653	4534	1.15%
GM6	858	5825	1.17%
GM7	970	6676	1.16%
平均值			1.14%

（3）减震机理验证

对比表 4.2.7 中所列三种方案。

表 4.2.7 对比方案

编号	模型说明
方案一	无控结构
方案二	47 层设置黏滞阻尼伸臂桁架
方案三	无控结构 + 附加阻尼比 1.14%

注：无控结构是指不设黏滞阻尼伸臂桁架、只考虑 4% 固有阻尼比的主体结构，以下类同。

在所选 7 条地震波作用下进行动力时程分析，得到结构的层间位移角和层剪力分布如图 4.2.10 和图 4.2.11 所示。

图 4.2.10 为多遇地震作用下三个方案的层间位移角分布曲线。相比于方案一，由于附加阻尼比的作用，方案二和方案三的层间位移角均有减小；对比方案二和方案三，方案二由于黏滞阻尼伸臂的动刚度作用，层间位移角较方案三在黏滞阻尼伸臂桁架层附近有所收进。

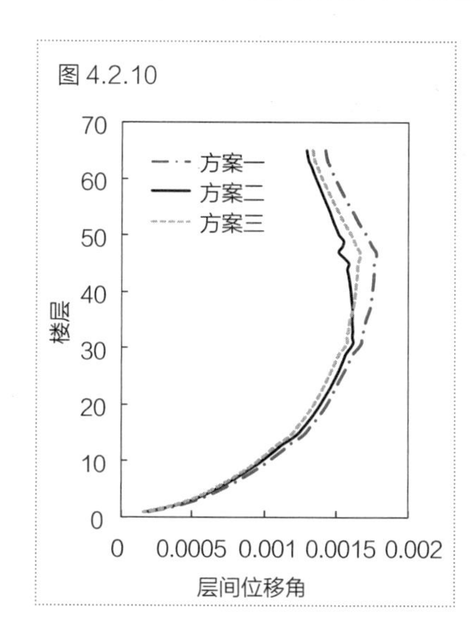

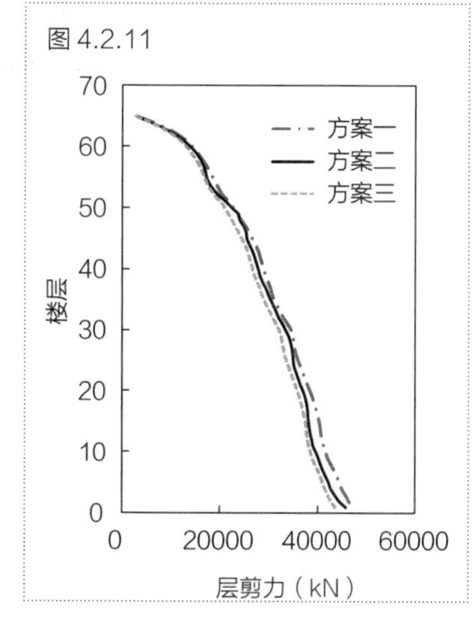

图 4.2.10 层间位移角
图 4.2.11 层剪力

图 4.2.11 为多遇地震作用下三个方案的层剪力分布曲线。相比于方案一，由于附加阻尼比的作用，方案二和方案三的层剪力均有所减小；对比方案二和方案三，方案二由于黏滞阻尼伸臂的动刚度作用，结构整体刚度有所增大，所以层剪力较方案三有所增加。

以上分析结果验证了黏滞阻尼伸臂对于主体结构的作用表现在附加阻尼和等效动刚度两个方面。

4.3 黏滞阻尼伸臂参数研究

黏滞阻尼伸臂由黏滞阻尼器和伸臂桁架组成，则黏滞阻尼器的性能和伸臂桁架的刚度对减震效果起到直接的影响。黏滞阻尼器的力—速度关系公式为：$F=CV^{\alpha}$。因此，阻尼系数和阻尼指数是影响黏滞阻尼器耗能效率的两个主要因素。同时，伸臂桁架起到传递变形的作用，其刚度大小也是影响黏滞阻尼器耗能效率的一个主要因素。

4.3.1 阻尼指数

在建筑工程中，黏滞阻尼器的阻尼指数一般在 0~1 之间。因此，将阻尼系数固定为 1000kN/（mm/s）$^{\alpha}$，阻尼指数分别设为 0.1、0.3、0.5、0.7、0.9，研究阻尼指数对黏滞阻尼伸臂耗能效率的影响。对算例结构进行弹性动力时程分析，得到不同阻尼指数下的黏滞阻尼器工作状态、附加阻尼比和结构响应。

在地震时程波作用下，得到图 4.3.1 所示不同阻尼指数下黏滞阻尼器的滞回曲线。可以看出，随着阻尼指数的增加，黏滞阻尼器的滞回曲线越来越不饱满。

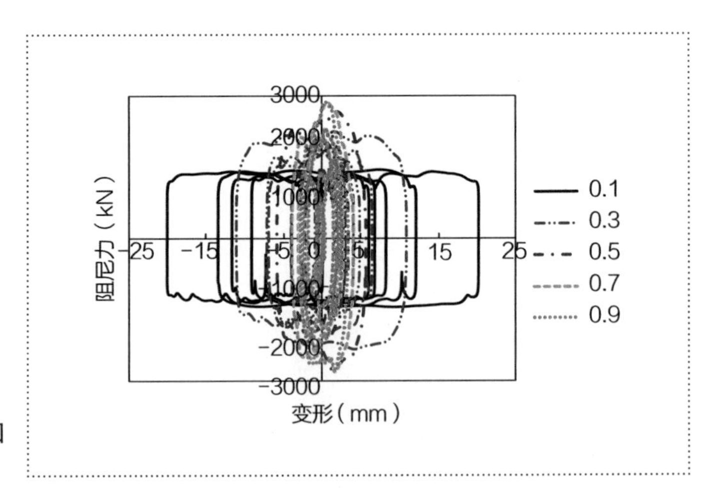

图 4.3.1　不同阻尼指数下阻尼器滞回曲线

表 4.3.1 列出了黏滞阻尼器的最大出力和最大变形，同时根据规范提供的方法计算相应的附加阻尼比。可以看出，随着阻尼指数的增大，黏滞阻尼器的最大出力呈增大的趋势，而最大变形呈减小的趋势，且最大变形的减小速度要快于最大阻尼力的增大速度。这是因为随着黏滞阻尼器出力的增大，等效动刚度作用增强，黏滞阻尼伸臂对该局部楼层的变形抑制作用增强（如表 4.3.2 所示，阻尼指数越大，阻尼伸臂层层间位移角越小），从而限制了阻尼

器的变形，使其耗能效果降低。因此，随着阻尼指数的增大，附加阻尼比逐渐减小，如图 4.3.2 所示。

表 4.3.1　黏滞阻尼器工作状态与附加阻尼比

阻尼指数	0.1	0.3	0.5	0.7	0.9
最大阻尼力（kN）	1455	2327	2770	2866	2887
最大变形（mm）	20.2	11.2	5.9	4.0	3.3
附加阻尼比	1.3%	1.1%	0.6%	0.4%	0.3%

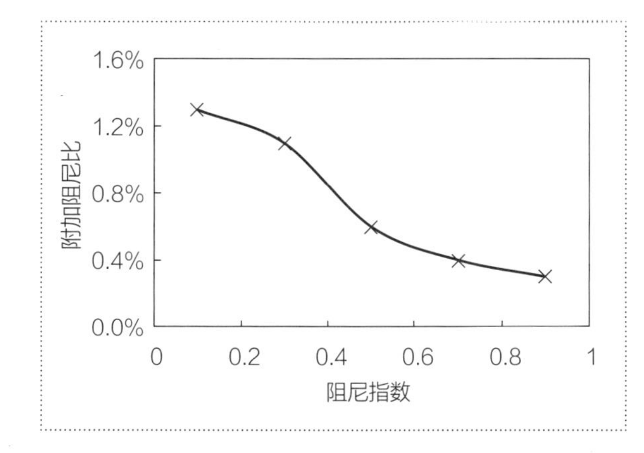

图 4.3.2　阻尼指数与附加阻尼比的关系

表 4.3.2　阻尼伸臂层层间位移角

阻尼指数	0.1	0.3	0.5	0.7	0.9
层间位移角	1/524	1/530	1/537	1/542	1/543

表 4.3.3 列出了黏滞阻尼伸臂结构的最大层间位移角和基底剪力与无控结构的对比结果。图 4.3.3 所示为最大层间位移角减幅和基底剪力减幅随阻尼指数的变化曲线。可以看出，随着阻尼指数的增大，最大层间位移角和基底剪力的减幅均有减小的趋势。主要是由于随着阻尼指数的增加，结构的附加阻尼比逐渐减小，减震效果逐渐变弱。

表 4.3.3　最大层间位移角和基底剪力对比

对比项	无控结构	阻尼指数				
		0.1	0.3	0.5	0.7	0.9
最大层间位移角	1/429	1/498	1/494	1/492	1/488	1/486
减幅	—	13.9%	13.2%	12.8%	12.2%	11.8%
基底剪力（kN）	56607	52810	53860	56110	56956	57266
减幅	—	6.7%	4.9%	0.9%	-0.6%	-1.2%

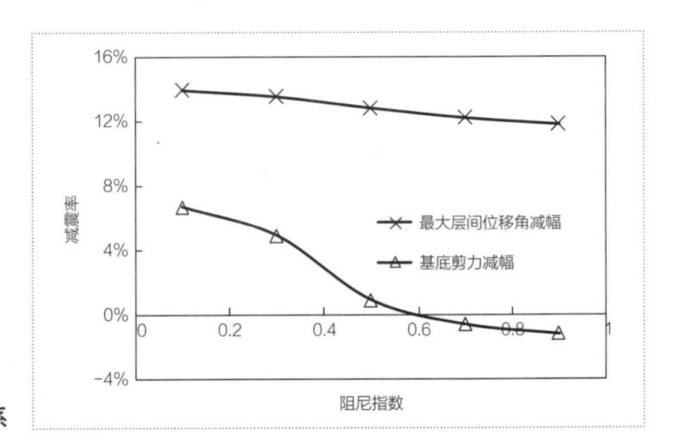

图 4.3.3　减震率与阻尼指数的关系

值得注意的是，当阻尼指数分别为 0.7 和 0.9 时，黏滞阻尼伸臂结构的基底剪力反而大于无控结构，原因是黏滞阻尼伸臂的等效动刚度作用超过了附加阻尼的减震效果。等效动刚度增大了结构的整体刚度，使得结构所受的地震作用增强，所以基底剪力反而增大。

上述研究表明：当黏滞阻尼伸臂应用于超高层结构抗震设计时，阻尼指数越小，减震效果越好。但当工程师在选择黏滞阻尼器时，应综合考虑减震效率与阻尼器产品的制作难度，当阻尼指数取 0.2~0.3 时，可以取得较好的减震效果。

4.3.2　阻尼系数

将黏滞阻尼器的阻尼指数固定为 0.3，阻尼系数分别设为 250kN/（mm/s）$^{\alpha}$、500kN/（mm/s）$^{\alpha}$、750kN/（mm/s）$^{\alpha}$、1000kN/（mm/s）$^{\alpha}$、1250kN/（mm/s）$^{\alpha}$ 和 1500kN/（mm/s）$^{\alpha}$，研究阻尼系数对黏滞阻尼伸臂耗能效率的影响。对算例结构进行弹性动力时程分析，得到不同阻尼系数下的黏滞阻尼器工作状态、附加阻尼比和结构响应。

在地震时程波作用下，得到图 4.3.4 所示不同阻尼系数下黏滞阻尼器的滞回曲线。表 4.3.4 列出了阻尼器的最大出力和最大变形，以及根据规范提供的方法计算相应的附加阻尼比。可以看出，随着阻尼系数的增大，黏滞阻尼器的最大出力呈增大的趋势，而最大变形呈减小的趋势。这是因为随着黏滞阻尼器出力的增大，动刚度作用增强，使其对该局部楼层的变形抑制作用增强，从而限制了黏滞阻尼器的变形（与阻尼指数的情况相似）。与阻尼指数影响不同的是，因为阻尼系数与阻尼力线性相关，所以黏滞阻尼器的阻尼力和位移关于阻尼系数的增长近似呈现线性的增大和减小（图 4.3.5）。从综合效果来看，随着阻尼指数的增大，附加阻尼比呈现出先增大后减小的变化趋势，如图 4.3.6 所示。

表 4.3.4　黏滞阻尼器工作状态与附加阻尼比

阻尼系数 [kN/（mm/s）$^{0.3}$]	250	500	750	1000	1250	1500
最大阻尼力（kN）	759	1387	1968	2327	2631	2796
最大变形（mm）	27.8	21.6	16.1	11.2	7.4	4.9
附加阻尼比	0.9%	1.3%	1.4%	1.1%	0.8%	0.5%

表 4.3.5 列出了黏滞阻尼伸臂结构的最大层间位移角和基底剪力与无控结构的对比结果。图 4.3.7 所示为最大层间位移角和基底剪力减幅随阻尼系数的变化曲线。可以看出，随着阻尼系数的增大，最大层间位移角和基底剪力减幅先增加后减小，与附加阻尼比的变化趋势一致。

表 4.3.5　最大层间位移角和基底剪力对比

对比项	无控结构	阻尼系数					
		250	500	750	1000	1250	1500
最大层间位移角	1/429	1/470	1/491	1/496	1/494	1/492	1/489
减幅	—	8.7%	12.6%	13.5%	13.2%	12.9%	12.2%
基底剪力（kN）	56607	52709	51695	52378	53860	55221	56248
减幅	—	6.9%	8.7%	7.5%	4.9%	2.4%	0.6%

综上可知，无论是附加阻尼比，还是结构变形和内力的减震率，随着阻尼系数的增加，都呈现出先增大后减小的趋势。综合考虑减震效率与阻尼器产品的最大出力，当阻尼系数取 500~1000kN/（m/s）$^{0.3}$ 时，可以取得较好的减震效果。因此，阻尼系数存在一个较优的区间，

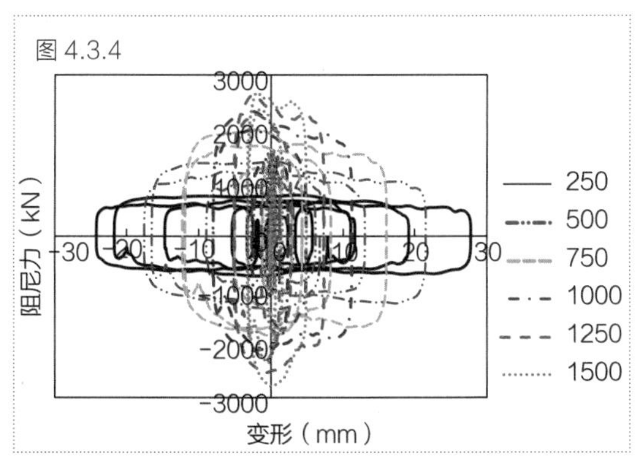

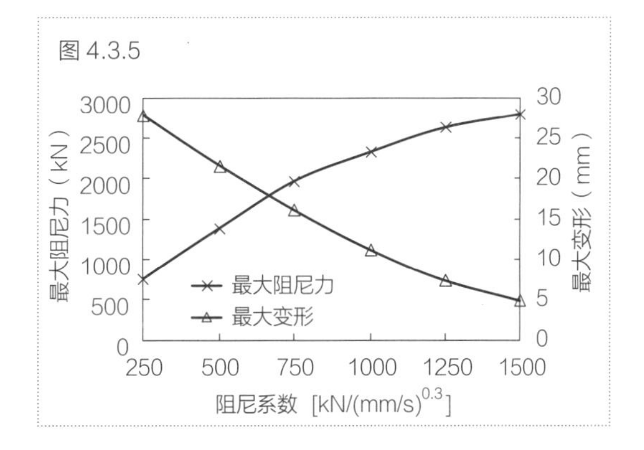

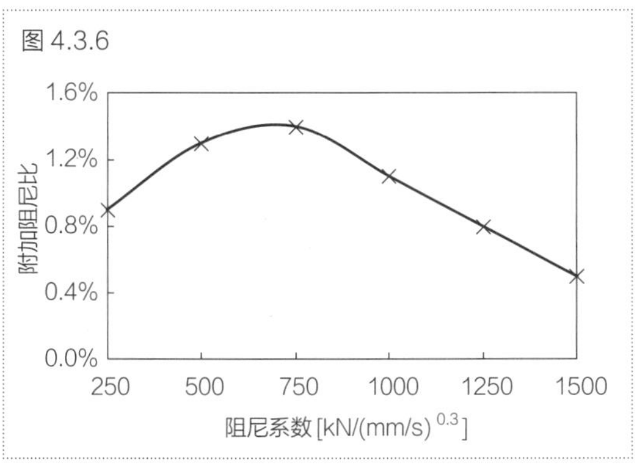

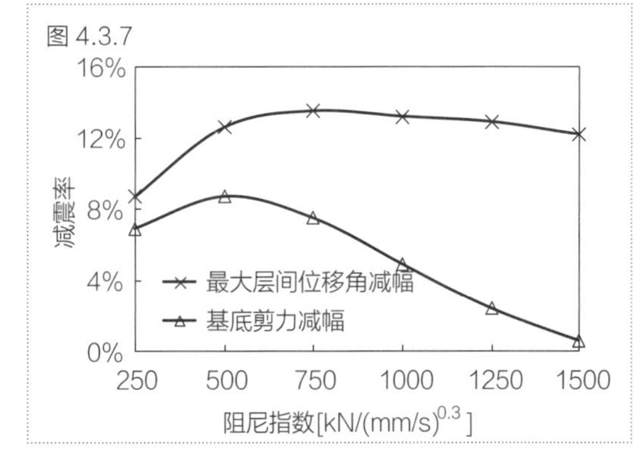

图 4.3.4　不同阻尼系数下阻尼器滞回曲线
图 4.3.5　黏滞阻尼器出力、变形与阻尼系数的关系
图 4.3.6　阻尼系数与附加阻尼比的关系曲线
图 4.3.7　减震率与阻尼系数的关系

使得黏滞阻尼伸臂取得较好的减震效果。

由于附加阻尼可以同时减小层间位移角和基底剪力，而等效动刚度作用在减小层间位移角的同时反而又增大结构内力，所以图 4.3.7 中两条曲线的极值点并不在同一个位置。通常情况下，黏滞阻尼伸臂的主要用于控制结构的侧向变形，因此，可采用最大层间位移角减幅与阻尼系数关系曲线来确定最佳的阻尼系数。结合上面的分析结果可以看出，这个阻尼系数同样可以获得较好的附加阻尼比和基底剪力减幅。

4.3.3 伸臂桁架刚度

在黏滞阻尼伸臂桁架中，伸臂桁架的主要作用是通过杠杆效应将核心筒的弯曲变形转化为黏滞阻尼器的轴向变形。因此，伸臂桁架的刚度决定了杠杆效应的大小，即变形的传递能力，则伸臂桁架的刚度会影响黏滞阻尼器耗能作用的发挥。

1. 伸臂桁架刚度的定义

伸臂桁架有多种布置形式：单斜杆、人字形支撑、V 字形支撑、K 形支撑等。本书伸臂桁架采用横放的 V 字形支撑（图 4.3.8），其从核心筒延伸出来，不连接楼面梁，直接通过黏滞阻尼器连接于框架柱。这种布置形式可以避免由核心筒弯曲变形带动伸臂桁架变形过大而引起楼板开裂的问题。

伸臂桁架刚度定义为单位竖向力作用下的变形。如图 4.3.8 所示，假设伸臂桁架的右端固接于核心筒上，在桁架的左端施加作用力 P，求得其竖向挠度 w，则伸臂桁架的刚度可表示为：$k=P/w$。

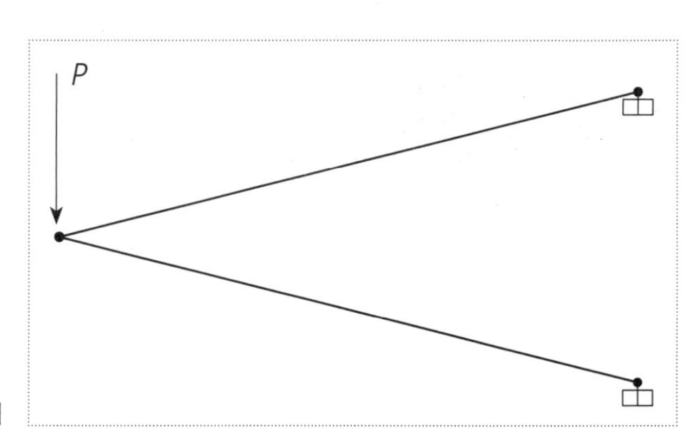

图 4.3.8 伸臂桁架构造示意图

根据 4.2.3 节基本算例模型，建立长 l=12.2m 的伸臂桁架，调整伸臂桁架构件尺寸，算得其初始弯曲线刚度为 k=145MN/m。以此伸臂桁架为基准，将其刚度分别放大 4、8、12、16、20 倍，形成不同的对比方案，如表 4.3.6 所示。黏滞阻尼伸臂桁架放置 47 层，具体布置方式如图 4.2.1 所示。阻尼指数为 0.3，阻尼系数为 1000kN/（mm/s）$^{0.3}$。

表 4.3.6 不同弯曲线刚度的伸臂桁架对比方案

对比方案	方案一	方案二	方案三	方案四	方案五	方案六
伸臂桁架刚度（MN/m）	145	580	1160	1740	2320	2900
伸臂桁架用钢量（t）	15.3	61.4	122.8	184.2	245.5	306.9

2. 不同刚度伸臂桁架的减震效率

对上述的六种方案进行弹性动力时程分析，从而获得 7 条地震波下的平均层间位移角曲线和平均层剪力曲线，如图 4.3.9 和图 4.3.10 所示。

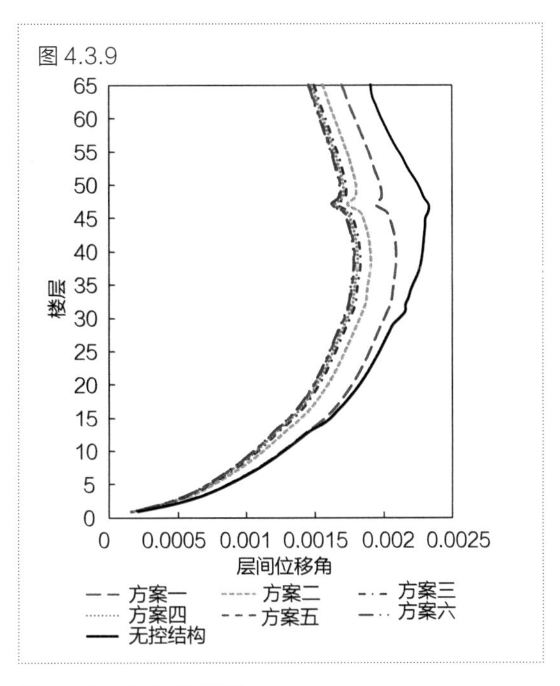

图 4.3.9 层间位移角
图 4.3.10 层剪力

各个方案的最大层间位移角和基底剪力，如表 4.3.7 所示。最大层间位移角和基底剪力减幅的变化趋势，如图 4.3.11 所示。可以看出，随着伸臂桁架刚度的增大，结构的层间位移角和基底剪力减幅均是呈现增大的趋势。然而，这种变化趋势是非线性的，初始变化较快，当超过某一临界点后，曲线变得平缓。

表 4.3.7 最大层间位移角和基底剪力对比

对比项	无控结构	阻尼系数					
		方案一	方案二	方案三	方案四	方案五	方案六
最大层间位移角	1/429	1/480	1/527	1/546	1/554	1/559	1/562
减幅	—	10.6%	18.5%	21.5%	22.6%	23.2%	23.6%
基底剪力（kN）	56607	56549	49541	47101	46743	46602	46504
减幅	—	0.1%	12.5%	17.1%	18.3%	18.8%	19.1%

表 4.3.8 列出了不同方案下黏滞阻尼器的最大出力和最大变形，同时根据规范提供的方法计算相应的附加阻尼比。如图 4.3.12 所示，附加阻尼比与减幅的变化趋势一致，初始增长较快，当超过某一临界点后，增长变得缓慢。

表 4.3.8 黏滞阻尼器工作状态与附加阻尼比

对比项	方案一	方案二	方案三	方案四	方案五	方案六
伸臂桁架刚度（MN/m）	145	580	1160	1740	2320	2900
最大阻尼力（kN）	1879	2761	2771	2811	2858	2880
最大变形（mm）	5	17.6	19.7	20.2	20.5	20.7
附加阻尼比	0.4%	2.4%	2.9%	3.1%	3.2%	3.3%

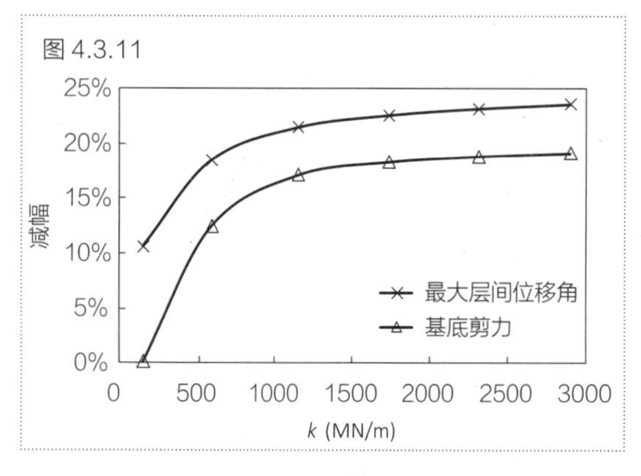

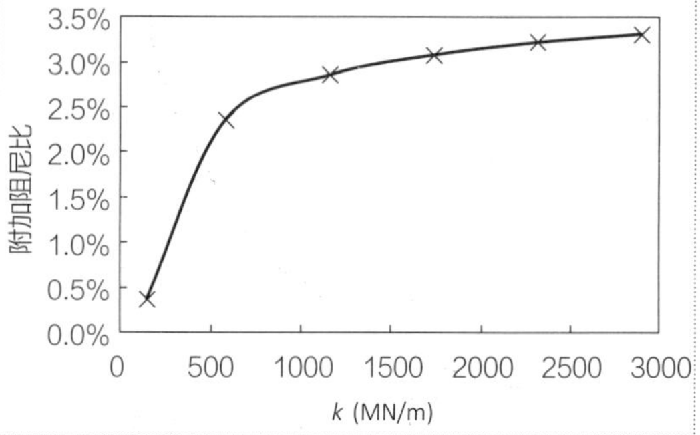

图 4.3.11 减震效果与伸臂桁架刚度的关系
图 4.3.12 附加阻尼比与伸臂桁架刚度的关系

记伸臂桁架在阻尼反力作用下的最大变形为 $\Delta_{F,max}$，记黏滞阻尼器的最大变形为 $\Delta_{d,max}$，则二者变形之和为 $\Delta_{F,max}+\Delta_{d,max}$，将 $\eta=\Delta_{F,max}/(\Delta_{F,max}+\Delta_{d,max})$ 称为“伸臂受力变形比例”。

综合考虑伸臂桁架最大受力变形 $\Delta_{F,max}$、黏滞阻尼器最大变形 $\Delta_{d,max}$ 与伸臂桁架刚度 k 之间的关系，绘出图 4.3.13 所示的变形与伸臂桁架刚度的关系。可以看出，随着伸臂桁架刚度的增大，黏滞阻尼器最大受力变形逐渐增加，伸臂桁架最大受力变形逐渐减小，但是二者的最大变形之和基本不发生改变。如图 4.3.14 所示，随着伸臂桁架刚度的增大，伸臂最大受力变形比例 η 开始迅速减小，当低于 10% 时，η 逐渐趋于稳定。

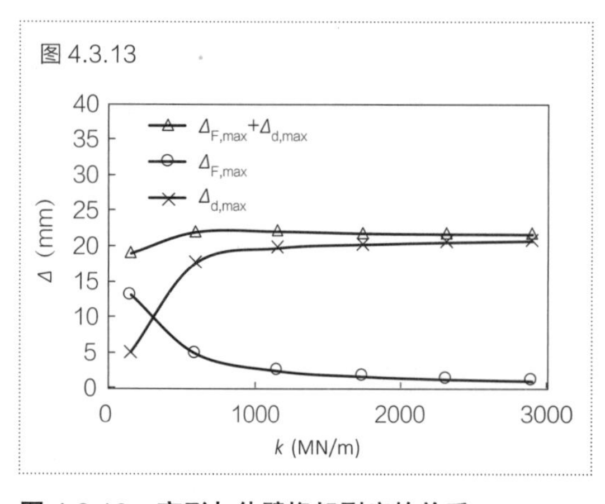

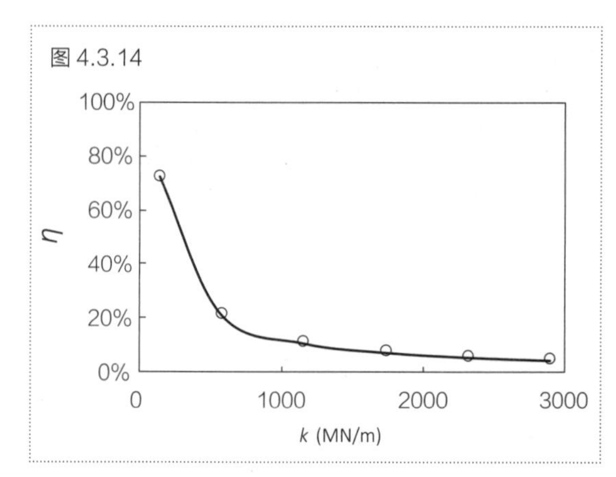

图 4.3.13 变形与伸臂桁架刚度的关系
图 4.3.14 伸臂最大变形比例与伸臂桁架刚度的关系

3. 小结

伸臂桁架的刚度越大，黏滞阻尼器发挥的效率越高，黏滞阻尼伸臂的减震效果越好；但是减震效果的增长幅度随着伸臂桁架刚度增加而逐渐减小，即存在某一个临界刚度，当伸臂桁架刚度超过该值时，虽然减震效果增加，但增长幅度有限。

从经济性角度来分析，由表 4.3.6 可以看出，伸臂桁架刚度与用钢量基本上呈线性关系。当伸臂桁架刚度超过一定的临界值以后，结构的减震率增加很缓慢，然而伸臂桁架的用钢量随着伸臂桁架的刚度增长线性增加，此时继续增加伸臂桁架刚度不经济，所以伸臂刚度不宜取得过大。

通过以上分析，综合考虑效率与经济因素，建议伸臂桁架刚度取值宜使伸臂最大受力变形比例控制在 10% 以内。

4.4 黏滞阻尼伸臂布置研究

合理地布置黏滞阻尼伸臂，可以最大限度地发挥黏滞阻尼器的耗能作用，降低结构的响应，达到结构安全与造价经济的完美统一。黏滞阻尼伸臂的布置包括两个方面：布置位置和布置数量。

4.4.1 布置位置

《建筑消能减震技术规程》JGJ 297—2013 中 6.2 节指出："消能部件宜布置在层间相对位移或相对速度较大的楼层，同时可采用合理形式增加消能器两端的相对变形或相对速度的技术措施，提高消能器的减震效率。"规范提出的消能部件布置原则主要是针对传统的将黏滞阻尼器按对角支撑形式布置的情况，这种布置形式利用结构的剪切变形来发挥作用。

4.2.1 节中已经分析过黏滞阻尼伸臂的工作原理：通过伸臂桁架的杠杆作用将核心筒的弯曲变形转换为黏滞阻尼器的轴向变形。因此，竖向布置于伸臂桁架端部的黏滞阻尼器的变形和速度直接由伸臂桁架端部与框架柱之间相对竖向变形和相对竖向速度来决定，而伸臂桁架端部的变形和运动由核心筒来决定，则黏滞阻尼器的变形和速度依赖于核心筒与框架柱之间相对的竖向变形差和竖向速度差。

综上可知，由于变形机理的不同，规范建议的方法并不适用于黏滞阻尼伸臂的布置。因此，在研究黏滞阻尼伸臂的较优布置位置之前，需要对框架柱与核心筒之间相对的竖向速度差和竖向位移差沿结构高度的分布规律进行研究。

1. 竖向速度差和竖向位移差沿高度分布规律

以 4.2.3 节的模型为基本算例模型，外伸臂桁架的长度约为核心筒边长的 50%。假设伸臂桁架弯曲线刚度为无穷大，进而可忽略伸臂桁架自身的受力变形，则其对核心筒角点（伸臂桁架与核心筒连接处）变形的放大系数为 2，所以框架柱与核心筒之间相对的竖向速度差 / 竖向位移差（d）应由 2 倍核心筒竖向速度 / 竖向位移（w）减去框架的竖向速度 / 竖向位移（c）来表示，即 $d=2w-c$。

对不设置黏滞阻尼伸臂的模型进行弹性动力时程分析，获得各层框架柱顶（方形圈出，图 4.4.1）和核心筒角点（圆形圈出，图 4.4.1）的竖向速度和竖向位移时程曲线。根据公式 $d=2w-c$，计算出各楼层框架柱与核心筒之间相对的竖向速度差和竖向位移差的包络值曲线，如图 4.4.2 和图 4.4.3 所示。

可以看出，对于一个质量和刚度分布都比较均匀的框架－核心筒结构来说，其竖向速度差随结构高度的增加而增大，然而竖向位移差先增大后减小，约在 0.75H 处达到最大值（H 为结构高度）。

黏滞阻尼器的耗能大小取决于其滞回曲线的包络面积，滞回曲线包络面积由阻尼力和阻尼器两端相对变形大小来决定，而阻尼器的阻尼力与速度有关，则黏滞阻尼器的耗能与相对速度和相对变形有关。因此，竖向速度差和竖向位移差均较大的楼层是黏滞阻尼伸臂较优的布置位置。综合竖向速度差（图 4.4.2）和竖向位移差（图 4.4.3）沿结构高度的变化规律来看，黏滞阻尼伸臂的最优布置位置应在结构的中部以上。

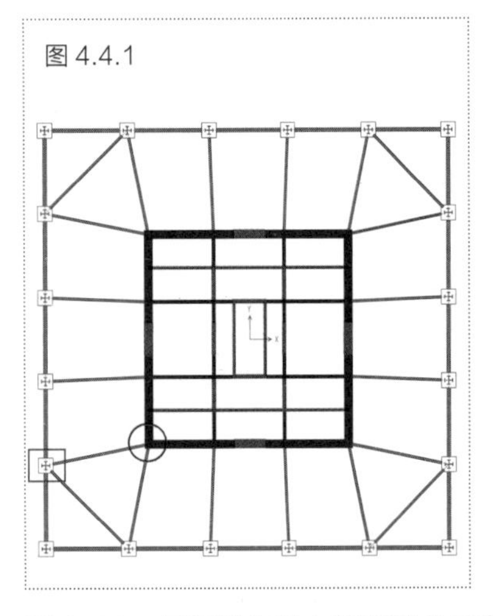

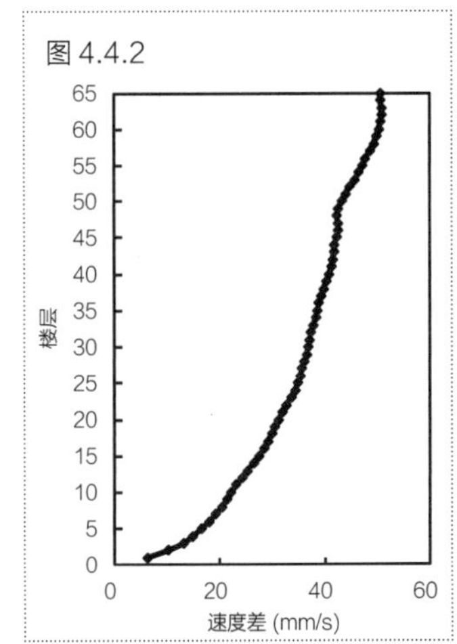

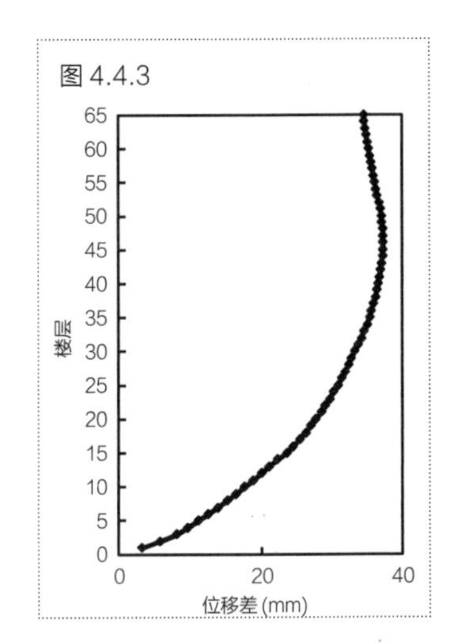

图 4.4.1　框架柱和核心筒观测点示意图
图 4.4.2　竖向速度差沿楼层分布
图 4.4.3　竖向位移差沿楼层分布

2. 减震效果

为了进一步确定黏滞阻尼伸臂最优的布置位置，将黏滞阻尼伸臂分别布置在 0.25H、0.50H、0.75H 和 H 高度处，形成四个对比方案，如表 4.4.1 所示。对比方案结构立面布置如图 4.4.4 所示。

表 4.4.1　对比方案说明

对比方案	方案一	方案二	方案三	方案四
黏滞阻尼伸臂布置高度	0.25H	0.50H	0.75H	H

注：H 为结构高度

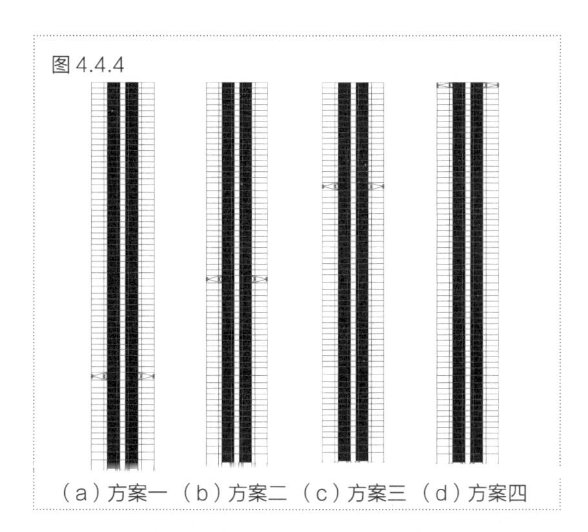

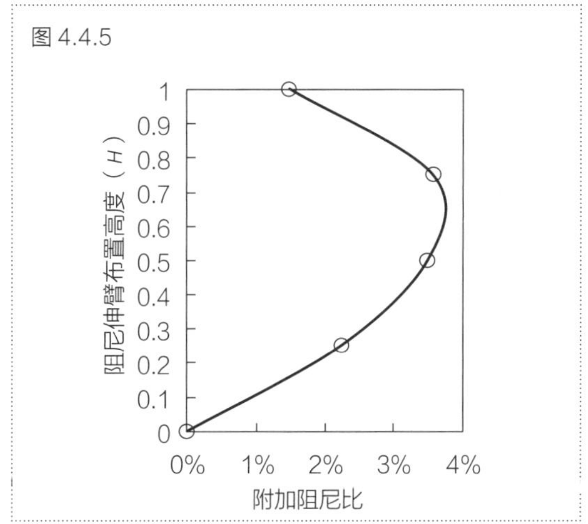

图 4.4.4　对比方案结构立面布置示意图
图 4.4.5　附加阻尼比与阻尼伸臂布置高度的关系

对上述的四个对比方案进行弹性动力时程分析，观察黏滞阻尼器在不同方案中的工作状态。表 4.4.2 列出了不同方案中黏滞阻尼器的最大出力和最大变形，以及根据规范提供的方法计算得到的附加阻尼比。可以看出，方案二和方案三的分析结果比较接近，耗能效果较好；方案一的阻尼器出力较大，但是最大变形小于方案二和方案三，而方案四的阻尼器出力和变形都很小，所以方案一和方案四的耗能效果较差。因此，附加阻尼比随阻尼伸臂布置高度的增加呈现出先增大后减小的变化趋势，其峰值点位于 0.60H ~ 0.70H 高度之间，如图 4.4.5 所示。

表 4.4.2　黏滞阻尼器的工作状态与附加阻尼比

对比项	方案一	方案二	方案三	方案四
阻尼伸臂布置高度（H）	0.25	0.50	0.75	1
最大阻尼力（kN）	2637	2664	2838	2545
最大变形（mm）	15.4	21.6	21.5	12.4
附加阻尼比	2.2%	3.5%	3.6%	1.5%

观察加设黏滞阻尼伸臂以后各方案中框架柱与核心筒之间的竖向速度差和竖向位移差沿结构高度的变化规律，如图 4.4.6 和图 4.4.7 所示。可以看出，方案四中的黏滞阻尼伸臂桁架对于顶层框架与核心筒之间的竖向相对运动抑制效果最为明显，方案一的抑制效果最弱。因此，可以解释方案四中的黏滞阻尼器并不如预期可以获得最大的出力和较大的位移，而方案一由于布置黏滞阻尼伸臂的高度在加设前后均无法获得较大的速度和变形，所以耗能效果一般。

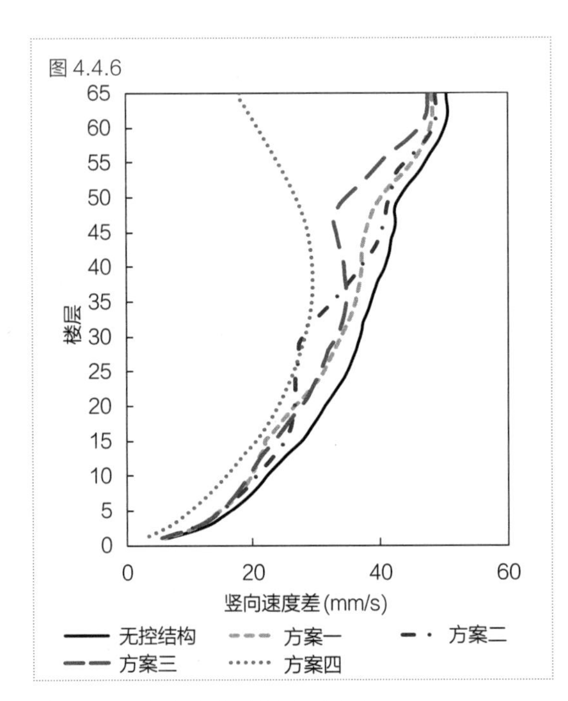

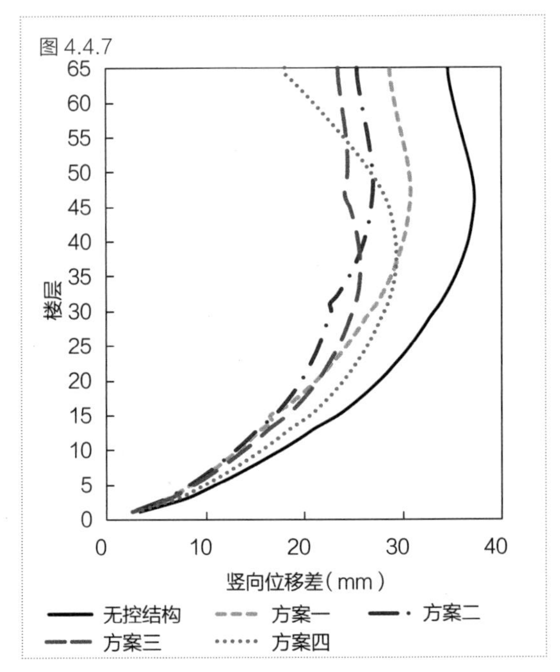

图 4.4.6　竖向速度差沿楼层分布
图 4.4.7　竖向位移差沿楼层分布

图 4.4.8 和图 4.4.9 绘出了七条地震波作用下的平均层间位移角和平均层剪力曲线。表 4.4.3 列出了不同方案的层间位移角最大值和基底剪力的对比情况。可以看出，随着黏滞阻尼伸臂布置位置的升高，减震效率先增大后减小，峰值点在 0.50*H*~0.75*H* 之间。从图 4.4.10 可以看出，减幅最大的位置约在 0.6*H*~0.7*H* 之间。

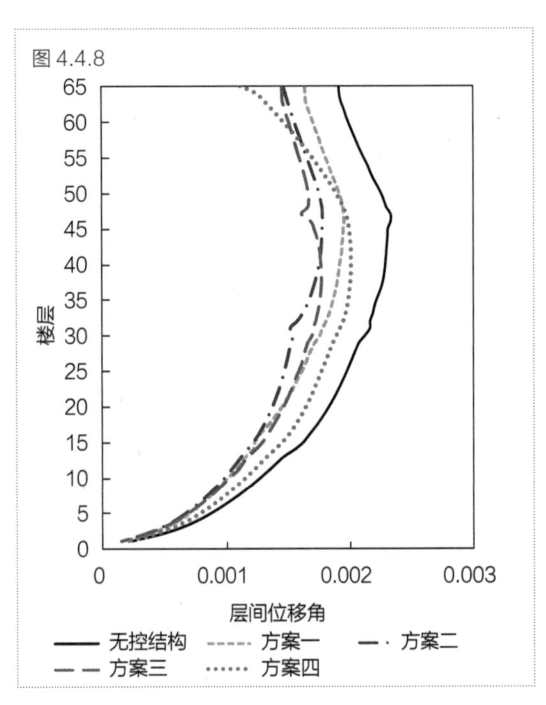

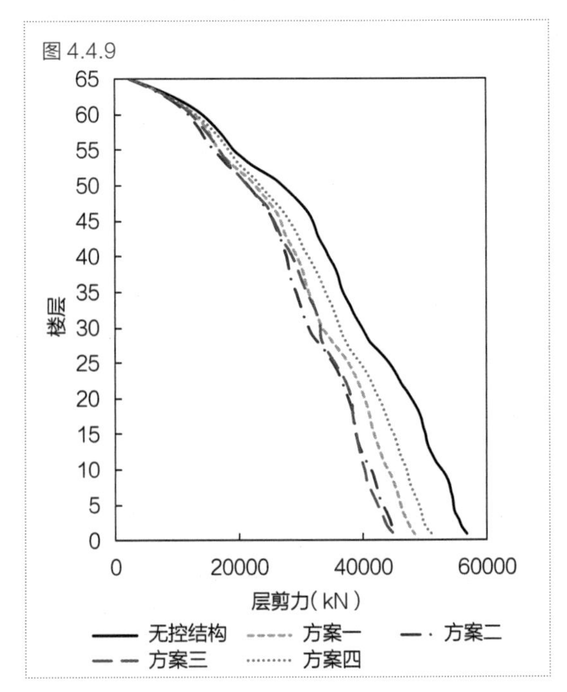

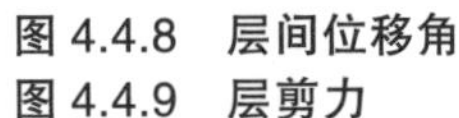
图 4.4.8　层间位移角
图 4.4.9　层剪力

表 4.4.3　最大层间位移角和基底剪力对比

对比项	无控结构	方案一	方案二	方案三	方案四
最大层间位移角	1/429	1/513	1/562	1/567	1/496
减幅	0	16.4%	23.7%	24.3%	13.5%
基底剪力（kN）	56607	48205	45460	44890	50932
减幅	0	14.8%	19.7%	20.7%	10.0%

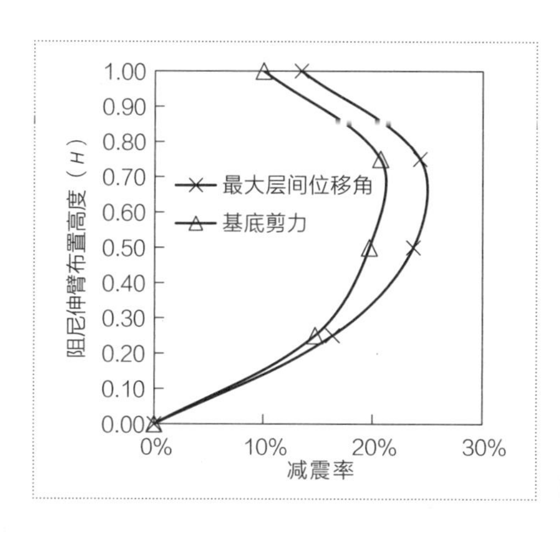

图 4.4.10　减震率与布置位置的关系

对于方案三来说，其层间位移角的控制效果最好。原因是无控结构的最大层间位移角位于 0.75*H* 附近（图 4.4.8），布置在这个高度的黏滞阻尼伸臂发挥等效动刚度作用，可以最有效地控制结构的层间位移角；同时由于方案三的附加阻尼比最大，所以其对于降低结构的动力响应最有效。

对于方案二来说，其阻尼伸臂布置位置 0.5*H* 与无控结构最大层间位移角的位置距离较近（图 4.4.8），所以其对于层间位移角的控制效果也比较好；同时方案二的附加阻尼比与方案三相近，其对于减小结构受力也比较有效。

对于方案一来说，由于 0.25*H* 处既不能提供较大的速度（图 4.4.2），又不能提供较大的位移（图 4.4.3），所以减震效果不如方案二和方案三。

对于方案四来说，在结构顶层设置黏滞阻尼伸臂后，可以有效控制结构顶部局部区域的侧向变形（图 4.4.8）。在四个方案中，方案四顶层的竖向速度差和竖向变形差最小，导致黏滞阻尼器的出力和变形都大大降低（表 4.4.2），耗能最少。虽然方案四中的黏滞阻尼伸臂对顶部减震效果优于其他三个方案，但是对结构整体的减震效果最差。

3. 小结

对于不设置黏滞阻尼伸臂的框架－核心筒结构，从核心筒与外框架柱之间的竖向变形差和竖向速度差来看，黏滞阻尼伸臂宜布置在结构的中部以上。需要注意的是，当在框架与核心筒之间设置黏滞阻尼伸臂以后，其对该层的速度和变形产生了的抑制作用，布置的位置不同，抑制的效果也不尽相同。从本节的分析结果可以看出，当黏滞阻尼伸臂布置在结构顶部时，其对该位置处核心筒与外框架柱之间相对的竖向变形差和竖向速度差的抑制作用最显著，所以黏滞阻尼器耗能效果较差。当阻尼伸臂布置在结构的中下部时，虽然黏滞阻尼伸臂对变形和速度的抑制作用较小，但是由于结构中下部本来就没有很大的变形和速度，所以耗能效果也不理想。

综上所述，对于质量和刚度分布都比较均匀的结构来说，建议黏滞阻尼伸臂布置在（0.6~0.7）H 高度附近，具体布置位置可以结合设备层的位置进行灵活选择。

4.4.2 布置数量

随着结构高度、抗震设防烈度和场地类别等因素的改变，一道黏滞阻尼伸臂可能无法满足结构设计的要求，需要加设两道、甚至三道黏滞阻尼伸臂桁架。因此有必要对具有不同数量的黏滞阻尼伸臂的结构，进行抗震性能研究。

1. 方案布置

建立以下 3 个方案进行对比：

（1）方案 A：在 0.6H 高度布置一道黏滞阻尼伸臂桁架；

（2）方案 B：在 0.6H 和 0.8H 高度各布置一道黏滞阻尼伸臂桁架；

（3）方案 C：在 0.4H、0.6H 和 0.8H 高度各布置一道黏滞阻尼伸臂桁架。

结构立面布置图如图 4.4.11 所示。

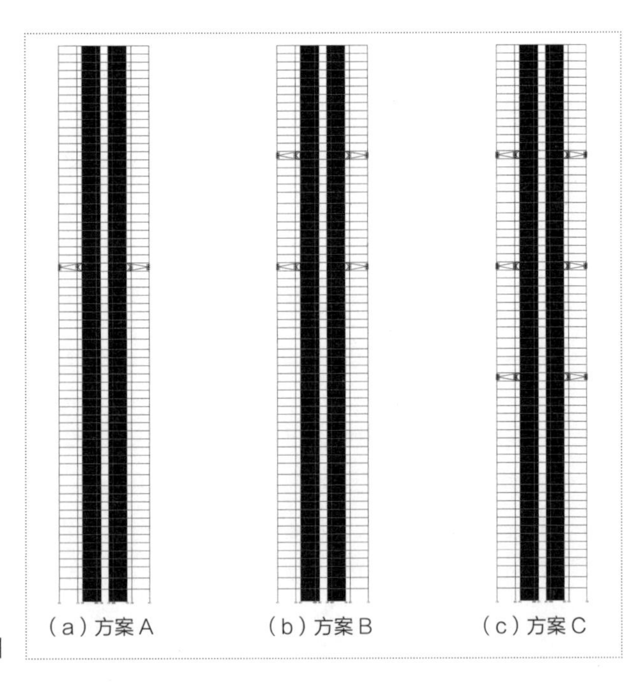

图 4.4.11 对比方案结构立面布置示意图

2. 减震效果

对比方案 A ~ C 以及无控结构的层间位移角和层剪力，如图 4.4.12 和图 4.4.13 所示。表 4.4.4 为最大层间位移角和基底剪力对比结果。可以看出，随着黏滞阻尼伸臂数量的增加，层间位移角不断减小；但是对于层剪力来说，三个方案相差不大。仔细分析发现，随着黏滞阻尼伸臂数量的增加，黏滞阻尼伸臂的等效动刚度作用逐渐增强，抵消了增加的附加阻尼耗能减震作用，使得结构受力无法进一步减小，因此，三个方案的基底剪力维持在同一个水平。

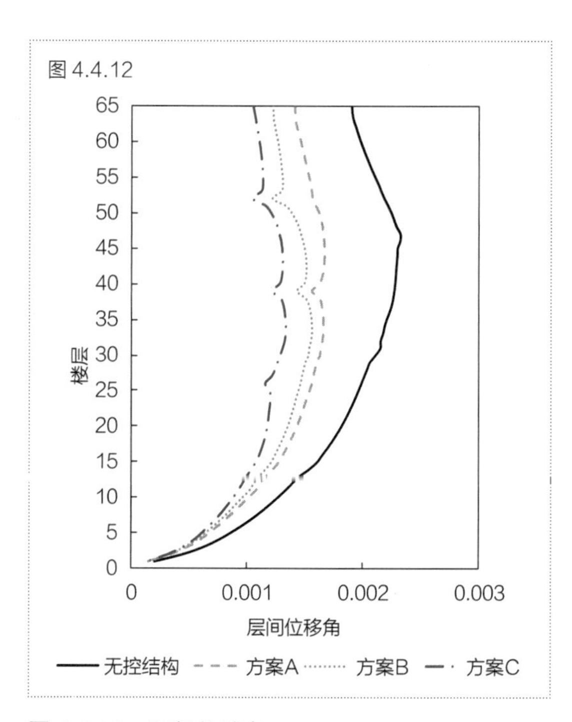

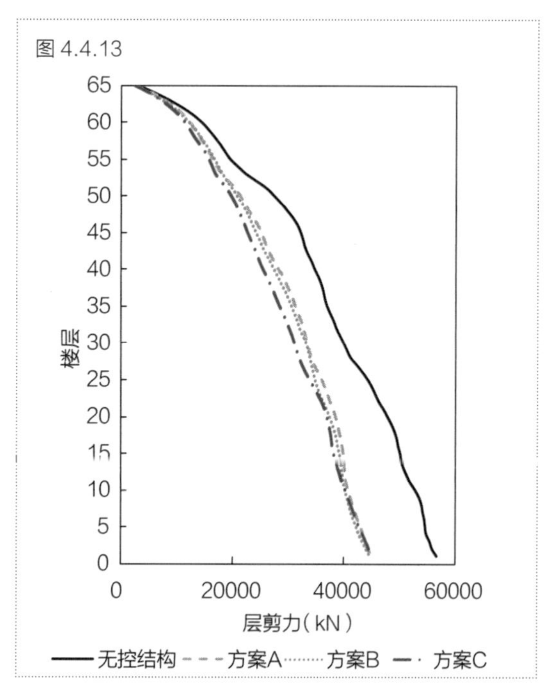

图 4.4.12　层间位移角
图 4.4.13　层剪力

表 4.4.4　最大层间位移角和基底剪力对比

对比项	无控结构	方案 A	方案 B	方案 C
最大层间位移角	1/429	1/595	1/638	1/746
减幅	0	28.0%	32.7%	42.5%
基底剪力（kN）	56607	45005	44775	44547
减幅	0	20.5%	20.9%	21.3%

表 4.4.5 所示为黏滞阻尼器的工作状态与附加阻尼比。可以看出，布置在同一高度处的阻尼器，随着阻尼伸臂布置数量的增加，黏滞阻尼器的阻尼力和变形均在逐渐减小，说明黏滞阻尼伸臂之间有抑制作用。但是由于黏滞阻尼器数量不断增加，所以附加阻尼比逐渐增长。

表 4.4.5　黏滞阻尼器的工作状态与附加阻尼比

对比项	方案 A	方案 B		方案 C		
布置高度（H）	0.6	0.6	0.8	0.4	0.6	0.8
最大阻尼力（kN）	2781	2697	2610	2553	2451	2452
最大变形（mm）	22.6	13.2	17.0	13.1	12.2	8.7
附加阻尼比	3.8%	5.3%		6.7%		

从能量角度来看，随着黏滞阻尼伸臂数量的增加，黏滞阻尼器的总耗能在增长，而单个黏滞阻尼器耗散的能量在减少，相对耗能效率是降低的（表 4.4.6）。

表 4.4.6　黏滞阻尼器耗能情况

对比项	方案 A	方案 B	方案 C
阻尼器数量	16	32	48
阻尼器总耗能	6088	7350	7928
输入能量	12494	13545	12756
阻尼器总耗能百分比	49%	54%	62%
单个阻尼器耗能	380	230	165
单个阻尼器耗能效率	3.0%	1.7%	1.3%

注：阻尼器总耗能百分比 = 阻尼器总耗能 / 输入能量，单个阻尼器相对耗能效率 = 单个阻尼器耗能 / 输入能量。

3. 小结

综合以上分析，可得出以下结论：

（1）随着黏滞阻尼伸臂数量的增加，结构的侧向变形可以进一步减小；但是由于黏滞阻尼伸臂等效动刚度作用的提升，结构受力的减小幅度基本不变，黏滞阻尼伸臂结构基底剪力基本不变；

（2）由于黏滞阻尼伸臂之间的相互抑制作用，单个黏滞阻尼器的耗能效率随着阻尼伸臂数量的增加而降低。

因此，对于黏滞阻尼伸臂结构，需综合考虑效率、经济性和建筑功能要求等因素，合理地确定黏滞阻尼伸臂的数量，建议控制阻尼伸臂的数量在 1~2 道。

4.5　结构高宽比影响研究

对于框架 - 核心筒结构体系而言，结构整体高宽比和核心筒高宽比，是对结构刚度、整体稳定、承载能力和经济合理性的宏观控制指标。在这些宏观指标不同的结构中，黏滞阻尼伸臂将会发挥不同的耗能减震作用。因此本节将对黏滞阻尼伸臂关于不同结构整体高宽比和核心筒高宽比的减震效率进行研究。

4.5.1　结构整体高宽比

从黏滞阻尼器角度来说，结构平面尺寸不变，随着结构高度的增加，结构高宽比增大，结构抗侧刚度相对变弱，黏滞阻尼伸臂可以获得更大的变形与出力，黏滞阻尼器的耗能量应当增加。从整体结构角度来说，结构平面尺寸不变，随着结构高度的增加，结构体量增大，结构应变能也不断提高。但是黏滞阻尼器耗能相对结构应变能的比例及其减震率变化趋势未知。因此，下面通过对结构整体高宽比为 4~8（结构高度 200~400m）的 5 个算例模型，探究黏滞阻尼伸臂桁架的减震效率。

1. 模型基本信息

以实际工程为背景，建立五个框架－核心筒结构模型。保持结构平面尺寸 50m×50m 不变，结构高度以 50m 的跨度递增，从 200m 变化到 400m，则结构高宽比分别为 4、5、6、7、8，各模型的基本信息见表 4.5.1，模型的平面图和立面图如图 4.5.1 所示。抗震设防烈度为 8 度（0.2*g*），场地特征周期为 0.45s，结构固有阻尼比为 4%。

表 4.5.1　模型基本信息

模型编号	结构高度（m）	平面尺寸（m^2）	结构高宽比	核心筒围合面积
M1	200	50×50	4	25%
M2	250		5	
M3	300		6	
M4	350		7	
M5	400		8	

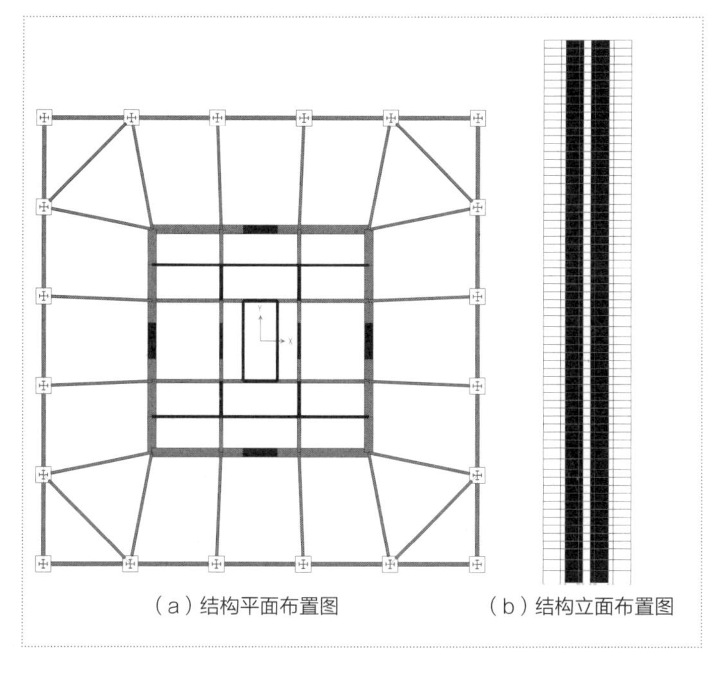

（a）结构平面布置图　（b）结构立面布置图

图 4.5.1　基本模型示意图

建立模型时，参照以下基本原则：

（1）按《高层建筑混凝土结构技术规程》JGJ 3—2010 中第 6.4.2 条要求，型钢混凝土框架柱轴压比均不大于 0.7；

（2）按《高层建筑混凝土结构技术规程》JGJ 3—2010 中第 7.2.13 条要求，核心筒底部墙肢按一级设计，剪力墙轴压比均不超过 0.5。

以此为基础，调整各模型构件尺寸，整体分析结果列于表 4.5.2 中。

表 4.5.2　模型整体分析结果

模型编号		M1	M2	M3	M4	M5
周期（s）	T_1（Y 向平动）	4.48	5.84	6.79	7.61	9.11
	T_2（X 向平动）	4.42	5.79	6.75	7.57	9.07
	T_3（扭转）	3.27	3.92	4.21	3.29	4.12
单位面积重量（t/m^2）		1.35	1.46	1.59	1.68	1.80
底层柱轴压比		0.60	0.61	0.62	0.64	0.62
底层墙肢轴压比		0.45	0.44	0.47	0.46	0.47

在五个模型中，将黏滞阻尼伸臂均布置在结构的 0.7*H* 高度处，则 M1~M5 模型的布置位置分别 140m、175m、210m、245m 和 280m。黏滞阻尼器参数：阻尼指数 0.3，阻尼系数 500kN/（mm/s）$^{0.3}$。

2. 分析结果

对五个模型进行弹性动力时程分析，得到黏滞阻尼器的工作状态与附加阻尼比，如表 4.5.3 所示。可以看出，随着结构高宽比的增加，黏滞阻尼器的最大出力和最大变形都在增加，所以黏滞阻尼器的总耗能是逐渐增加的。

表 4.5.3　黏滞阻尼器工作状态与附加阻尼比

模型编号	M1	M2	M3	M4	M5
最大阻尼力（kN）	1327	1383	1413	1434	1452
最大变形（mm）	10.3	17.2	23.0	25.1	28.8
ΣW_{cj}（kN · m）	600	1043	1429	1582	1838
W_s（kN · m）	2080	4507	7001	10141	15715
附加阻尼比	2.3%	1.8%	1.6%	1.2%	0.9%

注：ΣW_{cj} 为所有黏滞阻尼器往复循环一周所消耗的能量；W_s 为消能减震结构在水平地震作用下的总应变能。

由于随着结构高宽比（结构高度改变）的增加，结构的弯曲变形比例逐渐增大（图 4.5.2），所以核心筒与外框架之间的竖向位移差和竖向速度差逐渐增加（图 4.5.3 和图 4.5.4），有利于黏滞阻尼器发挥耗能作用。

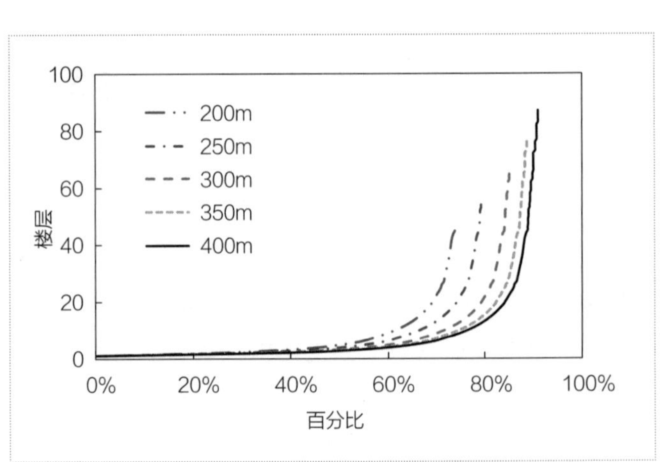

图 4.5.2　结构弯曲变形百分比

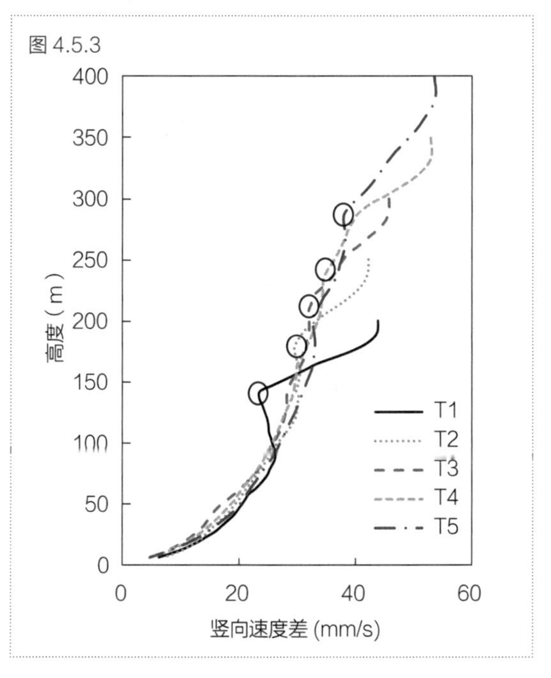

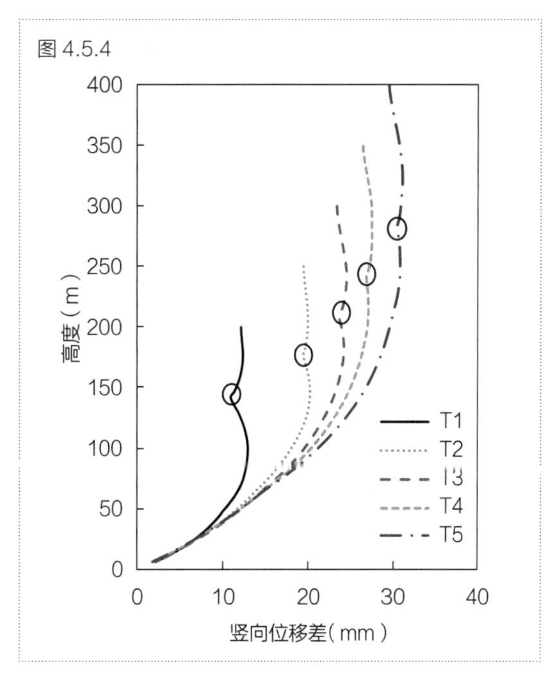

图 4.5.3　竖向速度差
图 4.5.4　竖向位移差

从表 4.5.3 中还可以发现，随着结构高宽比的增加，结构应变能也是逐渐增加的。主要是由于随着结构高度增加，建筑质量增大，地震作用增强，地震输入的能量也不断提高。从图 4.5.5 可以看出，虽然黏滞阻尼器耗能和结构应变能都在增加，但是结构应变能增长更快。因此，从综合效果来看，随着结构高宽比的增加，附加阻尼比逐渐减小。

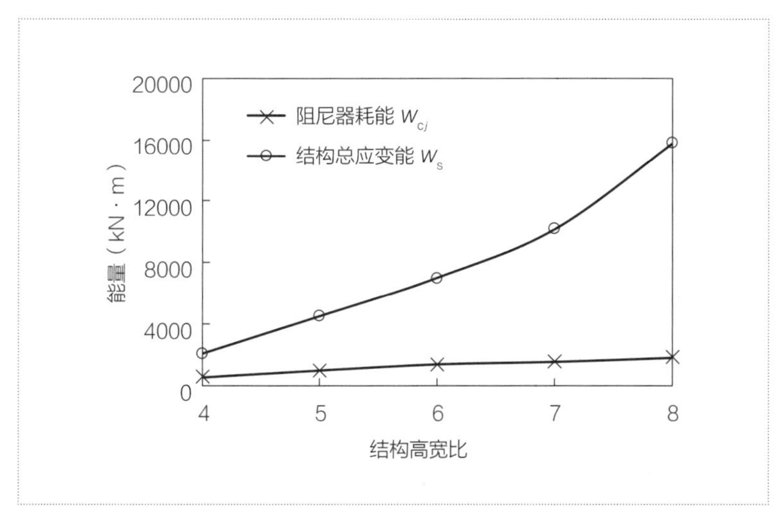

图 4.5.5　能量与结构高宽比的关系

表 4.5.4 所示为五个模型的最大层间位移角和基底剪力对比结果。可以看出，最大层间位移角和基底剪力的减小幅度均随着结构整体高宽比的增加而减少，与附加阻尼比的变化趋势一致。说明黏滞阻尼伸臂的减震效率随着结构整体高宽比的增加在不断降低。

表 4.5.4　最大层间位移角和基底剪力对比

模型编号	M1		M2		M3		M4		M5	
	无控	有控	无控	有控	无控	有控	无控	有控	无控	有控
最大层间位移角	1/631	1/830	1/465	1/560	1/430	1/493	1/392	1/422	1/406	1/419
减幅	24.0%		17.0%		12.8%		7.1%		3.0%	
基底剪力（kN）	38627	34189	46745	41796	54995	50070	64405	61616	78329	76470
减幅	11.5%		10.5%		9.0%		4.3%		2.4%	

注：无控表示不加设黏滞阻尼伸臂桁架的模型，有控表示加设黏滞阻尼伸臂桁架的模型，以下类同。

3. 小结

黏滞阻尼伸臂桁架对不同结构高宽比（结构高度）的框架－核心筒结构均有一定的减震效果。随着结构高宽比增加，黏滞阻尼器的出力和变形增大，耗能量不断增加；但是由于地震输入的能量随着结构高宽比的增加而增长更快，黏滞阻尼器的相对耗能比例逐渐减小，所以黏滞阻尼伸臂的减震效率随着结构高宽比的增加而不断降低。

结合以上分析数据可知，对于不同结构高宽比的结构，为达到同样的减震效果（减幅15%），得出以下建议：

（1）对于结构高宽比 4~6（结构高度 200~300m）的结构，建议布置 1 道阻尼伸臂；

（2）对于结构高宽比 6~8（结构高度 300~400m）的结构，建议布置 2~3 道阻尼伸臂。

4.5.2　核心筒高宽比

从结构概念角度来说，对于结构高度和结构整体高宽比保持不变的结构，随着核心筒围合面积的增加，核心筒高宽比变小，核心筒的刚度变大，弯曲变形减小，不利于发挥黏滞阻尼伸臂的消能减震作用。因此本小节探究黏滞阻尼伸臂在不同核心筒高宽比结构中的减震效率。

1. 模型基本信息

以上一节中的 300m 模型为基础模型，保持结构平面尺寸和其他参数不变，只调整核心筒的平面尺寸，使得核心筒的高宽比为 11、11.5、12、12.5、13，各模型基本信息见表 4.5.5。

黏滞阻尼伸臂桁架的布置位置和阻尼器参数与 4.5.1 节相同。当改变核心筒平面尺寸时，会改变伸臂桁架的长度，进而伸臂桁架的刚度会发生改变。因此，将伸臂桁架的刚度设为无限刚，排除伸臂桁架刚度对分析结果可能带来的影响。

表 4.5.5　模型基本信息

模型编号	结构高度（m）	结构高宽比	核心筒高宽比
W1	300	6	13
W2			12.5
W3			12

续表

模型编号	结构高度（m）	结构高宽比	核心筒高宽比
W4	300	6	11.5
W5			11

2. 分析结果

对五个模型进行无控结构与有控结构的弹性动力时程分析，得到五个不同核心筒高宽比模型的最大层间位移角和基底剪力，如表 4.5.6 所示。从表中的数据可以看出，最大层间位移角和基底剪力的减震效果均随着核心筒高宽比的增加而增加。说明核心筒围合面积越小，核心筒高宽比越大，黏滞阻尼伸臂越容易发挥耗能减震作用。

表 4.5.6　最大层间位移角和基底剪力对比

模型编号	W1		W2		W3		W4		W5	
	无控	有控	无控	有控	无控	有控	无控	有控	无控	有控
最大层间位移角	1/372	1/465	1/394	1/488	1/431	1/510	1/453	1/523	1/472	1/542
减幅	19.9%		19.2%		15.5%		13.3%		12.9%	
基底剪力（kN）	52572	42982	54207	45369	55465	47417	59337	51374	63170	55000
减幅	18.2%		16.3%		14.5%		13.4%		12.9%	

各模型中黏滞阻尼器的工作状态如表 4.5.7 所示。可以看出，随着核心筒高宽比的降低，虽然黏滞阻尼器的最大出力略有增加，但是最大变形逐渐减小。从综合效果来看，结构的附加阻尼比逐渐减小。

表 4.5.7　黏滞阻尼器工作状态与附加阻尼比

模型编号	W1	W2	W3	W4	W5
最大阻尼力（kN）	1407	1411	1427	1449	1486
最大变形（mm）	27.5	26.8	25.3	23.8	21.9
ΣW_{cj}（kN · m）	1770	1648	1586	1517	1431
W_s（kN · m）	6463	6479	6556	6847	6969
附加阻尼比	2.2%	2.0%	1.9%	1.8%	1.6%

注：ΣW_{cj} 为所有黏滞阻尼器往复循环一周所消耗的能量；W_s 为消能减震结构在水平地震作用下的总应变能。

从以上分析结果可以看出，框架 – 核心筒结构的核心筒围合面积越大，核心筒高宽比越小，层间位移角和基底剪力的减小幅度越小。主要是由于以下几点原因：

（1）核心筒高宽比越小，核心筒刚度越大，核心筒弯曲变形减少，黏滞阻尼器变形明显减小，而出力的变化很小（表 4.5.7），所以黏滞阻尼器的滞回曲线包络面积逐渐减小，即黏滞阻尼器耗能逐渐减小；

（2）核心筒的围合面积越大，核心筒高宽比越小，结构整体刚度越大，则地震作用越大，结构总应变能越大（表 4.5.7）；

（3）随着核心筒高宽比的降低，黏滞阻尼器耗能逐渐减小，而结构总应变能逐渐增大，所以附加阻尼比逐渐减小；

（4）在五个模型中，由于黏滞阻尼伸臂桁架的等效动刚度作用相差不大，所以结构的减震效果与附加阻尼比的变化趋势相同。

3. 小结

综上所述，黏滞阻尼伸臂更适用于核心筒高宽比大的结构中。核心筒围合面积越小，核心筒高宽比越大，核心筒越容易发生弯曲变形，黏滞阻尼伸臂越容易发挥耗能减震作用。

4.6 抗震设防烈度影响研究

抗震设防烈度越高，地震峰值加速度越大，地震响应越大；同时黏滞阻尼器的耗能量也随之提高。附加阻尼比是黏滞阻尼器耗能能力与结构应变能的相对关系，同时也是评价阻尼器减震效果的基本指标之一。虽然黏滞阻尼器耗能量与结构应变能均随着抗震设防烈度的提高而增加，但是其二者相对变化趋势未知。因此本节将研究黏滞阻尼伸臂在不同抗震设防烈度下的减震效率。

1. 模型基本信息

以4.2.3节中的300m模型为基础模型，核心筒围合面积百分比为25%，场地特征周期0.45s，结构固有阻尼比为 4%。按照抗震设防烈度 8 度（0.20g）、8 度（0.30g）和 9 度（0.40g），将地震加速度峰值分别调整为 70gal、110gal 和 140gal，形成三个对比方案，编号分别为 K1、K2 和 K3 模型。将黏滞阻尼伸臂布置在结构的 47 层处，阻尼系数为 500kN/（mm/s）$^{0.3}$，阻尼指数为 0.3。

2. 分析结果

对三个模型分别进行无控结构与有控结构的弹性动力时程分析，得到结构在不同抗震设防烈度下的最大层间位移角和基底剪力，如表 4.6.1 所示。从表中的数据可以看出，最大层间位移角和基底剪力的减小幅度均随着抗震设防烈度（峰值加速度）的增加而减小。

表 4.6.1 最大层间位移角和基底剪力

模型编号	K1		K2		K3	
	无控	有控	无控	有控	无控	有控
最大层间位移角	1/430	1/493	1/276	1/310	1/217	1/241
减幅	12.8%		10.8%		9.9%	
基底剪力（kN）	54995	50070	85871	79410	109292	102124
减幅	9.0%		7.5%		6.6%	

注：无控表示不加设黏滞阻尼伸臂桁架的模型，有控表示加设黏滞阻尼伸臂桁架的模型。

图 4.6.1 所示为三个有控模型中黏滞阻尼器的滞回曲线对比图，最大阻尼力和最大变形如表 4.6.2 所示。可以看出，随着抗震设防烈度（峰值加速度）的提高，黏滞阻尼器的出力和变形都有所增加，所以黏滞阻尼器的耗能能力逐渐增加。但是，由于结构总应变能随着抗震设防烈度的提高而逐渐增加，且增长速度快于黏滞阻尼器耗能能力的提高（图 4.6.2），所以结构的附加阻尼比逐渐减小。

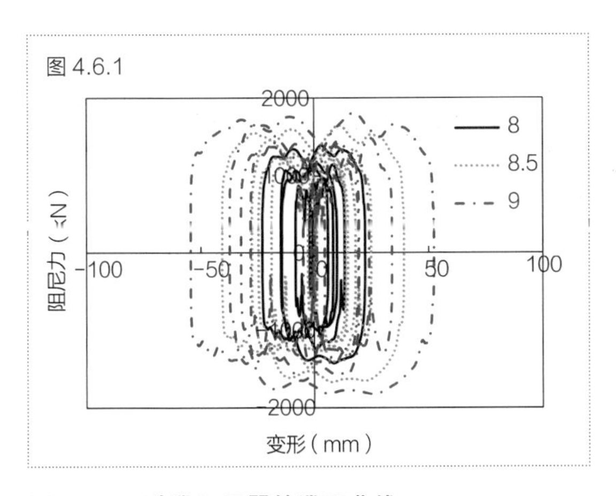

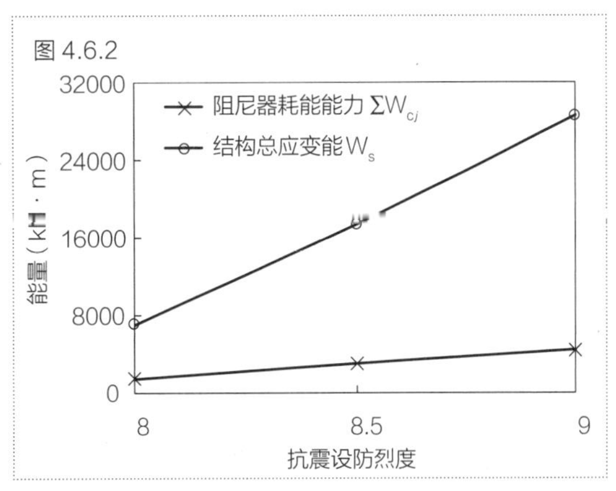

图 4.6.1　黏滞阻尼器的滞回曲线
图 4.6.2　耗能与抗震设防烈度的关系曲线

表 4.6.2　黏滞阻尼器工作状态与附加阻尼比

模型编号	K1	K2	K3
最大阻尼力（kN）	1413	1674	1829
最大变形（mm）	23	41	54
ΣW_{cj}（kN · m）	1429	2983	4351
W_s（kN · m）	7001	17413	28641
附加阻尼比	1.6%	1.4%	1.2%

注：ΣW_{cj} 为所有黏滞阻尼器往复循环一周所消耗的能量；W_s 为消能减震结构在水平地震作用下的总应变能。

观察不同抗震设防烈度下地震输入能量、阻尼耗散能量和结构势能之间的相对关系，如图 4.6.3 所示，同时将能量峰值列于表 4.6.3。可以看出，随着抗震设防烈度的提高，地震输入的能量和黏滞阻尼耗散的能量（连接阻尼能）均有所提高；但是从两者的比值来看，黏滞阻尼器相对耗能比例在逐渐减小。

表 4.6.3　能量耗散对比

抗震设防烈度	8 度（0.2g）	8 度（0.3g）	9 度（0.4g）
地震输入能量 W_i（kN · m）	10280	24480	38870
黏滞阻尼器耗散能量 W_d（kN · m）	2693	6231	9453
W_d/W_i	26%	25%	24%

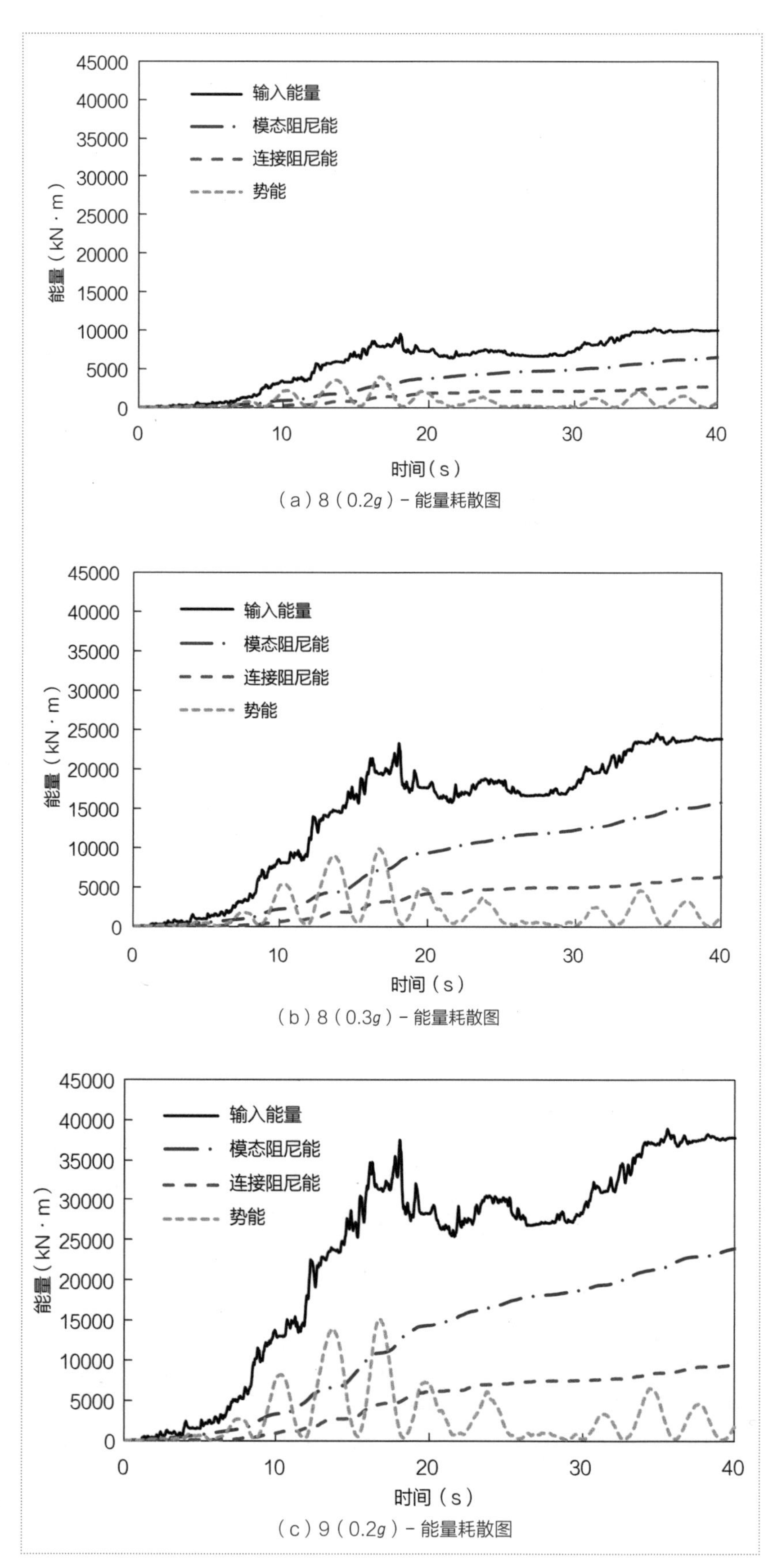

（a）8（0.2*g*）- 能量耗散图

（b）8（0.3*g*）- 能量耗散图

（c）9（0.2*g*）- 能量耗散图

图 4.6.3 不同抗震设防烈度下的能量耗散图

3. 小结

综上所述，抗震设防烈度越高，黏滞阻尼伸臂的相对耗能比例越小，减震效率也越低。假如要在不同的抗震设防烈度下达到相同的减震效果，可以采用增加黏滞阻尼器数量、增大阻尼系数 C、调整阻尼指数或伸臂桁架刚度等措施来提高阻尼器的耗能减震作用。

4.7 黏滞阻尼伸臂结构设计方法

基于中国相关设计规范，结合本章的研究内容和传统刚性结构的设计方法，总结出黏滞阻尼伸臂结构的主要设计过程，如图 4.7.1 所示。对于带黏滞阻尼伸臂的框架 - 核心筒结构，当进行结构整体设计时，一般可以按下述步骤进行设计：

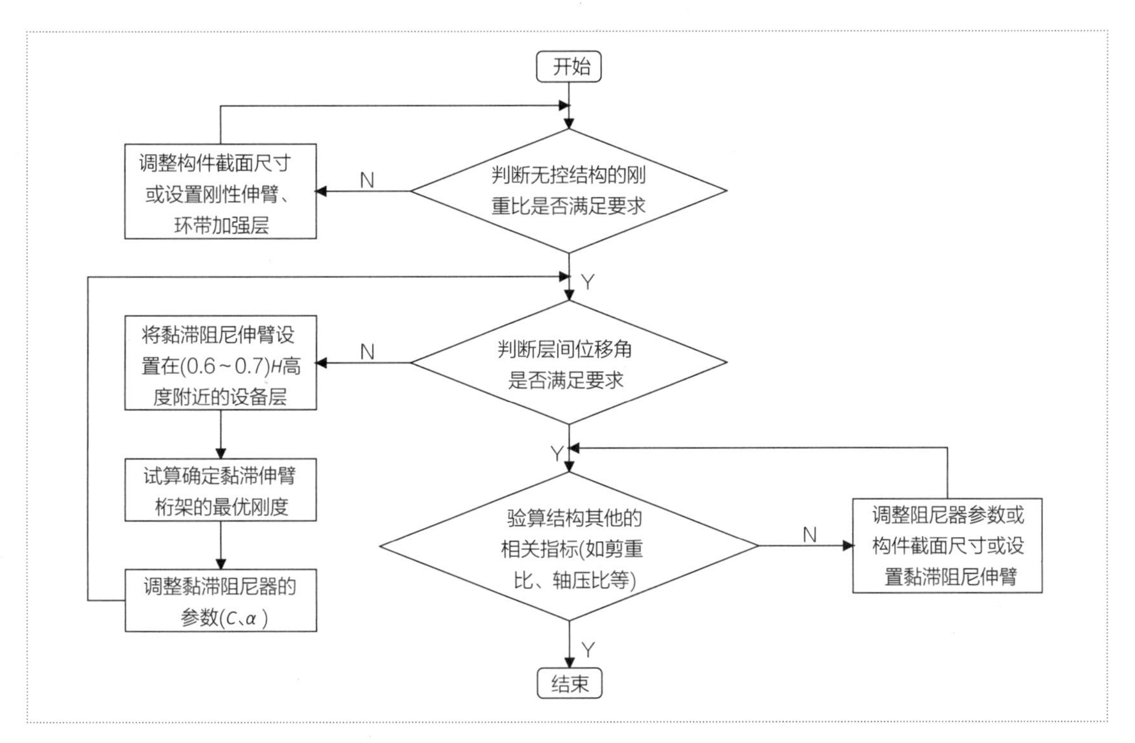

图 4.7.1　黏滞阻尼伸臂结构设计的流程图

（1）建立结构分析模型，判断无控结构的刚重比是否满足规范限值要求；如果不满足，通过调整构件截面尺寸或设置刚性伸臂、环带加强层等措施使结构的刚重比满足要求；

（2）判断结构的层间位移角是否满足规范限值要求；如果不满足，则可以采用黏滞阻尼伸臂技术进行减震控制，首先将黏滞阻尼伸臂设置在（0.6~0.7）H 高度附近的设备层，然后通过试算确定黏滞阻尼伸臂的最优刚度，最后调整黏滞阻尼器的参数（C，α），直至层间位移角满足限值要求；

（3）验算结构其他的相关指标，如剪重比、轴压比等；当有相关指标不满足要求时，如已采用黏滞阻尼伸臂，可通过调整黏滞阻尼器的参数或构件截面尺寸使其满足限值要求；如没有采用黏滞阻尼伸臂，可设置黏滞阻尼伸臂，设计思路与步骤（2）相同；

（4）结构整体设计结束。

本设计过程主要是针对 200~300m 的框架 - 核心筒结构，且采用一道黏滞阻尼伸臂进行减震控制。如果结构高度更高，需要多道黏滞阻尼伸臂才能满足相关要求，主要设计流程可参照图 4.7.1 做相关局部修改即可。

第5章 黏滞阻尼墙结构设计

Chapter 5 **Design of viscous damping wall structure**

黏滞阻尼墙是一种可作为墙体安装在结构层间的阻尼装置，由日本学者 Mitsuo Miyazaki 首先于 20 世纪 80 年代发明，并已在日本得到广泛应用。在国内，黏滞阻尼墙的应用还处于刚起步阶段。

本章针对黏滞阻尼墙结构的减震设计进行了系统的研究。首先介绍了黏滞阻尼墙的工作机理，并从阻尼墙的基本构造出发，明确阻尼墙的分析模型；然后提出一种黏滞阻尼墙变形分解思路，解决阻尼墙复杂变形分解的难题；从附加阻尼作用和动刚度作用两方面阐述了黏滞阻尼墙的减震机理，并以具体算例进行验证；对黏滞阻尼墙进行了参数研究，得到阻尼指数和阻尼系数对减震效果的影响规律；利用变形分解思路对阻尼墙在结构中的布置进行系统研究，包括平面布置和竖向布置；对连接梁段长度和不同抗震设防烈度下的减震效果进行了研究，掌握阻尼墙的减震规律；最后基于以上的研究成果，总结出一套合理可行的黏滞阻尼墙结构设计方法。

5.1 引言

黏滞阻尼墙是一种性能良好的消能减震部件，可适用于多层、高层和超高层建筑结构的抗震和抗风设计 [22]，在日本等国家已经得到广泛应用（详见本书第 1 章）。相对而言，国内关于阻尼墙的研究和工程应用仍有一定滞后，主要表现在：

（1）缺少相关的规范和文献对其设计方法、产品性能及构造处理作详细说明；

（2）阻尼墙的布置方式主要根据工程经验和通用的布置原则，缺乏系统准确的论证；

（3）阻尼墙的工程应用比较少。

因此，有必要针对黏滞阻尼墙结构的抗震设计进行系统的研究。

5.2 黏滞阻尼墙减震机理

5.2.1 工作机理

黏滞阻尼墙的内、外钢板分别安装于结构的上下楼面，内钢板和外钢板之间填充黏滞液体材料。黏滞阻尼墙利用结构层间的相对运动，使内外钢板之间产生速度梯度引起黏滞材料剪切滞回耗能 [94]（图 5.2.1），从而降低结构的地震响应。因此，为有效发挥阻尼墙的耗能效率，阻尼墙应安装在层间相对变形较大的位置。

黏滞阻尼墙在结构中的连接构造见图 5.2.2（a）。可以看到，由于阻尼墙阻尼力较大，其与楼面梁连接处一般需做加强处理（如加肋、加焊钢板等）。另外，由于阻尼墙内、外钢板与楼面梁连接为整体，这些构造措施实际上使得楼面梁与阻尼墙之间形成一个刚度很大的连接梁段。因此，一个黏滞阻尼墙结构单元可分为黏滞阻尼墙、连接梁段和普通梁段三部分组成（见图 5.2.2（b）），在结构建模分析时应分别予以考虑。

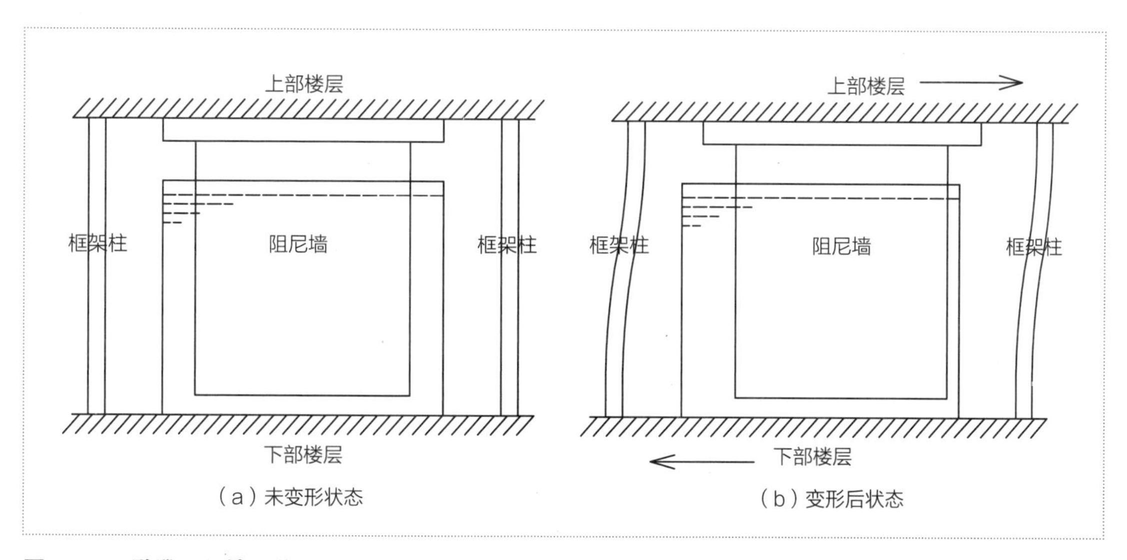

图 5.2.1 黏滞阻尼墙工作原理图

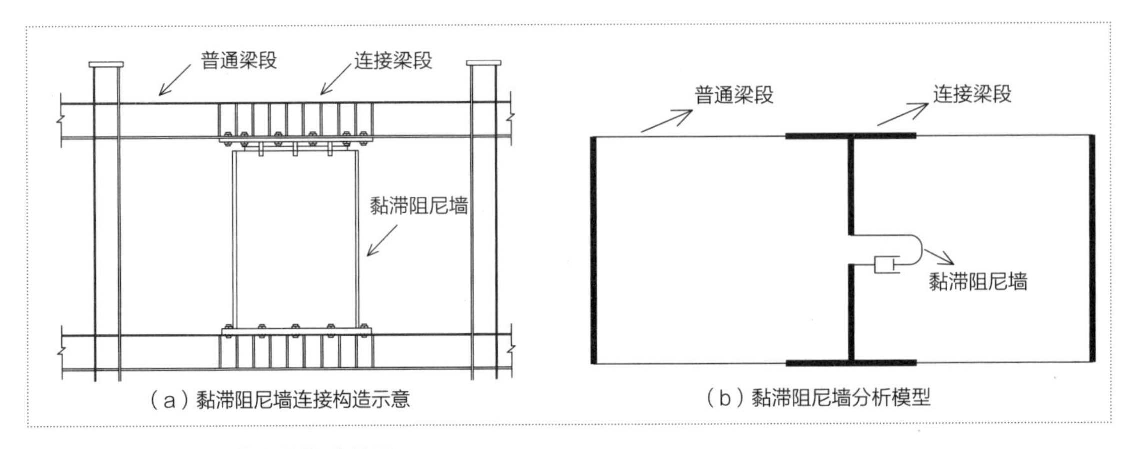

图 5.2.2　黏滞阻尼墙连接构造简图

5.2.2　黏滞阻尼墙变形分析

1. 变形分解

如图 5.2.3 所示，受到水平荷载作用时，结构发生侧向变形，安装于结构中的黏滞阻尼墙也会发生相应变形。为方便研究阻尼墙的变形组成，将单个阻尼墙结构单元从整体结构中独立出来，仅保留与阻尼墙相邻的四个梁柱节点和连接的梁段。可以看到，任意一片阻尼墙在任意时刻的变形由端部四个梁柱节点和中间梁段的变形完全确定，借鉴结构力学中的位移法概念[95]，可将其分解为 4 个组成部分（图 5.2.4）:

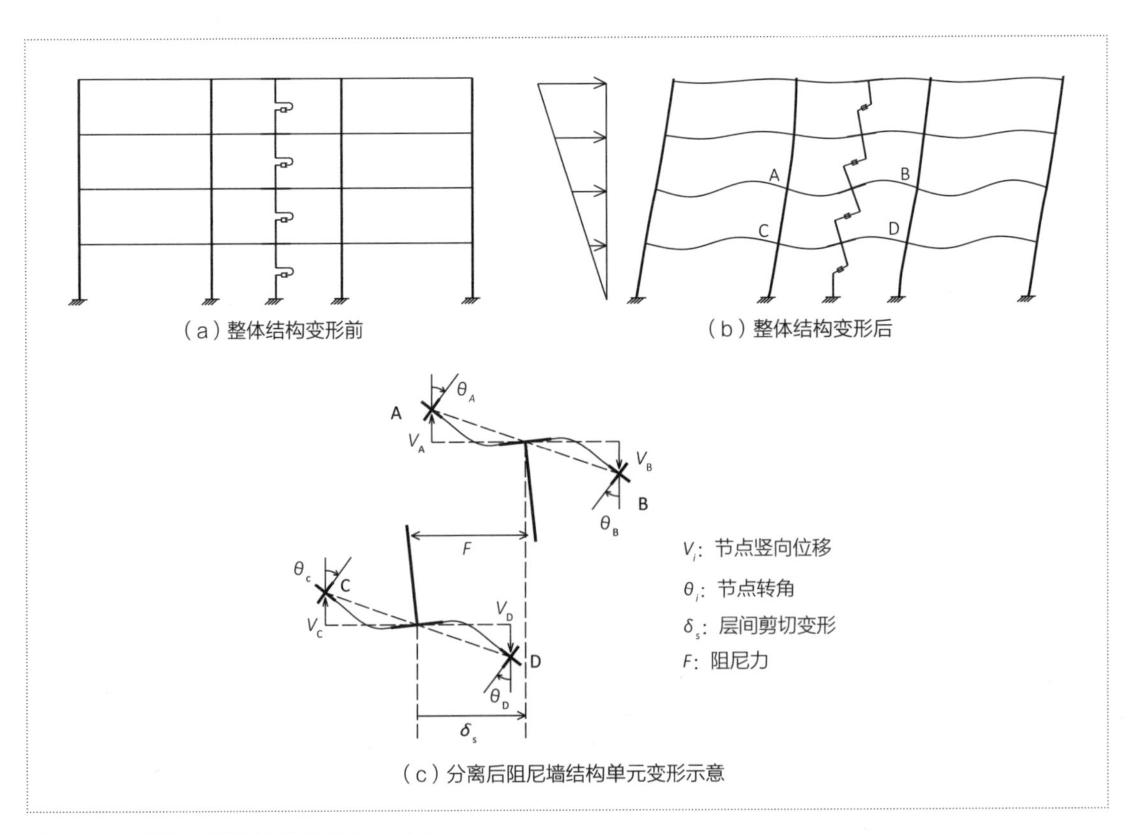

图 5.2.3　黏滞阻尼墙结构单元分离示意

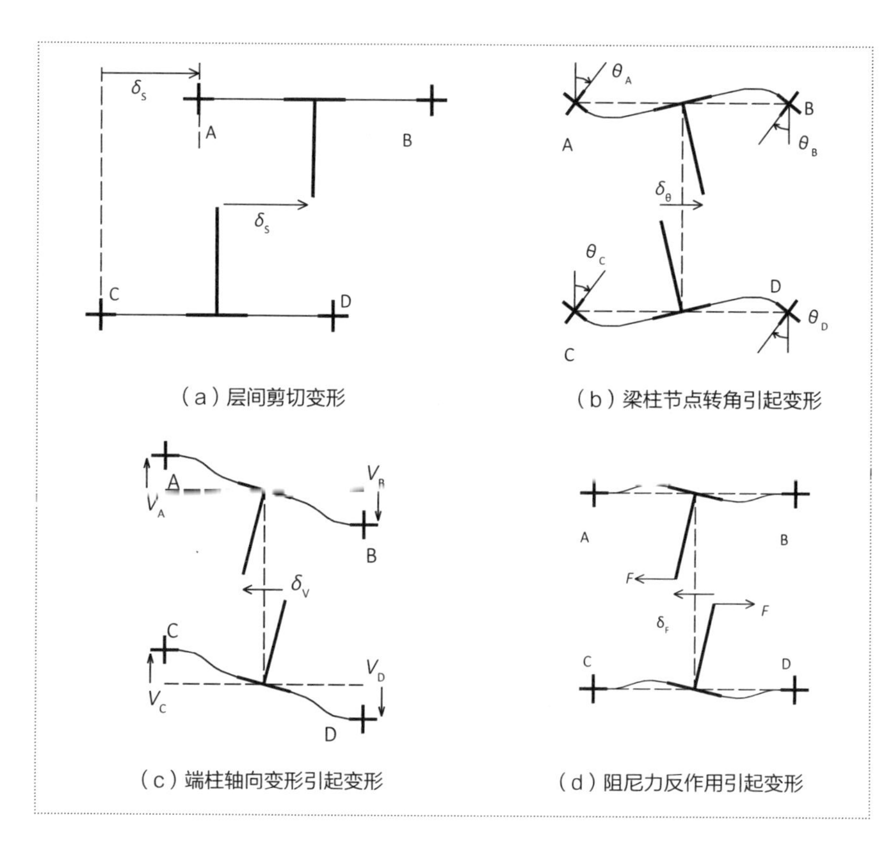

图 5.2.4 阻尼墙变形分解示意

（1）角点水平位移引起的变形，当楼面满足刚性楼板假定时等于结构层间剪切变形 δ_S；

（2）角点转动引起的变形，即梁柱节点转角（图中所示 θ_A，θ_B，θ_C 和 θ_D）引起的变形 δ_θ；

（3）角点竖向位移引起的变形，即端柱轴向变形（图中所示 v_A，v_B，v_C 和 v_D）引起的变形 δ_V；

（4）阻尼墙产生的阻尼力 F 作用到梁上后，梁段局部变形引起的变形 δ_F。

当结构发生整体侧向变形时，层间剪切变形和梁柱节点转角引起的阻尼墙的变形一般与阻尼墙总变形的方向相同，属于有利变形；而端部轴向变形和阻尼力反作用引起的阻尼墙变形一般与阻尼墙总变形的方向相反，属于不利变形。从变形性质方面考虑，层间剪切变形和梁柱节点转角变形主要由结构剪切变形引起，端柱轴向变形主要由结构弯曲变形引起，而阻尼力反作用引起的变形属于结构构件的局部变形，因此黏滞阻尼墙适用于剪切变形成分较大的结构。

通过变形分解，将复杂的黏滞阻尼墙变形分解为四个概念清晰的、规律易循的组成部分。在研究分析过程中，可先对阻尼墙的各部分变形分别进行研究，掌握各部分变形的变化规律，进而综合考虑各部分变形的相对关系，得到阻尼墙总变形的变化规律。

2. 变形分布

以一个简单的十层单跨框架为例，框架跨度 8m，层高 3.6m，框架柱截面尺寸为 800mm×800mm，框架梁截面尺寸为 700mm×300mm，材料采用 C30 混凝土。在结构跨中通高布置黏滞阻尼墙，阻尼系数 C=500kN/（m/s）$^{0.45}$，阻尼指数 α=0.45。为观察动力时程荷载作用下不同楼层处阻尼墙各部分变形最大值的分布情况，简化起见，对结构输入正弦时程波（图 5.2.5），得到阻尼墙各部分变形组成沿楼层分布规律，如图 5.2.6 所示。

图 5.2.5

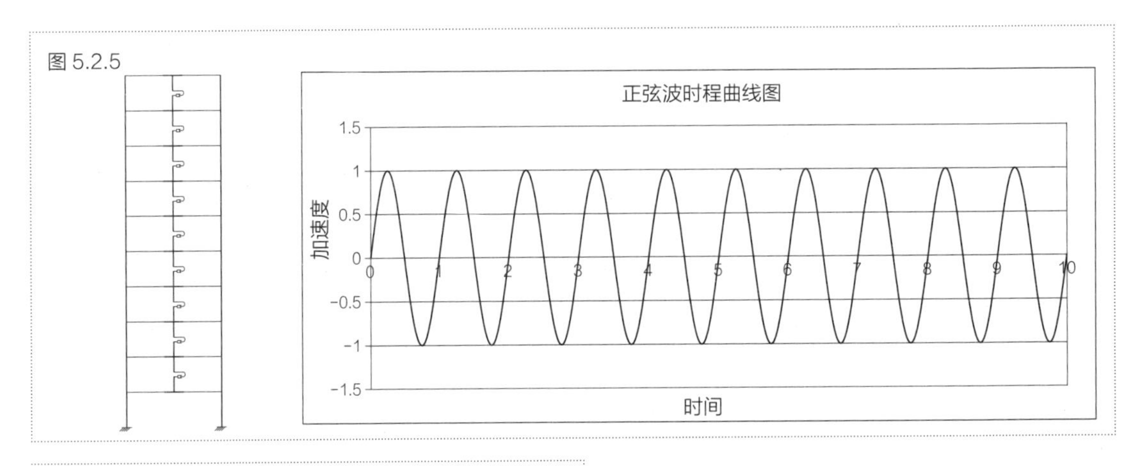

图 5.2.6

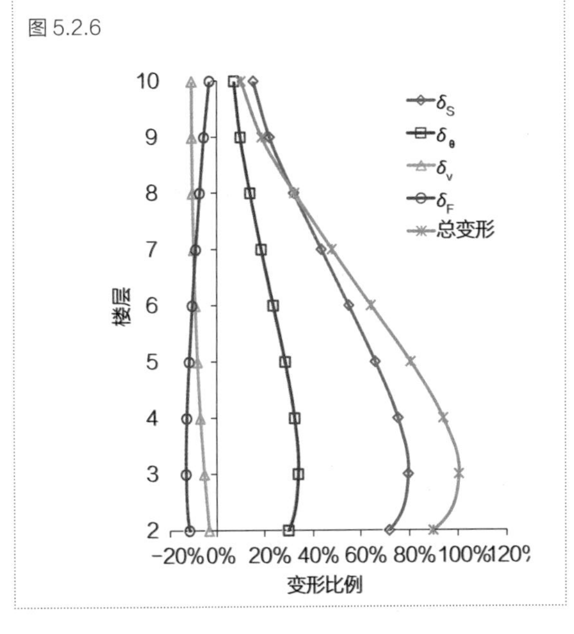

图 5.2.5　十层单跨框架模型及时程波

图 5.2.6　各部分变形组成分布

从图 5.2.6 中可以看出：

（1）层间剪切变形和梁柱节点转角引起的变形是阻尼墙变形的主要组成部分，因此阻尼墙宜优先布置在层间剪切变形较大的楼层。

（2）端柱轴向变形引起的不利变形随结构高度的增加逐渐增大，因此阻尼墙不宜布置在弯曲变形较大的上部楼层。

（3）为降低阻尼力反作用到梁上后梁段局部变形引起的变形，连接梁的截面尺寸宜适当增大。

5.2.3　减震机理

与黏滞阻尼伸臂相同，黏滞阻尼墙的减震作用也可以从附加阻尼作用和等效动刚度作用两个方面理解。

1. 附加阻尼作用

在动力作用下，黏滞阻尼墙利用自身的滞回特性来耗散震动能量，为结构提供附加阻尼，降低结构响应。黏滞阻尼墙的减震效果同样也可以用附加阻尼比的大小来衡量。

2. 等效动刚度作用

在动力作用下，黏滞阻尼墙产生阻尼力，此时黏滞阻尼墙的作用类似于传统剪力墙或刚性支撑的抗侧作用，可以抵抗水平外荷载，降低结构的侧向变形，如图 5.2.7 所示。由于黏滞阻尼墙阻尼力是速度的幂函数，因此阻尼墙为结构提供的等效动刚度是随速度不断变化的，反映在阻尼墙的滞回曲线中如图 5.2.8 所示。

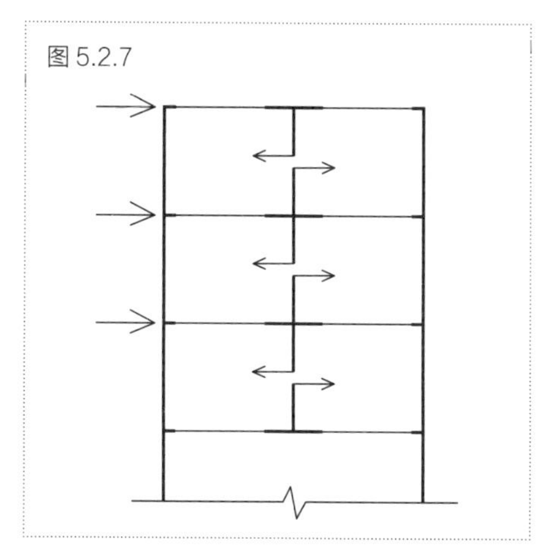

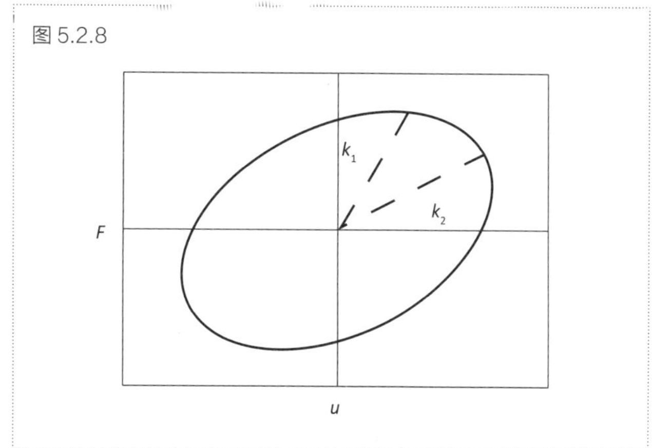

图 5.2.7　黏滞阻尼墙抗侧示意图

图 5.2.8　黏滞阻尼墙的等效动刚度示意图

3. 算例验证

（1）模型建立

建立一个框架结构算例进行验证。该框架结构高度 100m，共 28 层。结构平面尺寸 24.0m×24.0m，柱距 8m，共 16 根框架柱，如图 5.2.9 所示。结构材料采用钢筋混凝土，结构构件截面尺寸如表 5.2.1 所示，楼板厚度取 120mm。设防烈度为 8（0.2*g*），抗震设防分组为第三组，场地类别为Ⅱ类，楼面恒载（包括楼板自重）取 5kN/m^2，楼面活载取 3kN/m^2。结构分析采用有限元分析软件 ETABS 进行。

表 5.2.1　模型的截面尺寸

方案	楼层	框架柱			框架梁	
		中柱（mm）	边柱（mm）	强度等级	截面（mm）	强度等级
框架结构	1 ~ 6	1100×1100	1000×1000	C60	400×900	C30
	7 ~ 12	1000×1000	900×900	C60		
	13 ~ 19	900×900	800×800	C50		
	20 ~ 28	800×800	700×700	C40		

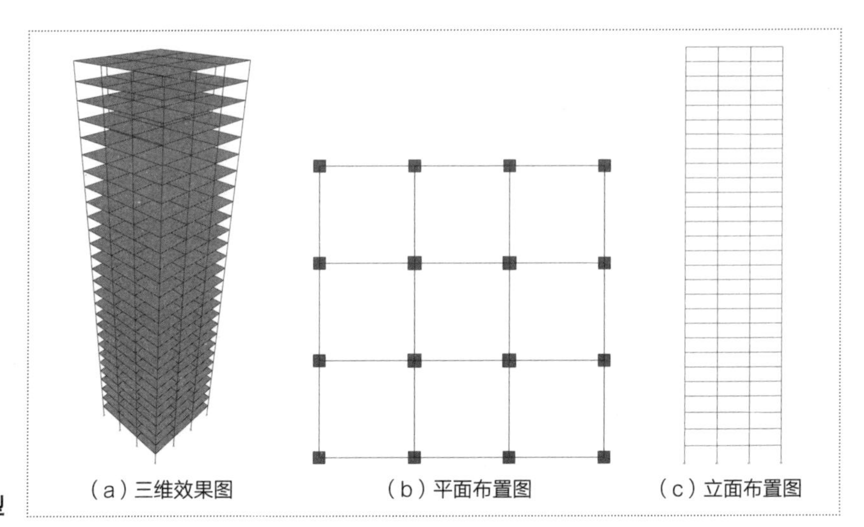

图 5.2.9　框架结构模型

采用黏滞阻尼墙进行减震，每层 X 向和 Y 向各布置两片阻尼墙，竖向连续布置，共计 112 片，具体布置如图 5.2.10 所示，阻尼墙参数取 C=1000kN·（s/m）$^{0.45}$，α=0.45。

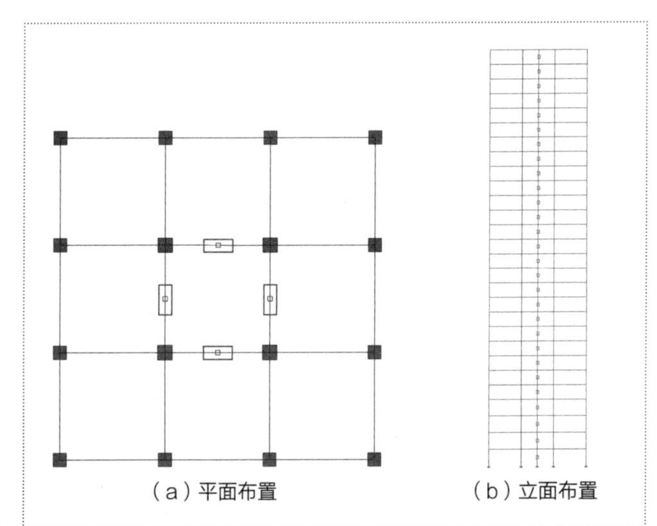

图 5.2.10　黏滞阻尼墙布置示意

结构的前 18 阶周期如表 5.2.2 所示。

表 5.2.2　结构基本动力特性

阶数	周期（s）	阶数	周期（s）	阶数	周期（s）
1	3.65	7	0.70	13	0.36
2	3.65	8	0.70	14	0.36
3	2.99	9	0.61	15	0.32
4	1.24	10	0.48	16	0.28
5	1.24	11	0.48	17	0.28
6	1.04	12	0.42	18	0.25

（2）时程波选取

地震时程波选取 5 条天然波和 2 条人工波，地震波信息见表 5.2.3。按照 8 度抗震设防将加速度峰值调整到 70gal，地震波时程曲线见图 5.2.11，所选时程波经验算均满足本书第 3 章 3.3 节中国规范提出的时程波选取要求，具体验算过程在此不再赘述。

表 5.2.3　地震时程波信息

地震信息		记录点数	时间间隔（s）	记录持时（s）
S0170	天然波	4106	0.02	82.12
S0203	天然波	1846	0.02	36.92
S0265	天然波	2959	0.02	59.18
S0523	天然波	2262	0.02	45.24
S0722	天然波	2098	0.02	41.96
RG1	人工波	3501	0.02	35.01
RG2	人工波	3501	0.02	35.01

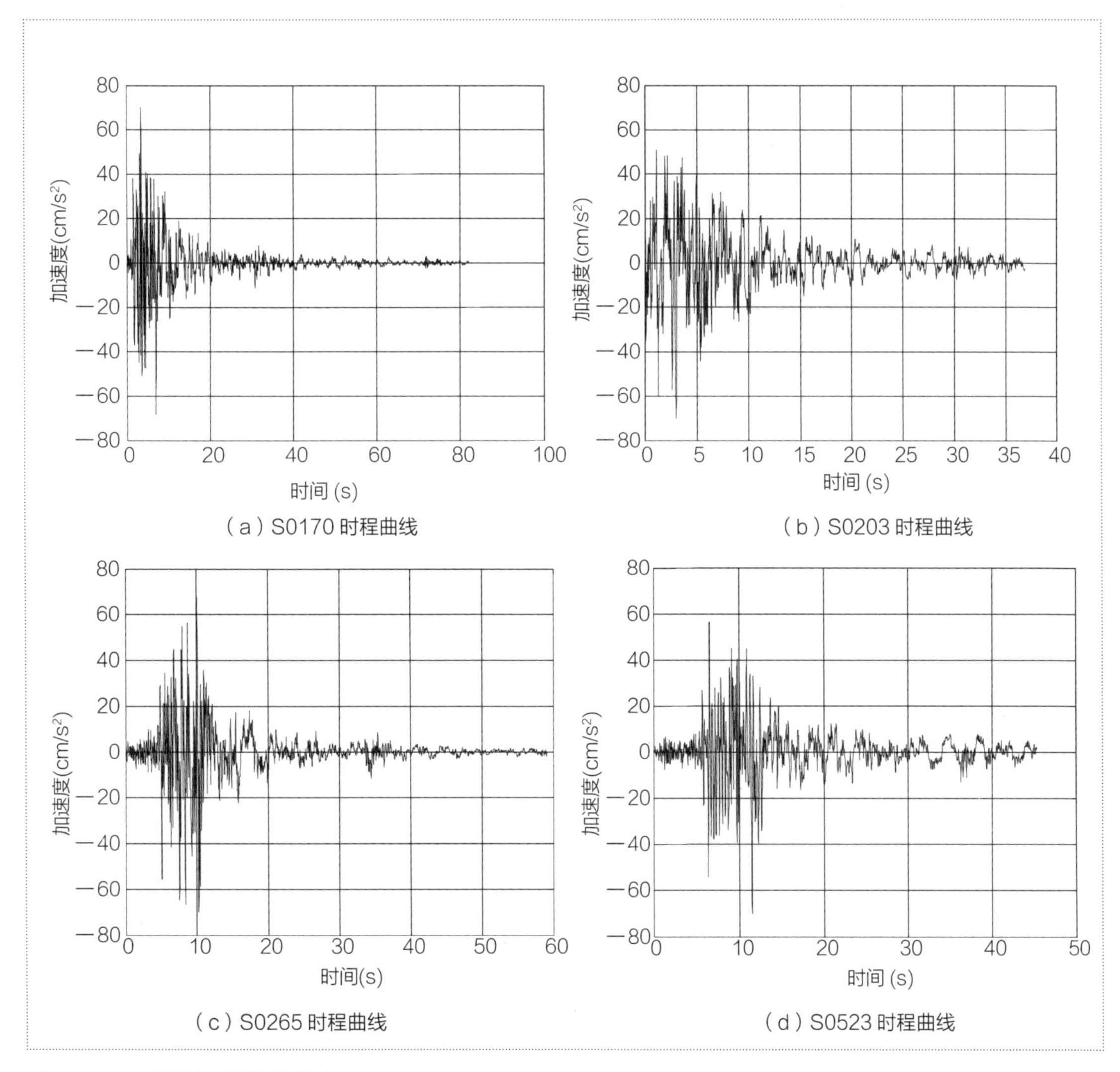

（a）S0170 时程曲线

（b）S0203 时程曲线

（c）S0265 时程曲线

（d）S0523 时程曲线

图 5.2.11　地震波时程曲线（一）

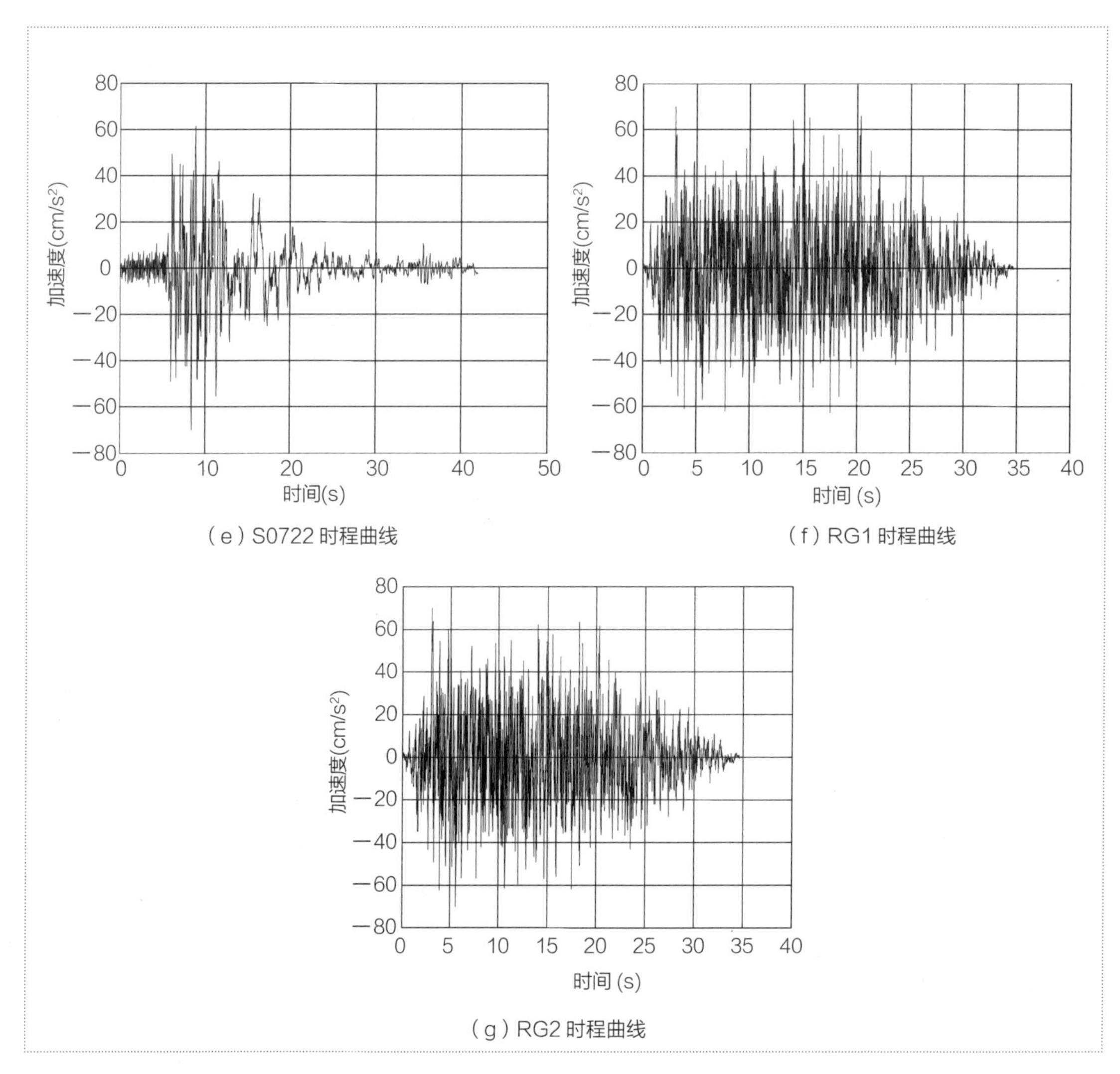

图 5.2.11 地震波时程曲线(二)

由于结构平面对称,选取结构 *X* 向进行弹性动力时程分析,采用能量曲线对比法计算得结构 *X* 向的附加阻尼比为 5.8%,计算过程见表 5.2.4。

表 5.2.4 *X* 向附加阻尼比计算

时程波	W_1 模态耗能(kN · m)	W_c 阻尼器耗能(kN · m)	附加阻尼比
S0170	266	314	5.9%
S0203	222	249	5.6%
S0265	269	322	6.0%
S0523	188	228	6.1%
S0722	221	244	5.5%
RG1	259	307	5.9%
RG2	267	314	5.9%
平均值			5.8%

（3）减震机理验证

对比表 5.2.5 所列三种方案。

表 5.2.5 对比方案

对比方案	模型说明	备注
方案一	无阻尼墙结构	无
方案二	无阻尼墙结构 + 黏滞阻尼墙	附加阻尼作用 + 等效动刚度作用
方案三	无阻尼墙结构 + 附加阻尼比 5.8%	附加阻尼作用

注：无阻尼墙结构是指不设黏滞阻尼墙、只考虑 5% 固有阻尼比的框架结构。

在所选 7 组地震波作用下进行弹性动力时程分析，得到结构的层间位移角和层剪力分布如图 5.2.12、图 5.2.13 和表 5.2.6 所示。

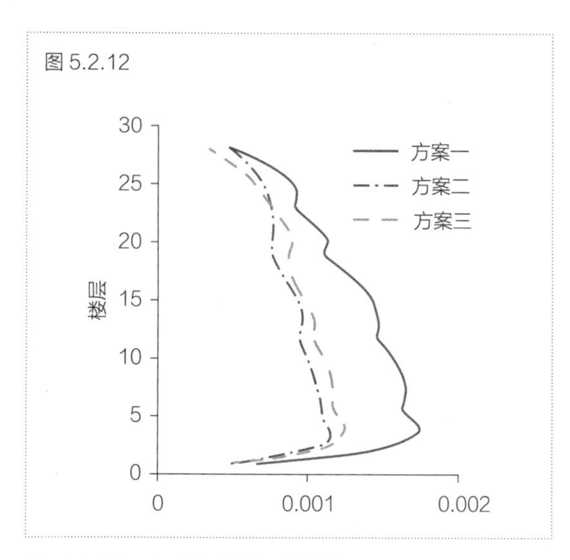

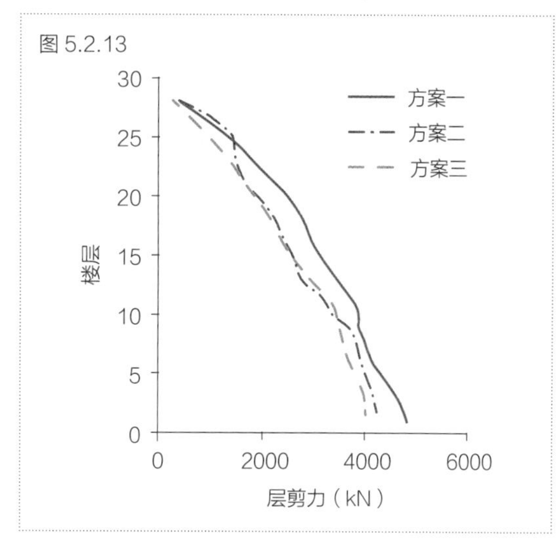

图 5.2.12 层间位移角对比图
图 5.2.13 层剪力对比图

表 5.2.6 各方案基底剪力和最大层间位移角对比

方案	方案一	方案二	方案三
最大层间位移角	1/575（100%）	1/863（67%）	1/805（71%）
基底剪力 /kN	4814（100%）	4250（88%）	4037（84%）

注：括号内百分比为其他方案与方案一对应项比值。

从图 5.2.12 可以看出：相比于方案一，由于附加阻尼比的作用，方案二和方案三的层间位移角均有减小；对比方案二和方案三，方案二由于黏滞阻尼墙的等效动刚度作用，层间位移角较方案三又有所减小。

从图 5.2.13 可以看出：相比于方案一，由于附加阻尼比的作用，方案二和方案三的层剪力均有所减小；对比方案二和方案三，方案二由于黏滞阻尼墙的动刚度作用，结构整体刚度有所增大，层剪力较方案三有所增加。

以上分析结果验证了黏滞阻尼墙对主体结构的作用主要表现在附加阻尼和等效动刚度两个方面。

5.3 黏滞阻尼墙参数研究

黏滞阻尼墙本身的耗能性能对结构的整体响应起到直接的影响，其由阻尼指数和阻尼系数两个参数决定。本节将研究阻尼指数和阻尼系数对黏滞阻尼墙减震效果的影响。

5.3.1 阻尼指数

采用 5.2.3 节的算例结构和相同的黏滞阻尼墙布置，黏滞阻尼墙阻尼系数保持不变，改变阻尼指数，如表 5.3.1 所示。对算例结构进行弹性动力时程分析，得到不同阻尼指数下的结构附加阻尼比和结构响应如表 5.3.2、图 5.3.1 和图 5.3.2 所示。

表 5.3.1 黏滞阻尼墙参数

阻尼系数 [kN/(m/s)$^{\alpha}$]	阻尼指数						
1000	0.1	0.2	0.3	0.4	0.5	0.7	0.9

表 5.3.2 不同阻尼指数下结构附加阻尼比和结构响应

对比项	无控结构	阻尼指数						
		0.1	0.2	0.3	0.4	0.5	0.7	0.9
附加阻尼比（%）	—	0.09	1.36	3.36	4.02	3.32	1.62	0.70
最大层间位移角	1/564	1/653	1/675	1/689	1/680	1/654	1/618	1/597
减幅（%）	—	13.7	16.5	18.2	17.1	13.9	8.9	5.5
基底剪力（kN）	5988	6523	5648	5196	4960	4961	4990	5118
减幅（%）	—	-8.9	5.7	13.2	17.2	17.1	16.7	14.5

注：无控表示不加设黏滞阻尼墙的模型。

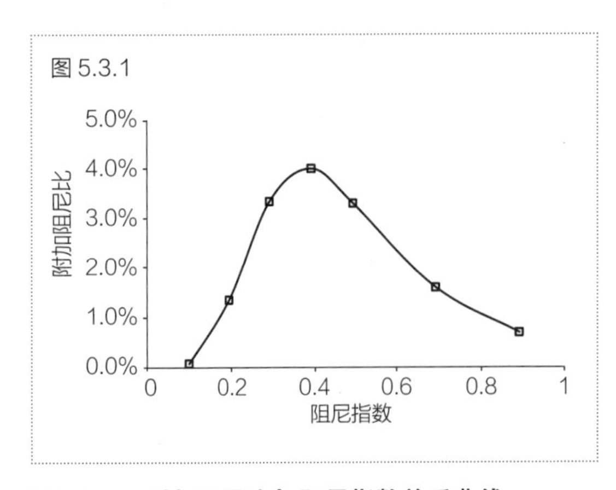

图 5.3.2
20.0%
15.0%
10.0%
5.0%
0.0%
-5.0%
-10.0%
减幅
0
0.2
0.4
0.6
0.8
1
基底剪力减幅
最大层间位移角减幅
阻尼指数

图 5.3.1 附加阻尼比与阻尼指数关系曲线

图 5.3.2 基底剪力和最大层间位移角减幅与阻尼指数关系曲线

从图表中可以看出，随着阻尼指数的增大，无论是附加阻尼比还是基底剪力减幅、最大层间位移角减幅，均呈现先增大后减小的趋势。观察阻尼墙在不同阻尼指数下的滞回曲线图（图5.3.3），可以看到：

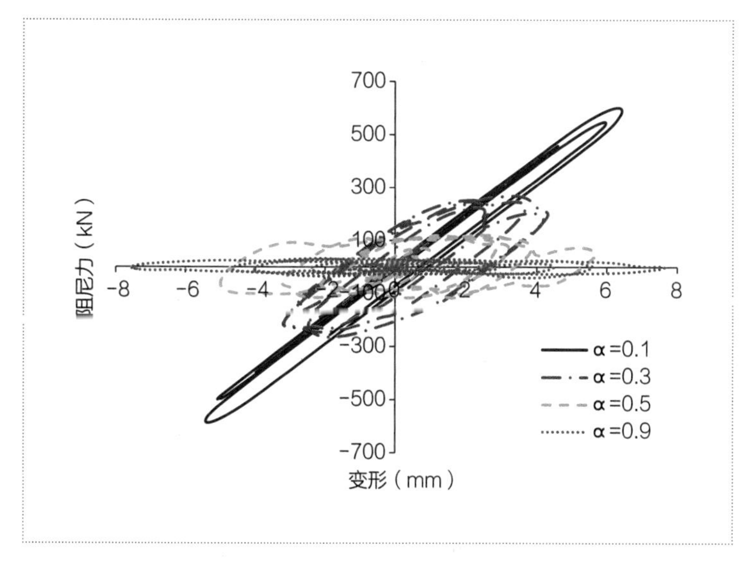

图5.3.3　不同阻尼指数下阻尼墙滞回曲线图

（1）当阻尼指数较小时，阻尼力很大，但滞回曲线的围合面积却很小，此时阻尼墙的作用更接近于弹性杆，阻尼墙发挥的主要是等效动刚度作用，因此结构附加阻尼比很小，层间位移角减幅较大，而基底剪力较之无阻尼墙结构增大；

（2）当阻尼指数较大时，阻尼墙变形较大，但阻尼力较小。相对而言，阻尼墙发挥的主要是附加阻尼作用，但阻尼墙滞回曲线的围合面积也较小，因此结构附加阻尼比较小，相应的基底剪力减幅和层间位移角减幅较小；

（3）当阻尼指数中等时，阻尼墙的阻尼力和变形均较大，其滞回曲线的围合面积也较大，此时阻尼墙的附加阻尼作用和等效动刚度作用都比较明显，结构附加阻尼比较大，基底剪力减幅和层间位移角减幅也均较大。

通过以上分析可知，从结构的减震效果考虑，阻尼指数存在较优的取值范围。综合考虑减震效率与阻尼墙产品的制作难度，当阻尼指数取0.3～0.5时，可以较好地发挥阻尼墙的耗能作用，并取得较优的减震效果。

5.3.2　阻尼系数

采用5.2.3节的算例结构和相同的黏滞阻尼墙布置，阻尼墙阻尼指数保持不变，改变阻尼系数，如表5.3.3所示。对算例结构进行弹性动力时程分析，得到不同阻尼系数下的结构附加阻尼比和结构响应如表5.3.4、图5.3.4和图5.3.5所示。

表5.3.3　黏滞阻尼墙参数

阻尼指数	阻尼系数 [kN/（m/s）$^{\alpha}$]						
0.45	500	750	1000	1250	1500	1750	2000

表 5.3.4　不同阻尼系数下结构附加阻尼比和结构响应

对比项	无控结构	阻尼系数						
		500	750	1000	1250	1500	1750	2000
附加阻尼比（%）	—	2.4	3.3	4.1	4.7	5.2	5.6	5.9
最大层间位移角	1/564	1/655	1/687	1/714	1/742	1/760	1/778	1/793
减幅（%）	—	13.9	17.9	21.0	24.0	25.8	27.5	28.8
基底剪力（kN）	5988	5252	5056	4992	4922	4898	4880	4862
减幅（%）	—	12.3	15.6	16.6	17.8	18.2	18.5	18.8

注：无控表示不设置黏滞阻尼墙的模型。

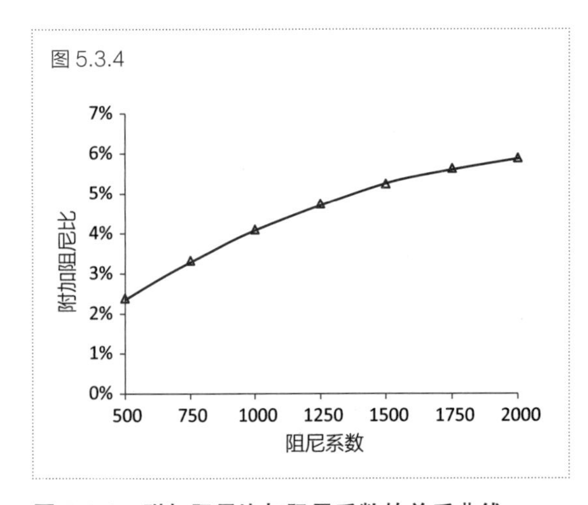

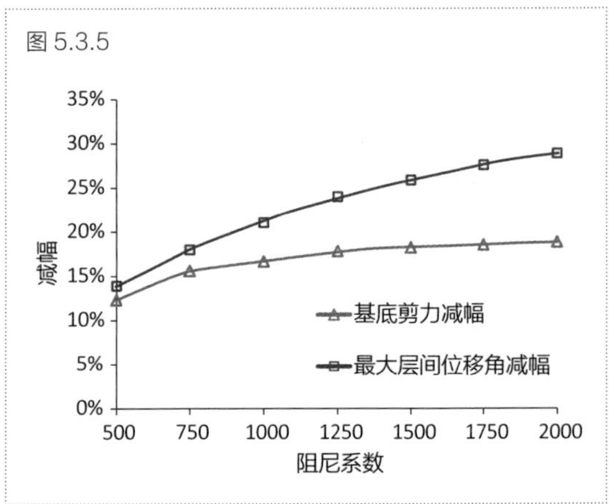

图 5.3.4　附加阻尼比与阻尼系数的关系曲线
图 5.3.5　基底剪力和最大层间位移角减幅与阻尼系数的关系曲线

从图中可以看出，无论是附加阻尼比还是基底剪力减幅、最大层间位移角减幅，均随着阻尼系数的增大而单调增大。因此可以得出结论：阻尼系数越大，结构的减震效果越好。但是，如表 5.3.5 所示，随着阻尼系数的增大，最大阻尼力增大，对阻尼墙和连接构造的要求也逐渐提高。因此，实际设计时应综合考虑减震需求和设计难度，合理选取较优的阻尼系数。

表 5.3.5　不同阻尼系数下最大阻尼力对比

阻尼系数 [kN/（m/s）$^{0.45}$]	500	750	1000	1250	1500	1750	2000
阻尼力（kN）	181	267	348	423	498	562	643

5.4　黏滞阻尼墙布置研究

当黏滞阻尼墙的布置位置和布置形式不同时，阻尼墙内外钢板的相对变形和相对速度不同，则阻尼墙的耗能不同，结构的减震效果也就不同。本节将对黏滞阻尼墙在不同平面布置和竖向布置下的减震效果进行对比研究。

5.4.1　平面布置

黏滞阻尼墙的平面布置包括相同跨间布置和不同跨间布置，下面将分别展开研究。

1. 相同跨间布置

由阻尼墙的变形组成可知，除层间剪切变形外，梁柱节点转角引起的变形、端柱轴向变形引起的变形以及阻尼力反作用引起的变形这三部分变形的大小均与阻尼墙在跨间的布置位置密切相关。下文将对阻尼墙在相同跨间不同位置的减震效果进行研究。

（1）变形分析

以 5.2.2 节的框架结构为例，对阻尼墙各部分变形进行细化分析。如图 5.4.1 所示，从整体结构中取出单独的一层构件（考虑梁柱节点刚域），研究阻尼墙各部分变形随着阻尼墙在跨间不同布置位置的变化规律。

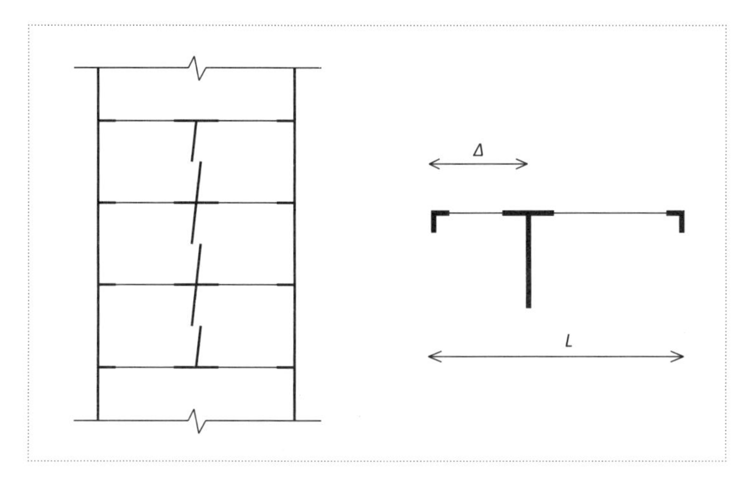

图 5.4.1　计算简图示意

①梁柱节点转角引起的变形

令梁柱节点发生相同的转角值，改变阻尼墙在跨间的布置位置（即改变 Δ/L），得到阻尼墙变形值沿跨间的变化规律，如图 5.4.2 所示。可以看出，随着阻尼墙从跨边向跨中移动，梁柱节点转角引起的变形从不利变形逐渐转变为有利变形，并在跨中位置有利变形达到最大。仅从增大梁柱节点转角引起的有利变形角度考虑，阻尼墙宜布置在跨中。

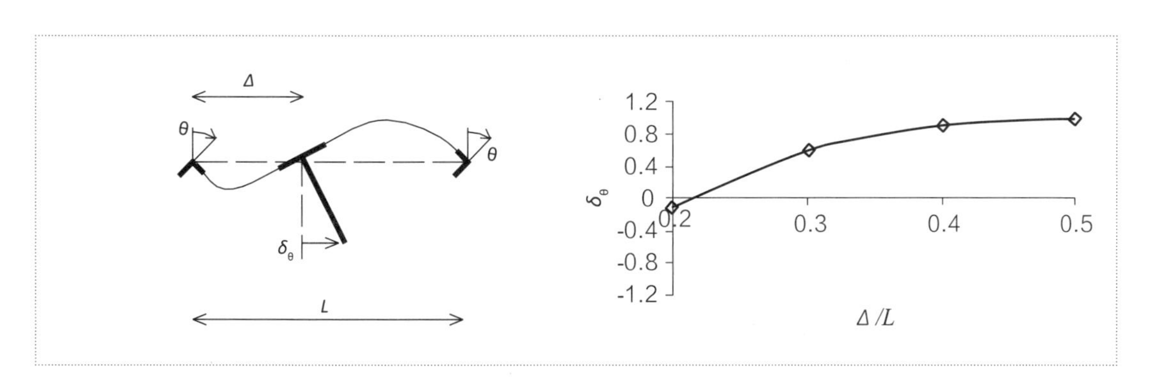

图 5.4.2　梁柱节点转角引起的变形沿跨间分布规律

（注：图中纵坐标所显示数值为以最大变形值归一化后的数据）

②端柱轴向变形引起的变形

令端柱发生相同的轴向变形值，改变阻尼墙在跨间的布置位置，得到阻尼墙变形值沿跨间的变化规律，如图 5.4.3 所示。可以看出，端柱轴向变形引起的变形始终是不利变形，随着阻尼墙从跨边向跨中移动，该不利变形逐渐增大，并在跨中位置达到最大。仅从减小端柱轴向变形引起的不利变形角度考虑，阻尼墙宜布置在跨边。

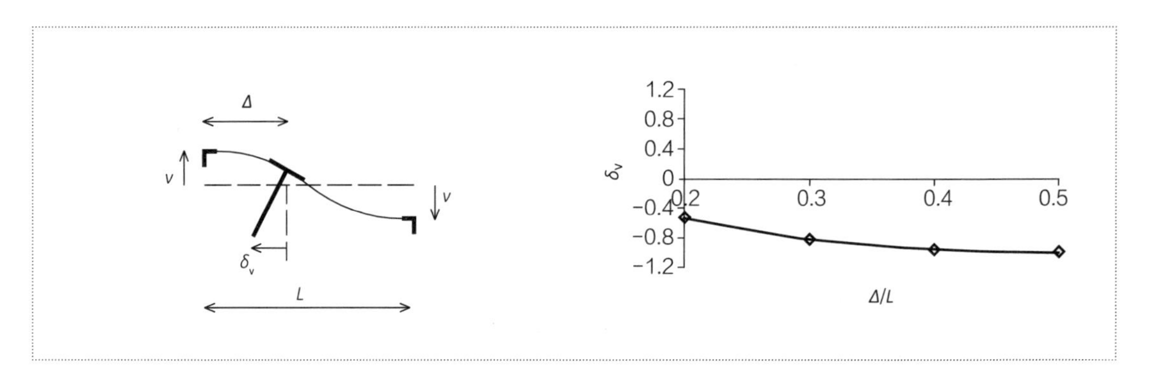

图 5.4.3　端柱轴向变形引起的变形沿跨间分布规律

（注：图中纵坐标所显示数值为以最大变形值归一化后的数据）

③阻尼力反作用引起的变形

对结构施加同样的阻尼力 F，改变阻尼墙在跨间的布置位置，得到阻尼墙变形值沿跨间的变化规律，如图 5.4.4 所示。可以看出，阻尼力反作用引起的变形始终是不利变形，随着阻尼墙从跨边向跨中移动，该不利变形逐渐增大，并在跨中位置达到最大。仅从减小阻尼力反作用引起的不利变形角度考虑，阻尼墙宜布置在跨边。

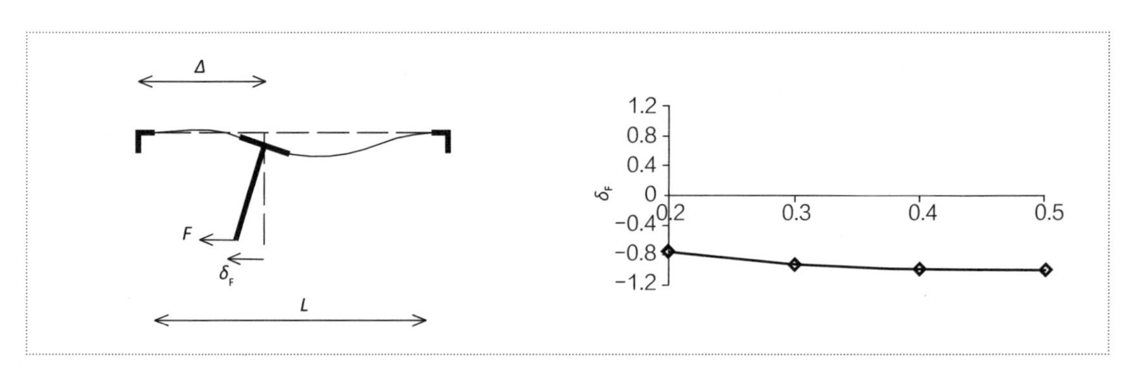

图 5.4.4　阻尼力反作用引起的变形沿跨间分布规律

（注：图中纵坐标所显示数值为以最大变形值归一化后的数据）

黏滞阻尼墙的总变形是各部分变形叠加的结果，为增大阻尼墙的总变形，应考虑各部分变形影响的综合效果。由上面的分析可知，从增大梁柱节点转角引起的有利变形角度考虑，阻尼墙宜跨中布置，但从减小端柱轴向变形和阻尼力反作用引起的不利变形角度考虑，阻尼墙宜跨边布置。考虑到以下两点：

①对于框架结构，在阻尼墙的总变形组成中，梁柱节点转角引起的变形所占比例大于端柱轴向变形和阻尼力反作用引起的变形（图 5.2.6）；

②随着在跨间布置位置的变化，梁柱节点转角引起的变形的变化幅度远大于端柱轴向变形和阻尼力反作用引起的变形的变化幅度。

以 5.2.2 节第三层阻尼墙的变形为例，将阻尼墙各部分变形量随跨间布置位置的变化曲线绘制如图 5.4.5 所示。可以看到，三部分变形总和在跨中最大。因此，综合考虑各部分变形的影响，阻尼墙跨中布置可获得最大的变形，耗能最佳，减震效果最好。

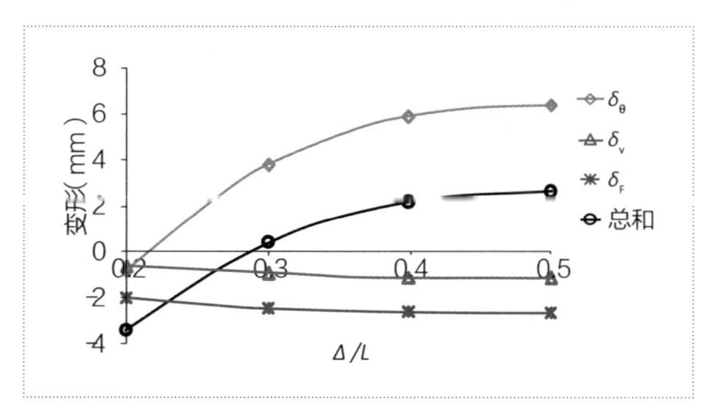

图 5.4.5　黏滞阻尼墙各部分变形值随跨间布置位置变化曲线

（2）算例验证

采用 5.2.3 节的算例结构进行验证，阻尼墙的布置位置和布置数量与 5.2.3 节相同，阻尼墙参数取 C=1000kN·(s/m)$^{0.45}$，α=0.45。

如图 5.4.6 所示，改变阻尼墙在跨间的布置位置（即改变 Δ/L），对算例结构进行弹性动力时程分析，得到不同方案下的结构附加阻尼比、最大层间位移角和基底剪力如表 5.4.1、图 5.4.7 和图 5.4.8 所示。

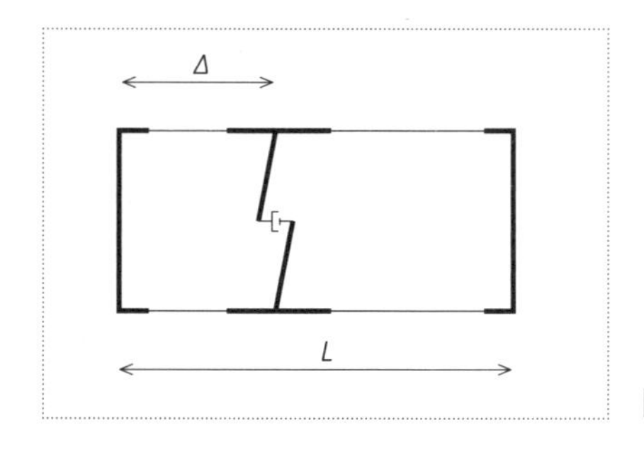

图 5.4.6　黏滞阻尼墙跨间布置位置示意图

表 5.4.1　不同跨间布置位置的结构附加阻尼比和结构响应

对比项	无阻尼墙结构	跨间位置 Δ/L						
		2/10	3/10	4/10	5/10	6/10	7/10	8/10
附加阻尼比	—	0.8%	2.6%	3.8%	4.1%	3.8%	2.6%	0.8%
最大层间位移角	1/564	1/590	1/687	1/709	1/714	1/709	1/687	1/590
减幅	—	4.4%	17.9%	20.5%	21.0%	20.5%	17.9%	4.4%
基底剪力（kN）	5988	5891	5367	5046	4992	5046	5367	5891
减幅	—	1.6%	10.4%	15.7%	16.6%	15.7%	10.4%	1.6%

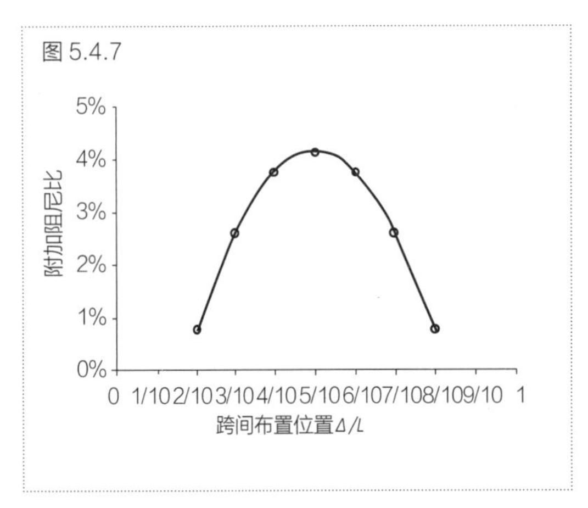

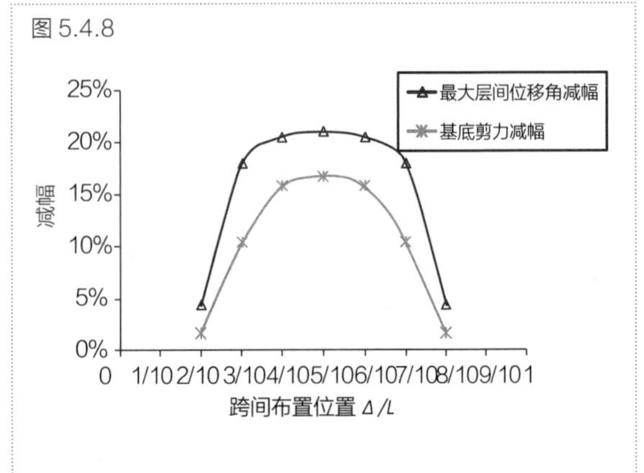

图 5.4.7　附加阻尼比与阻尼墙跨间布置位置关系曲线

图 5.4.8　黏滞阻尼墙减震效果与跨间布置位置的关系曲线

从图表可以看出，当阻尼墙的位置由跨边向跨中移动时，结构附加阻尼比、最大层间位移角和基底剪力减幅均呈增大趋势。因此，当阻尼墙采用跨中布置时，阻尼墙的减震效果最好，与变形分析结果一致。

2. 不同跨间布置

黏滞阻尼墙在不同跨间的布置有中跨布置和边跨布置两种方式，如图 5.4.9 所示。下面将对这两种布置方式的减震效果进行对比分析。

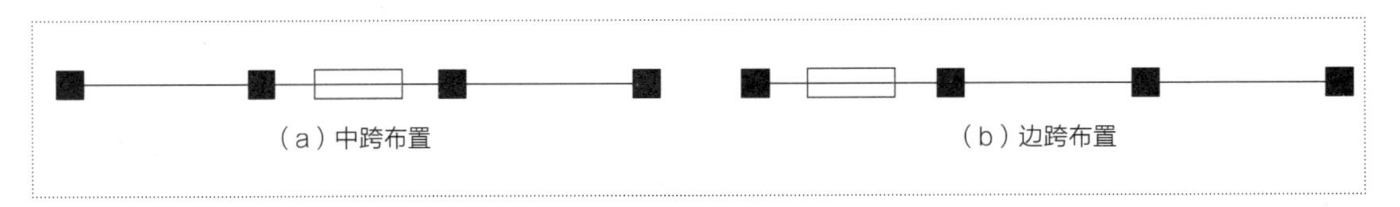

图 5.4.9　阻尼墙不同跨间布置示意（▭阻尼墙布置位置）

（1）变形分析

由阻尼墙的变形组成可知，阻尼墙的不同跨间布置位置会对梁柱节点转角引起的变形和端柱轴向变形引起的变形产生差异影响。以 5.2.3 节的框架结构为例，图 5.4.10 为不同布置方式下两端梁柱节点转角之和与两端柱轴向变形差沿楼层的分布。

从图 5.4.10 可以看出，对于不同布置方式，阻尼墙两端梁柱节点转角差别不大，但边跨布置方式两端柱轴向变形差远大于中跨布置方式。究其原因，水平侧向荷载作用下，框架柱产生轴力形成抵抗力矩，由于剪切滞后效应，与侧向荷载平行方向上内侧柱的轴向变形滞后于外侧柱，形成如图 5.4.11 所示的变形形状。考虑剪切滞后效应后，边跨两端端柱轴向变形差大于中跨。

由以上分析可见，边跨布置方式端柱轴向变形引起的阻尼墙变形大于中跨布置，考虑到端柱轴向变形引起的变形属于不利变形，因此可以得到以下结论：中跨布置阻尼墙减震效果较好，边跨布置方式阻尼墙减震效果较差。

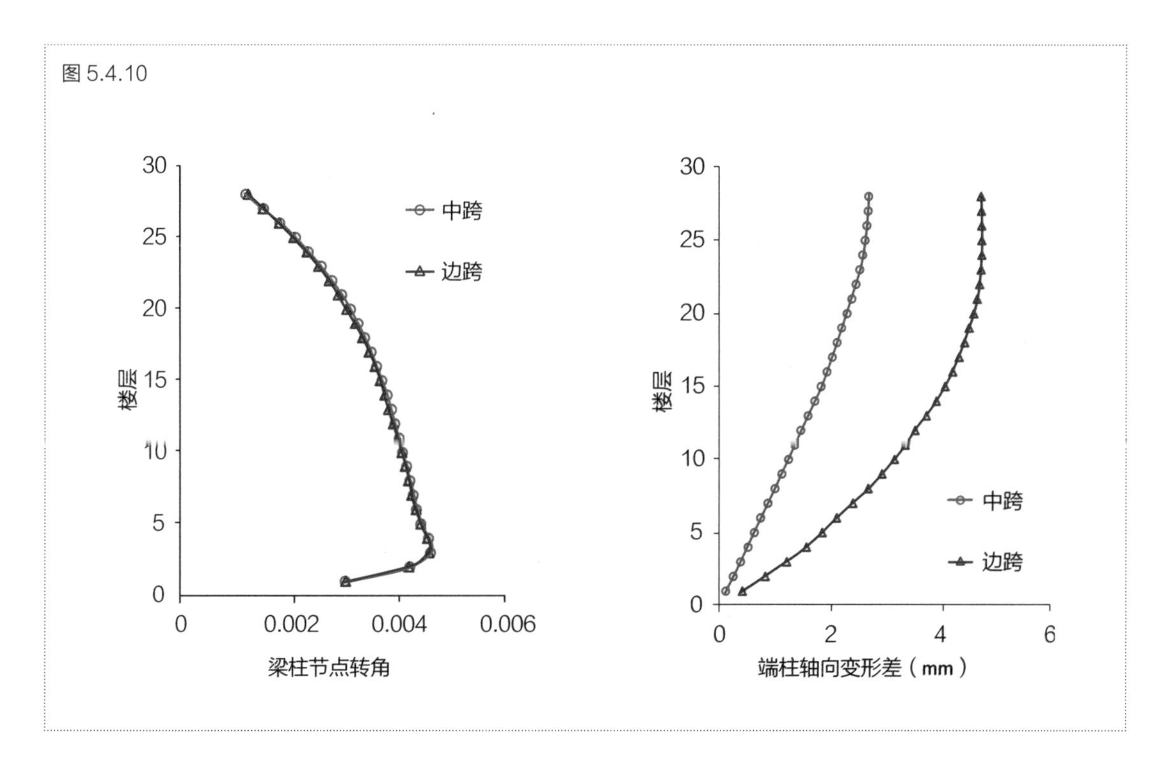

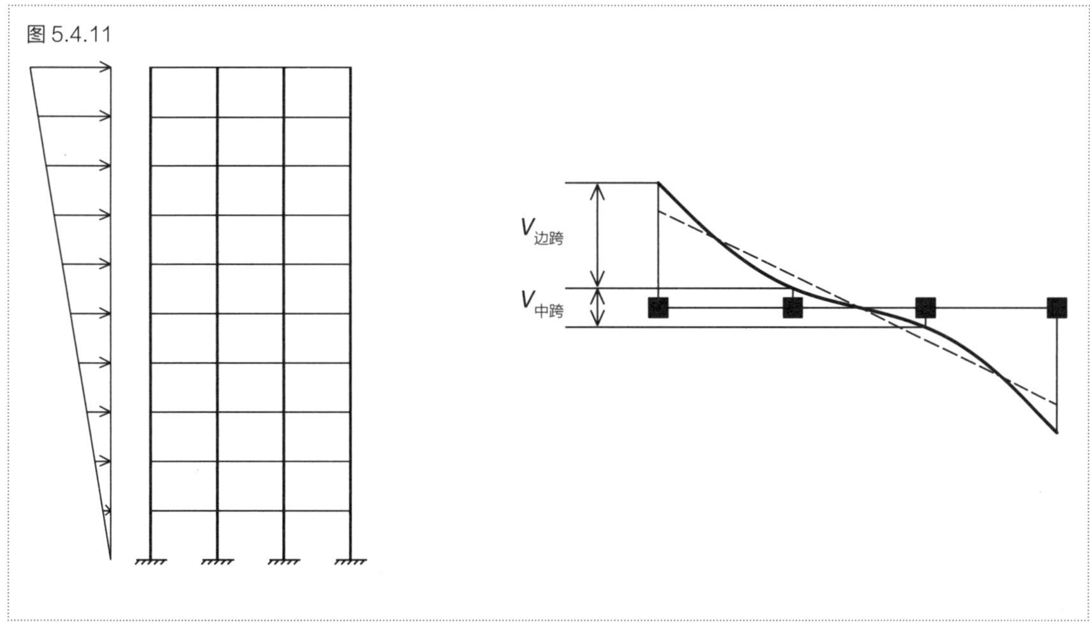

图 5.4.10　梁柱节点转角和端柱轴向变形差沿楼层的分布
图 5.4.11　剪切滞后效应示意

（2）算例验证

采用 5.2.3 节的框架结构进行验证，阻尼墙参数取 C=1000kN·（s/m）$^{0.45}$，α=0.45。对算例结构采用如图 5.4.12 所示的不同跨间布置方案进行弹性动力时程分析，对比不同方案的附加阻尼比和结构响应，如表 5.4.2 所示。

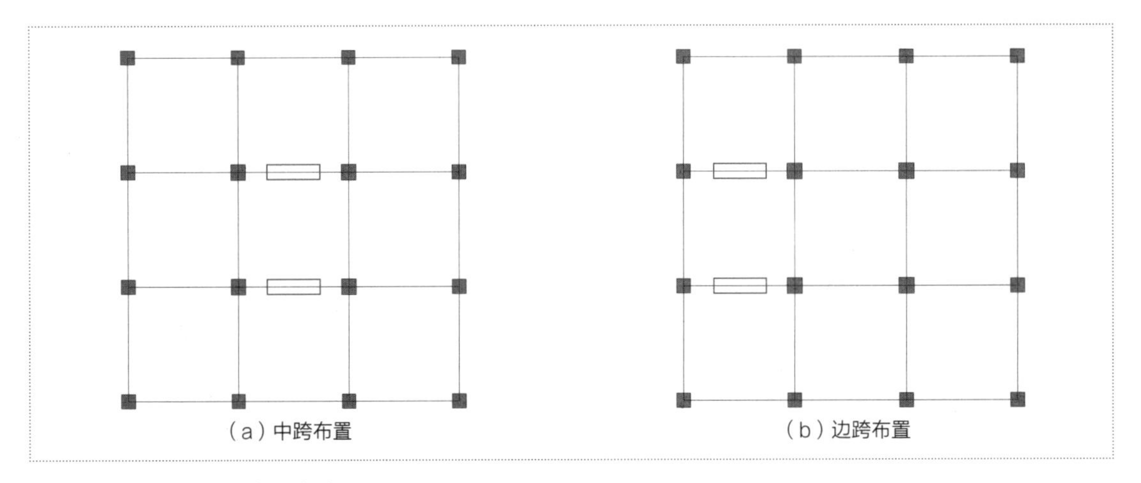

图 5.4.12　不同跨间布置方案

表 5.4.2　不同方案附加阻尼比和结构响应对比

方案	附加阻尼比		最大层间位移角		基底剪力	
	值（%）	百分比（%）	值	百分比（%）	值（kN）	百分比（%）
中跨布置	4.1	100	1/714	100.0	4992	100.0
边跨布置	3.3	80	1/690	103.6	5091	102.0

从表中可知，边跨布置方式附加阻尼比较中跨布置方式减小约 20%，最大层间位移角和基底剪力也均较大，减震效果较差。以上分析结果，与变形分析的结果一致。

3. 小结

通过以上分析研究可知：

（1）在相同跨间布置时，黏滞阻尼墙布置在跨中可获得最大变形，此时阻尼墙的减震效果最优。

（2）在不同跨间布置时，黏滞阻尼墙布置在中跨可获得最大变形，此时阻尼墙的减震效果最优。

因此，当各跨的几何尺寸与构件尺寸相同的情况下，建议黏滞阻尼墙采用中跨、跨中布置的布置方式。

5.4.2　竖向布置

黏滞阻尼墙的竖向布置主要包括连续式与棋盘式布置以及阻尼墙在不同楼层的布置，下面将分别展开讨论分析。

1. 连续式与棋盘布置

黏滞阻尼墙的立面布置方式可以有以下三种形式：同跨连续式布置、同跨棋盘式布置以及跨间棋盘式布置，如图 5.4.13 所示。同跨连续式布置在结构的同一跨间同一位置从上到下布置阻尼墙，同跨棋盘式布置在结构的同一跨间从上到下交错式布置阻尼墙，而跨间棋盘式布置在结构的相邻跨间从上到下交错式布置阻尼墙。

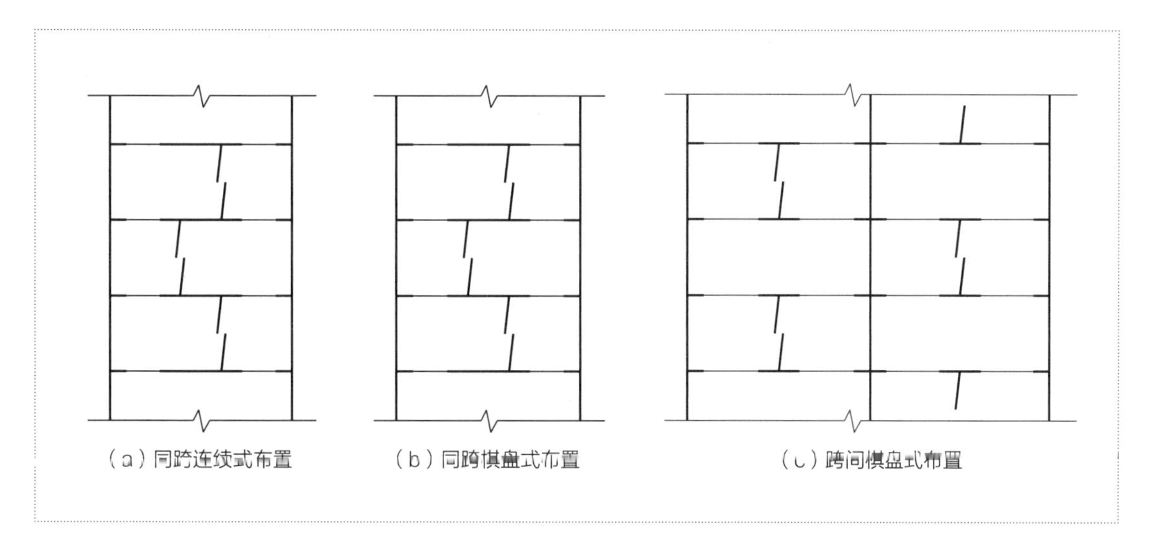

图 5.4.13　黏滞阻尼墙立面布置方式

（1）变形分析

由阻尼墙的变形组成可知，黏滞阻尼墙不同的布置方式会对以下三部分变形产生差异影响：端柱转角引起的变形，端柱轴向变形引起的变形，以及阻尼力 F 反作用引起的变形。以 5.2.2 节的框架结构为例，从整体结构中取出一层构件，对这三部分变形分别讨论。

①梁柱节点转角引起的变形

如图 5.4.14 所示，令梁柱节点发生相同的转角 0.001rad，不同布置方式下阻尼墙产生的变形见表 5.4.3。可以看到，由于跨间梁刚度不同，三种布置方式相应阻尼墙的变形不同。同跨连续式布置和跨间棋盘式布置方式由于跨间梁刚度较小，阻尼墙产生的变形较大；同跨棋盘式布置由于上下层阻尼墙连接梁段不重合，跨间连接梁段长度较长，因此跨间梁刚度较大，阻尼墙产生的变形较小。

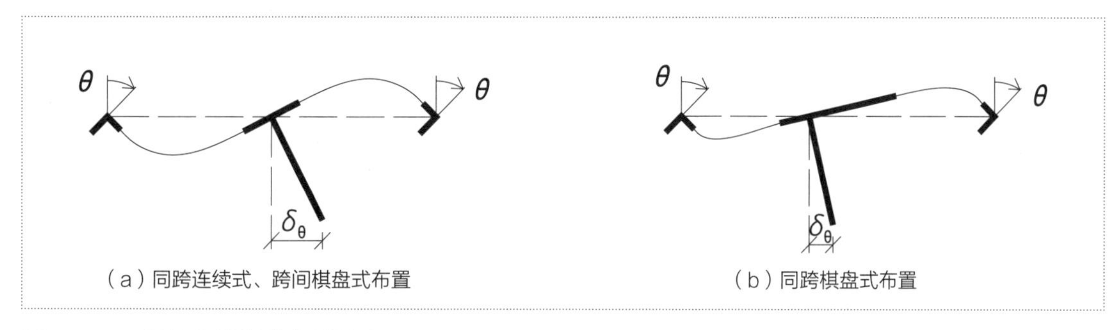

图 5.4.14　柱转角引起的变形示意

表 5.4.3　梁柱节点转角引起的阻尼墙变形对比

布置方式	同跨连续	同跨棋盘	跨间棋盘
阻尼墙变形（mm）	0.36（100%）	0.24（67%）	0.36（100%）

注：括号中数字为该布置方式下阻尼墙变形与三种布置方式中阻尼墙最大变形的比值。

②端柱轴向变形引起的变形

如图 5.4.15 所示，由令端柱发生相同的轴向变形 ±1mm，不同布置方式下阻尼墙产生的变形见表 5.4.4。可以看到，由于跨间梁刚度的不同，当端柱发生相同的轴向变形时，三种布置方式相应的阻尼墙发生的变形不同。同跨连续式布置和跨间棋盘式布置方式由于跨间梁刚度较小，阻尼墙产生的变形较大；同跨棋盘式布置由于跨间梁刚度较大，阻尼墙产生的变形较小。

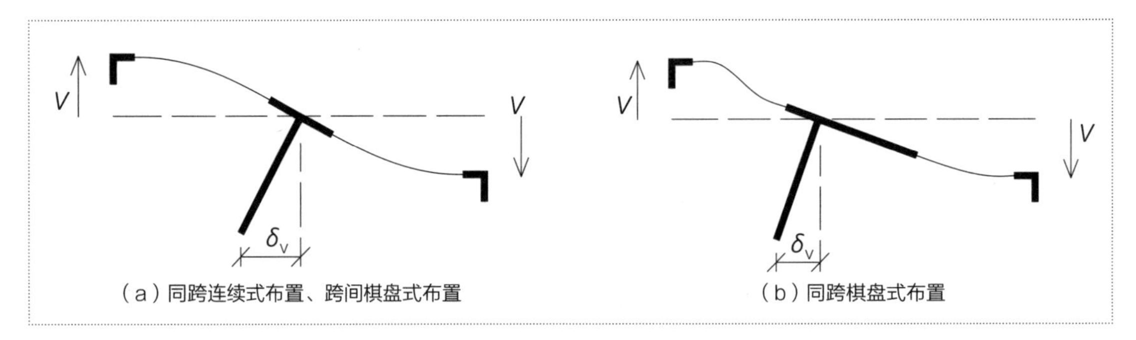

图 5.4.15　端柱轴向变形引起的变形示意

表 5.4.4　端柱轴向变形引起的阻尼墙变形对比

布置方式	同跨连续	同跨棋盘	跨间棋盘
阻尼墙变形（mm）	-0.32（100%）	-0.29（90%）	-0.32（100%）

注：负值表示不利变形，括号中数字为该布置方式下阻尼墙变形与三种布置方式中阻尼墙最大变形的比值。

③阻尼力反作用引起的变形

如图 5.4.16 和图 5.4.17 所示，对结构施加同样的阻尼力 F=100kN，不同布置方式下阻尼墙产生的变形见表 5.4.5。可以看到，由于跨间梁刚度以及阻尼力作用位置的不同，当以相同大小的阻尼力作用到结构上时，三种布置方式相应的阻尼墙发生的变形不同。同跨连续式布置由于跨间梁刚度较小，且阻尼力产生的集中弯矩作用在同一跨中同一个位置，阻尼墙产生的变形最大；跨间棋盘式布置将上下阻尼墙的反力分散到两个跨间，阻尼墙产生的变形较小；同跨棋盘式布置由于跨间梁刚度增大，且阻尼力产生的集中弯矩作用点错开，阻尼墙产生的变形最小。

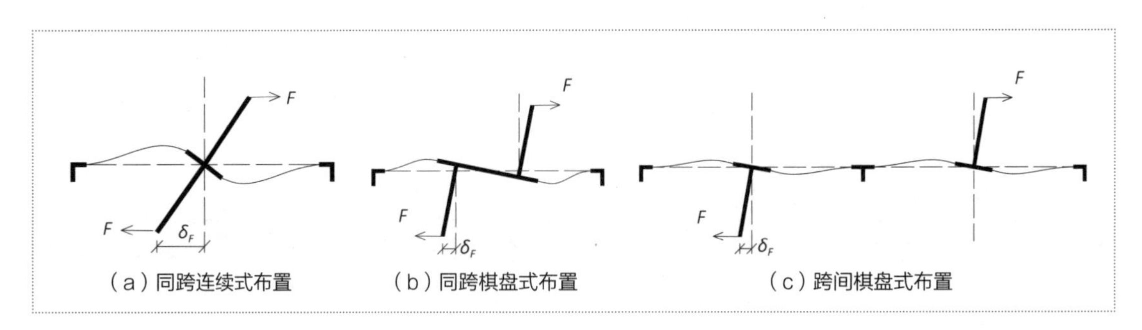

图 5.4.16　阻尼力反作用引起的变形示意

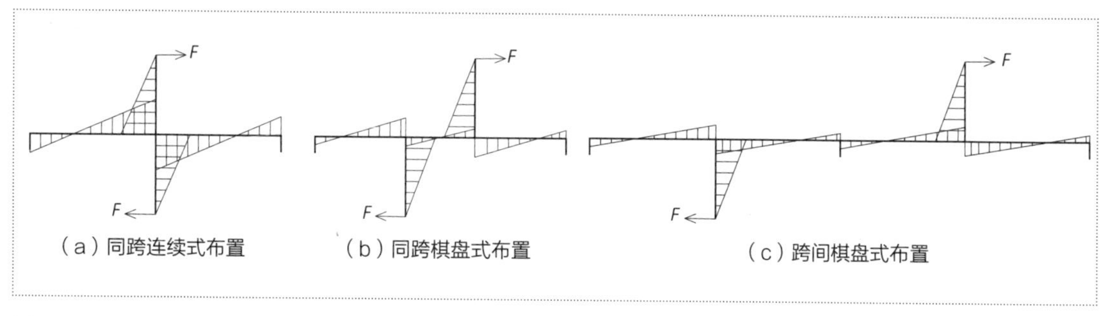

图 5.4.17　阻尼力反作用产生的弯矩分布示意

表 5.4.5　阻尼力反作用引起的阻尼墙变形对比

布置方式	同跨连续式	同跨棋盘式	跨间棋盘式
阻尼墙变形（mm）	-0.50（100%）	-0.14（28%）	-0.25（50%）

注：负值表示不利变形，括号中数字为该布置方式下阻尼墙变形与三种布置方式中阻尼墙最大变形的比值。

从阻尼墙效率的发挥角度考虑，梁柱节点转角引起的变形属于有利变形，端柱轴向变形和阻尼力反作用引起的变形属于不利变形，可以预想，三种布置方式下阻尼墙减震效果的高低与各部分变形在总变形中的组成比例有关。通常情况下，阻尼墙这三部分变形中梁柱节点转角引起的变形所占的比例较大，而端柱轴向变形和阻尼力反作用引起的变形所占比例较小（图 5.2.6），同时考虑到端柱轴向变形引起的变形在不同布置方式下的差别并不是很大（表 5.4.4），因此可以作出以下推论：

①当阻尼力反作用产生的变形所占比重相对较大时，跨间棋盘式 > 同跨棋盘式 > 同跨连续式；

②当阻尼力反作用产生的变形所占比重相对较小时，跨间棋盘式 > 同跨连续式 > 同跨棋盘式。

（2）算例验证

采用 5.2.3 节的框架结构进行验证。算例中阻尼墙的布置方式分别采用同跨连续式布置、

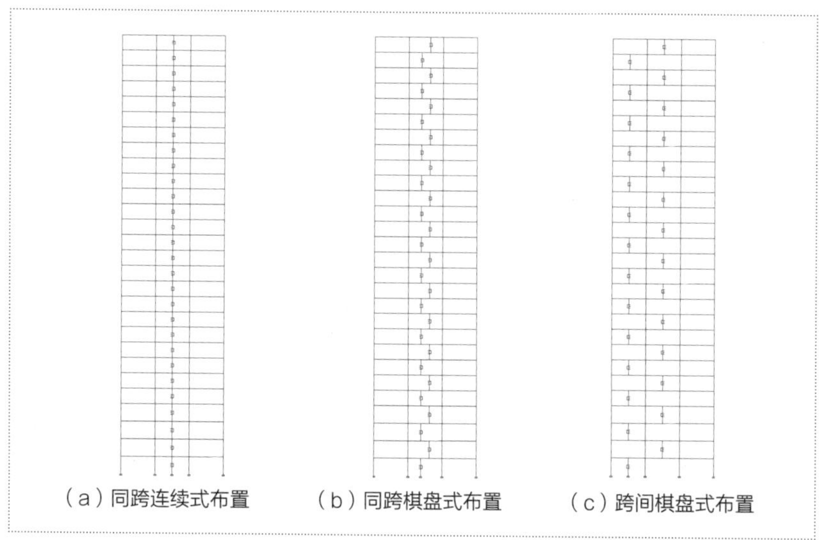

图 5.4.18　模型布置简图

同跨棋盘式布置和跨间棋盘式布置，如图 5.4.18 所示。通过改变阻尼墙的阻尼系数来调整阻尼力的大小，进而改变阻尼力反作用产生的变形所占的比重大小，为此，将三种布置方案分别在两组阻尼墙参数下进行对比，阻尼墙参数见表 5.4.6。

表 5.4.6　各对比方案组阻尼墙参数

方案	阻尼系数 [kN/（m/s）$^{0.45}$]	速度指数
方案组一	1000	0.45
方案组二	5000	0.45

对结构进行弹性动力时程分析，得到各方案组结构附加阻尼比、最大层间位移角和基底剪力如表 5.4.7 和表 5.4.8 所示。由表中可见，对于方案组一，阻尼墙阻尼系数较小，阻尼力出力较小，因此阻尼力反作用产生的变形占阻尼墙总变形的比重较小，同跨连续式布置的减震效果优于同跨棋盘式布置；对于方案组二，阻尼墙阻尼系数较大，阻尼力出力较大，因此阻尼力反作用产生的变形占阻尼墙总变形的比重较大，同跨棋盘式布置的减震效果优于同跨连续式布置；而无论方案组一还是方案组二，跨间棋盘式布置的减震效果均是三种布置方式中最优的，与变形分析的结果一致。事实上，由于本算例中跨间棋盘式布置方案有一半的阻尼墙平面布置位置为边跨布置，从 5.4.1 节的结论可知，边跨布置会减小阻尼墙的减震效果。因此，若除去边跨布置的不利影响，实际上跨间棋盘式布置方案的优势应该更加明显。

表 5.4.7　方案组一结构附加阻尼比和结构响应对比

方案	附加阻尼比		最大层间位移角		基底剪力	
	值（%）	百分比（%）	值	百分比（%）	值（kN）	百分比（%）
同跨连续式	4.1	91.1	1/714	102.2	4992	100.3
同跨棋盘式	2.9	64.4	1/701	104.1	5150	103.5
跨间棋盘式	4.5	100.0	1/729	100.0	4975	100.0

表 5.4.8　方案组二结构附加阻尼比和结构响应对比

方案	附加阻尼比		最大层间位移角		基底剪力	
	值（%）	百分比（%）	值	百分比（%）	值（kN）	百分比（%）
同跨连续式	7.1	70.4%	1/825	106.3%	4899	109.7%
同跨棋盘式	8.8	87.7%	1/844	103.8%	4576	102.5%
跨间棋盘式	10.1	100.0%	1/877	100.0%	4465	100.0%

2. 楼层布置

在结构竖向不同楼层位置处，阻尼墙获得的变形不同，进而导致其耗能大小不同，因此减震效果不同。下面将基于阻尼墙中跨、跨中连续式布置方式，对不同楼层处阻尼墙的减震效果进行研究。

（1）变形分析

由阻尼墙的变形组成可知，阻尼墙沿结构不同楼层的布置会对以下三部分变形产生差异影响：层间剪切变形、梁柱节点转角引起的变形和端柱轴向变形引起的变形。以 5.2.3 节的算例结构为例，根据反应谱下结构的层间剪切变形、梁柱节点转角值以及端柱轴向变形值计算得出各部分变形值，其沿楼层的分布规律如图 5.4.19 所示。

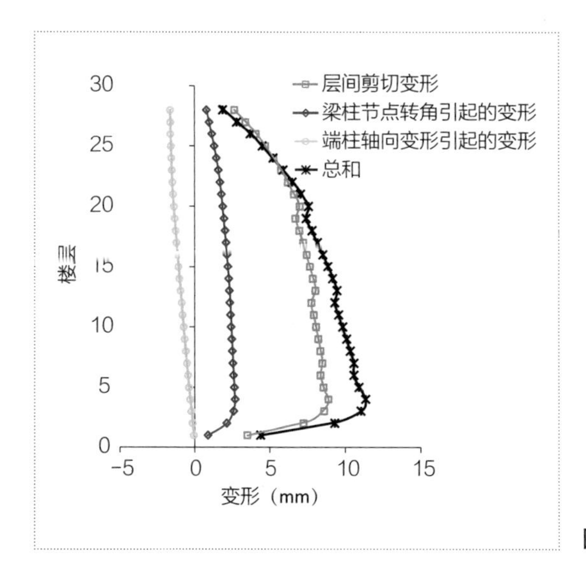

图 5.4.19　阻尼墙各部分变形沿楼层分布曲线

可以看出，除底下几层外，从下到上阻尼墙总变形大致呈递减趋势。因此，利用变形的分解与叠加，可确定阻尼墙变形最大的楼层位置，将阻尼墙布置在这些楼层，在相同数量阻尼墙数目的条件下可使减震效果达到最优。对于刚度和质量分布均匀的框架结构，最优楼层布置位置为结构的中下部。

（2）算例验证

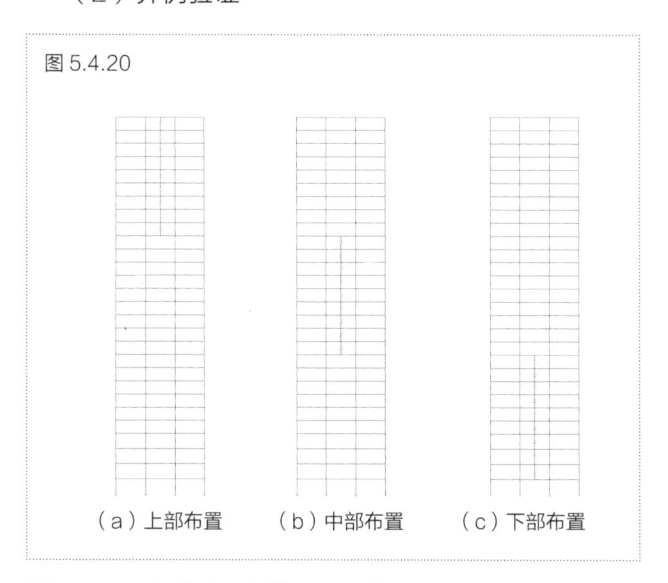

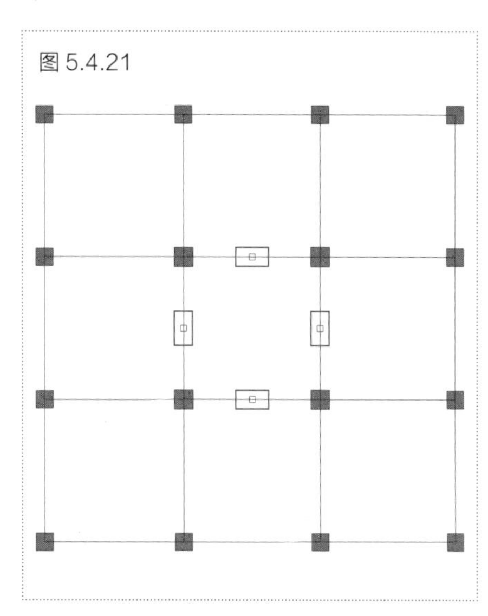

图 5.4.20　各方案阻尼墙立面布置图

图 5.4.21　阻尼墙平面布置图

采用 5.2.3 节的框架结构进行验证。阻尼墙平面布置方式采用中跨、跨中布置方式，将阻尼墙分别在上、中、下各 1/3 的楼层位置连续式布置，各方案结构平、立面布置图如图 5.4.20 和图 5.4.21 所示。阻尼墙参数取 C=1000kN·(s/m)$^{0.45}$，α=0.45。

方案 A：在 20 ~ 28 层布置 36 片黏滞阻尼墙（每层 4 片，X 和 Y 向各两片）；

方案 B：在 11 ~ 19 层布置 36 片黏滞阻尼墙（每层 4 片，X 和 Y 向各两片）；

方案 C：在 2 ~ 10 层布置 36 片黏滞阻尼墙（每层 4 片，X 和 Y 向各两片）。

对结构进行弹性动力时程分析，得到各方案结构附加阻尼比、最大层间位移角和基底剪力如表 5.4.9 所示。从表中数据可知，从下到上，结构的附加阻尼比依次减小，而最大层间位移角和基底剪力依次增大。因此，下部布置方式减震效果最佳，中部布置次之，上部布置最差。以上分析结果，与变形分析结果一致。

表 5.4.9　不同方案结构附加阻尼比和结构响应对比

方案	附加阻尼比		最大层间位移角		基底剪力	
	值（%）	百分比（%）	值	百分比（%）	值（kN）	百分比（%）
上部布置	0.6	26.5	1/581	111.1	5621	105.2
中部布置	1.4	64.1	1/609	106.0	5404	101.1
下部布置	2.2	100.0	1/646	100.0	5346	100.0

3. 小结

通过以上分析研究可知：

（1）黏滞阻尼墙在不同竖向布置方式下的减震效果大小与阻尼力反作用产生的变形所占比重有关：当阻尼力反作用产生的变形所占比重较大时，阻尼墙减震效率从高至低依次为：跨间棋盘式、同跨棋盘式、同跨连续式；当阻尼力反作用产生的变形所占比重较小时，阻尼墙减震效率从高至低依次为：跨间棋盘式、同跨连续式、同跨棋盘式。

（2）黏滞阻尼墙在结构不同楼层处的减震效果不同，对于刚度和质量分布均匀的框架结构，黏滞阻尼墙宜布置在结构的中下部。

5.5　黏滞阻尼墙连接梁段长度影响研究

如图 5.5.1 所示，在黏滞阻尼墙的实际构造中，连接梁段是一段抗弯刚度很大的梁段，其相对长度大小（d/L）会影响跨间梁的整体刚度，进而影响动力荷载作用下黏滞阻尼墙的变形，从而使黏滞阻尼墙发挥不同的耗能效果。本节将以 5.2.3 节的算例结构为例，对连接梁段相对长度大小的影响进行研究。

在 5.2.3 节的算例结构中，对连接梁段设置不同的长度值，分别为 d/L=0、1/4、1/3、1/2，如图 5.5.2 所示。阻尼墙参数取 α=0.45，C=1000kN·(s/m)$^{0.45}$。对结构进行弹性动力时程分析，可计算得到黏滞阻尼墙的变形值。以第 3 层黏滞阻尼墙的变形组成为例，对不同连接梁段长度下的阻尼墙变形进行分析，见图 5.5.3 和表 5.5.1。

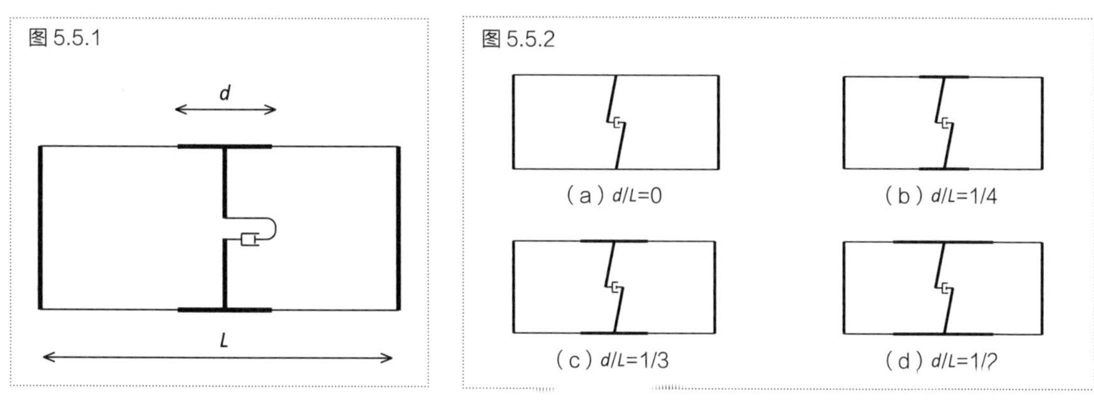

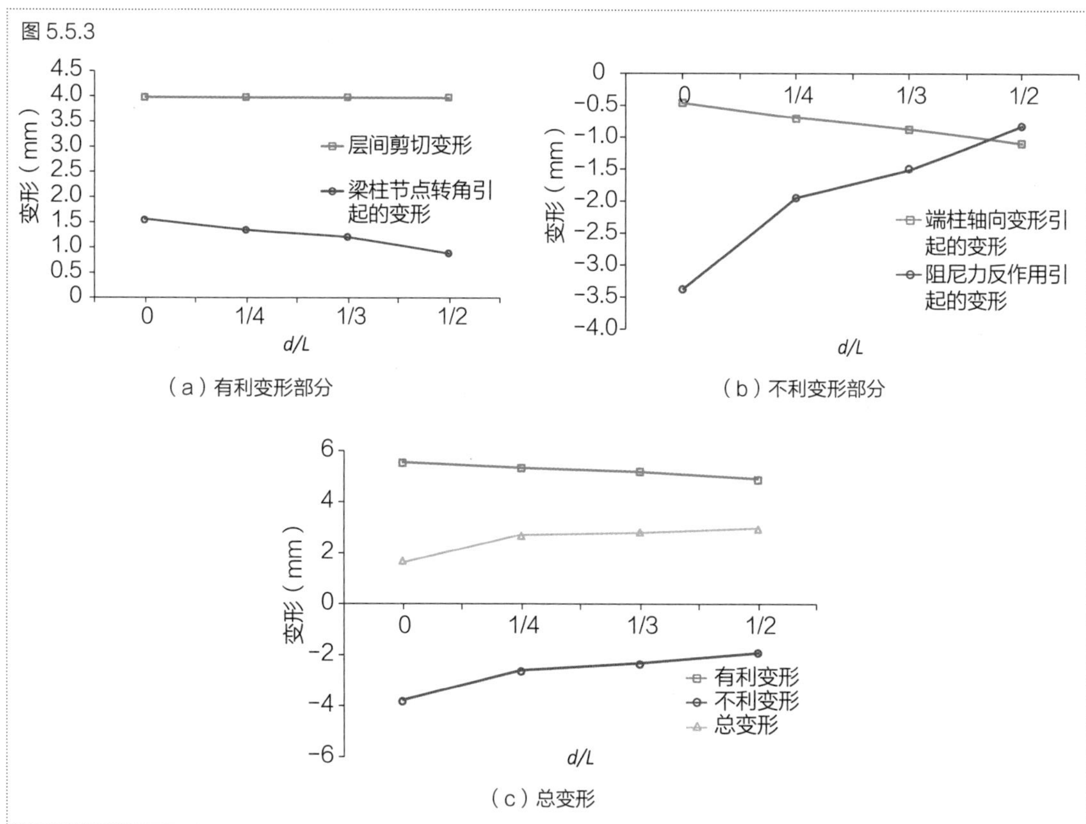

图 5.5.1　黏滞阻尼墙分析模型简化示意

图 5.5.2　连接梁段长度示意

图 5.5.3　第 3 层黏滞阻尼墙变形组成

表 5.5.1　第 3 层黏滞阻尼墙总变形值

d/L	0	1/4	1/3	1/2
总变形（mm）	1.67（100%）	2.66（157%）	2.82（166%）	2.94（173%）

注：括号内数字为与 *d/L*=0 时总变形值的比值。

从图表中可以看到，随着连接梁段长度的变化，层间剪切变形、梁柱节点转角引起的变形、端柱轴向变形引起的变形变化幅度均不大，但阻尼力反作用引起的变形变化幅度很大，d/L=0 时其变形值约为 d/L=1/2 时的 4 倍，从而导致随着连接梁段长度的增加，黏滞阻尼墙的总变形逐渐增大。

在不同连接梁段长度下，黏滞阻尼墙对结构提供的附加阻尼比和结构响应见图 5.5.4 和表 5.5.2。可以看到，与变形分析结果相同，随着连接梁段长度的增加，附加阻尼比逐渐增大，黏滞阻尼墙的耗能效果发挥越充分，结构减震效果越好。

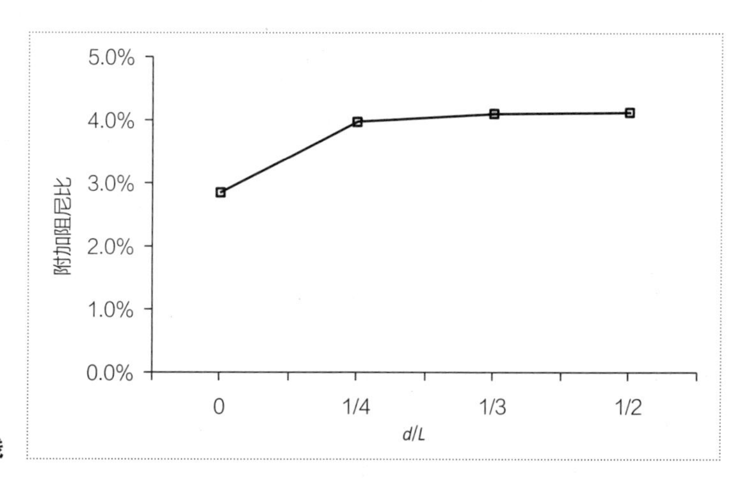

图 5.5.4　结构附加阻尼比变化曲线

表 5.5.2　结构附加阻尼比结构响应对比

对比项	无控结构	d/L			
		0	1/4	1/3	1/2
附加阻尼比（%）	—	2.85	3.97	4.10	4.12
最大层间位移角	1/564	1/680	1/708	1/714	1/715
减幅（%）	—	17.1	20.4	21.0	21.1
基底剪力（kN）	5988	5348	5065	4992	4945
减幅（%）	—	10.7	15.4	16.6	17.4

此外，从黏滞阻尼墙的总变形曲线和结构附加阻尼比的变化曲线可以看出，当 $d/L > 1/4$ 时，阻尼墙的变形和附加阻尼比的变化幅度很小。因此，连接梁段长度取为 1/4 梁跨度左右较为合适。

5.6　抗震设防烈度影响研究

与黏滞阻尼伸臂相同，在不同的抗震设防烈度下，黏滞阻尼墙的减震效果不同。本节将研究黏滞阻尼墙的减震效果随抗震设防烈度的变化规律。

采用 5.2.3 节的算例结构，阻尼墙采用中跨、跨中的布置方式从上到下连续式布置，阻尼墙的平面布置同 5.2.3 节。阻尼墙参数取 C=1000kN·(s/m)$^{0.45}$，α=0.45。按照抗震设防烈度 8 度（0.20g）、8 度（0.30g）和 9 度（0.40g），将地震加速度峰值分别调整为 70gal、110gal 和 140gal，编号为 K1、K2 和 K3 模型。

对三个模型分别进行无阻尼墙结构与有阻尼墙结构的弹性动力时程分析，得到结构在不同抗震设防烈度下的附加阻尼比、最大层间位移角和基底剪力，见表 5.6.1。从表中的数据可以看出，附加阻尼比、最大层间位移角减幅和基底剪力减幅均随着抗震设防烈度（峰值加速度）的增加而减小。

表 5.6.1　不同地震烈度下结构响应和附加阻尼比

模型编号	K1		K2		K3	
	无控	有控	无控	有控	无控	有控
最大层间位移角	1/564	1/693	1/359	1/431	1/282	1/335
减幅	18.6%		16.8%		15.8%	
基底剪力（kN）	5988	4992	9410	7875	11976	10053
减幅	16.6%		16.3%		16.1%	
附加阻尼比	4.1%		3.8%		3.6%	

注：无控表示不加设黏滞阻尼墙的模型，有控表示加设黏滞阻尼墙的模型。

观察不同地震烈度下黏滞阻尼墙的耗能和结构模态阻尼耗能的大小，可以看到，随着地震烈度的增大，阻尼墙的耗能和结构模态阻尼耗能均是增加的（图 5.6.1 ~图 5.6.2）。然而，阻尼墙的耗能增长幅度小于结构模态阻尼耗能的增长幅度，因此结构附加阻尼比随地震烈度的增加呈减小趋势，层间位移角减幅和基底剪力减幅也逐渐降低。

综上可知，抗震设防烈度越高，黏滞阻尼墙耗能比例越小，减震效果越差。假如要在不同的抗震设防烈度下达到相同的减震效果，可以采用改变黏滞阻尼墙数量、调整阻尼系数和阻尼指数等措施。

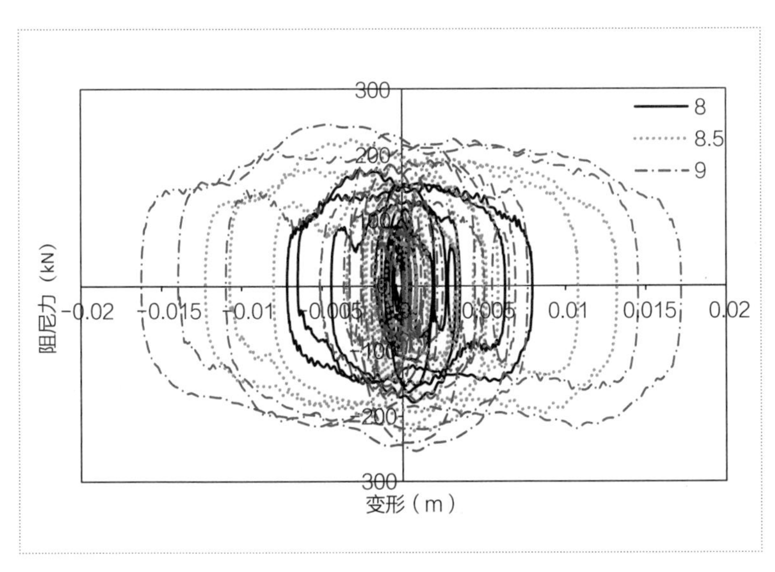

图 5.6.1　黏滞阻尼墙滞回曲线

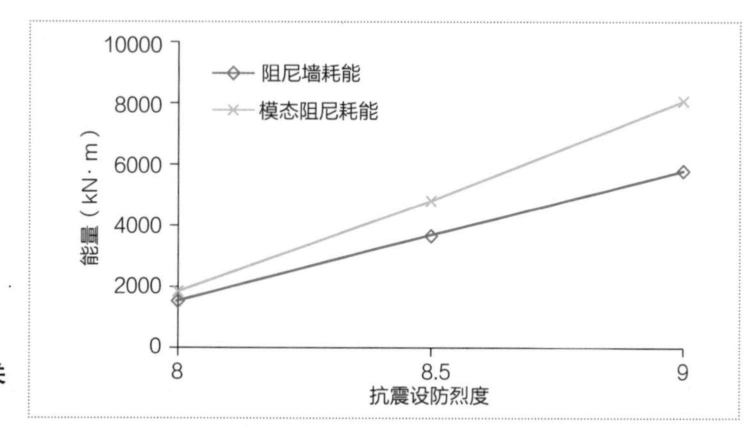

图 5.6.2　耗能与抗震设防烈度关系曲线

5.7　黏滞阻尼墙结构设计方法

基于中国相关设计规范，结合本章的研究内容和传统刚性结构的设计方法，总结出黏滞阻尼墙结构的主要设计过程如图 5.7.1 所示。

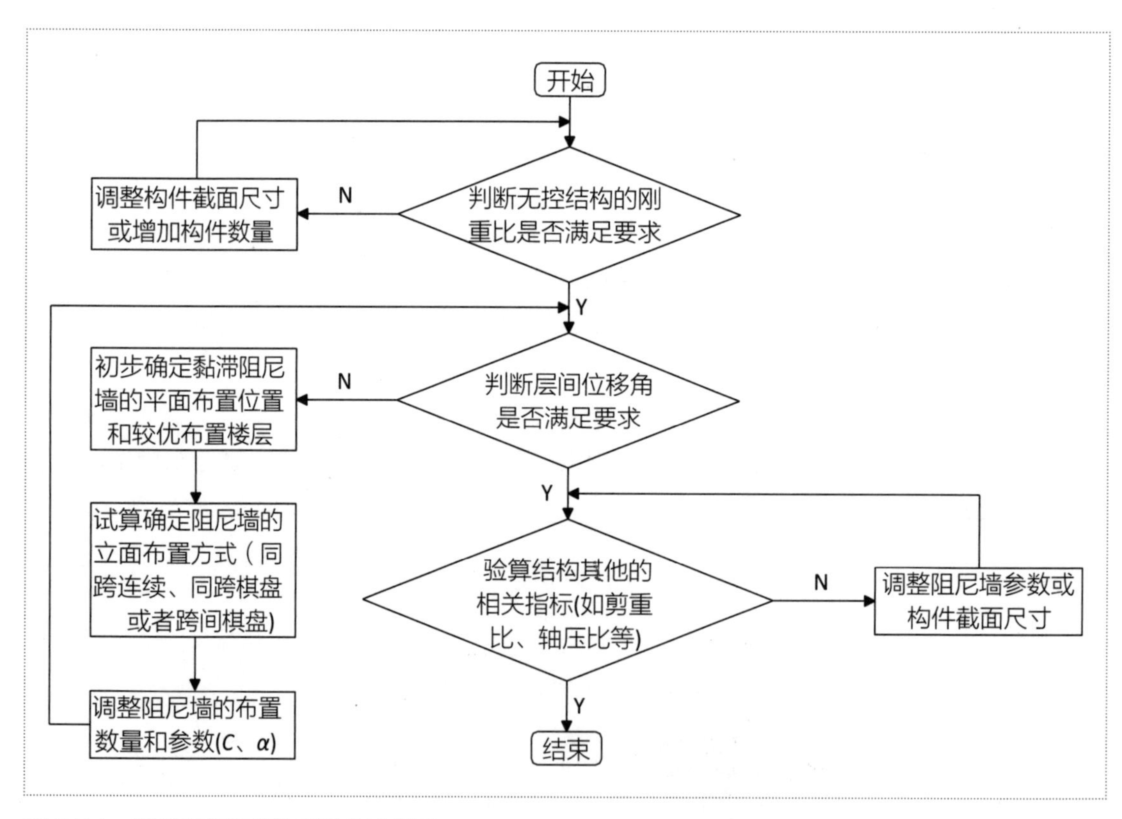

图 5.7.1　黏滞阻尼墙结构设计的流程图

对于黏滞阻尼墙结构，当进行结构整体设计时，一般按下述步骤进行：

（1）建立结构分析模型，判断无阻尼墙结构的刚重比是否满足规范限值要求；如果不满足要求，通过调整构件截面尺寸或增加构件数量使结构的刚重比满足要求。

（2）判断结构的层间位移角是否满足规范限值要求；如果不满足要求，则可以采用黏滞阻尼墙技术进行减震控制：首先根据建筑功能要求选择可布置黏滞阻尼墙的平面位置，并按“靠中、对称布置”的原则初步确定阻尼墙的平面布置位置；根据初定的平面布置位置计算阻尼墙变形沿楼层的分布规律，从而得到较优布置楼层；当建筑功能和建筑立面允许时，可采用跨间棋盘式布置提高耗能效率，否则可进行同跨连续式布置和同跨棋盘式布置的对比，并选择较优的布置方式；最后根据需要调整阻尼墙布置数量和参数（C，α）。

（3）验算结构其他的相关指标，如剪重比、轴压比等；如有相关指标不满足要求，通过调整黏滞阻尼墙的参数和构件截面尺寸使其满足限值要求。

（4）结构整体设计结束。

|第6章| 黏滞阻尼器在建筑工程中的应用

Chapter 6 Application of viscous damper in construction engineering

6.1 同济大学建筑设计研究院（集团）有限公司工程案例

6.1 Design Cases of Tongji Architectural Design (Group) Co., Ltd.

6.2 日建设计工程案例

6.2 Design Cases of Nikken Sekkei Ltd.

6.1 同济大学建筑设计研究院（集团）有限公司工程案例

同济大学建筑设计研究院（集团）有限公司（简称，同济设计院）的前身是成立于 1958 年的同济大学建筑设计研究院，是全国知名的大型设计咨询集团。依托百年学府同济大学的深厚底蕴，经过半个多世纪的积累和进取，同济设计院拥有了深厚的工程设计实力和强大的技术咨询能力。同济设计院的业务范围涉及建筑行业、公路行业、市政行业、风景园林、环境污染防治、文物保护等领域的咨询、工程设计、项目管理以及岩土工程、地质勘探等，是目前国内资质涵盖面最广的设计咨询公司之一。在全国各个省、非洲、南美有近万个工程案例，如：上海中心、钓鱼台国宾馆芳菲苑、2008 奥运会乒乓球馆、援非盟会议中心、2010 上海世博会主题馆、上海自然博物馆、上海交响乐团音乐厅、米兰世博会中国企业联合馆。

同济设计院自成立以来，一直探索前沿设计技术，努力提高自身的设计实力。同济设计院注重结构设计技术的积累与创新工作，其中，消能减震技术就是一个重点关注的领域。同济设计院以已有的技术优势为基础，以工程项目为依托，投入大量的科研资金，鼓励与倡导采用消能减震技术，同时，结构设计师们积极参与消能减震技术的研究当中。经过多年的探索与研究，在黏滞阻尼技术领域取得一系列的研究成果，并将研究成果应用于工程实践当中，获得了良好的经济和社会效益。

以下将介绍 7 栋同济设计院项目中采用黏滞阻尼技术的典型案例，其中部分案例已设计完成并实施，部分案例由于其他原因并未实施。在这些案例中的黏滞阻尼技术应用方法可供设计人员参考。

6.1.1 晋中汇通大厦

[建筑概要]

项目地点：山西 · 晋中

建设单位：晋中市公用基础设施投资建设有限责任公司

设计单位：同济大学建筑设计研究院（集团）有限公司

建筑高度：229.8m

层　　数：地下 3 层，地上 45 层

建筑面积：185609m^2

设计时间：2014 ~ 2015 年

[结构概要]

结构体系：型钢混凝土外框架 + 钢筋混凝土核心筒 + 压型钢板组合楼板

减震技术：黏滞阻尼伸臂桁架

基　　础：桩筏基础

1. 工程概况

汇通大厦位于山西省晋中市，基地位于城市形象主轴经四路东侧，城市主干道纬二街北侧，诚信东街南侧，晋德南路西侧。西侧与城市主题公园薪火公园相邻，南侧为办公、生活、孵化广场，东侧为高端居住区，北侧为旅游文化商业风情区。汇通大厦基地处于北部新城启动区的核心位置。

该建筑主要由超高层塔楼和北侧商业裙房组成，主要功能包括办公、酒店和精品商业。总建筑面积 185609m^2，地上建筑面积 117200m^2，地下建筑面积 68409m^2。地上通过设缝将超高层塔楼与裙房分割开。

塔楼主体结构地上 45 层，结构高度 220.4m，沿竖向设置 4 个设备层（兼做避难层）。办公层层高 4.3m，酒店层层高 3.0m，设备层层高 5.6m，如图 6.1.1 所示。塔楼地下室 3 层，埋深 14.2m。塔楼平面轴线尺寸 40.0m×41.2m，周边共 16 根框架柱，每侧 5 根。框架柱平均柱距约 10m；核心筒居中布置，平面尺寸 20.2m×21.9m，核心筒面积占底部标准层面积的 24.0%，如图 6.1.2 所示。

本项目位于山西省晋中市，抗震设防烈度为 8 度（0.20*g*），设计地震分组为第一组，场地类别为Ⅲ类，场地特征周期 T_g=0.45s。多遇地震作用下，结构固有阻尼比取为 0.04，罕遇地震作用下，结构固有阻尼比取为 0.05。

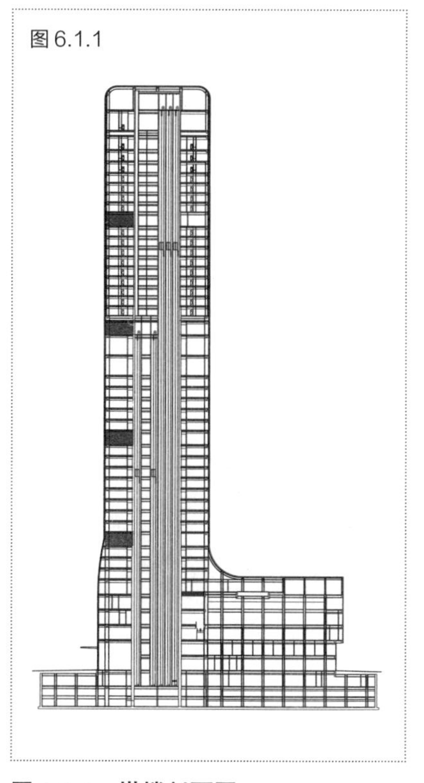

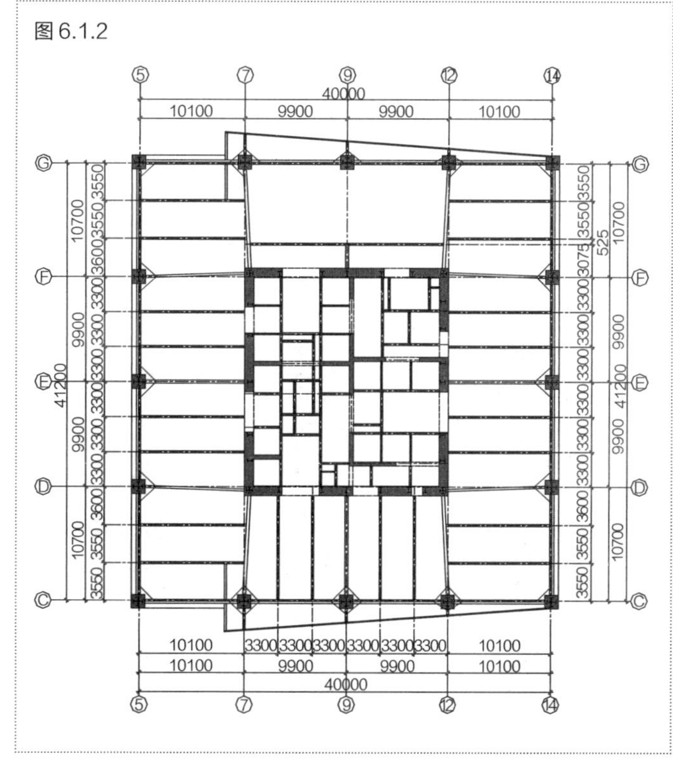

图 6.1.1　塔楼剖面图
图 6.1.2　塔楼平面布置图

2. 结构材料

1）混凝土

表 6.1.1 混凝土强度等级

结构构件	混凝土强度等级
框架柱、剪力墙、连梁	C50 ~ C60
梁、板	C30 ~ C35
基础（塔楼筏板）	C45

2）钢筋和钢材

表 6.1.2 钢筋和钢材强度等级

类型	强度等级
钢筋	HRB335、HRB400
钢材	Q235、Q345、Q345GJ

3. 结构体系与消能减震技术应用

1）结构体系选型

本项目位于高烈度地震区，且属于超限高层建筑结构，对结构抗震技术要求较高。基于本塔楼建筑平面布置和竖向功能布置的特点，对本塔楼结构体系提出两种方案进行比选：刚性方案和阻尼方案。

（1）刚性方案

刚性方案结构体系构成：型钢混凝土外框架 + 钢筋混凝土核心筒 + 伸臂桁架和环带桁架（10 层和 27 层），如图 6.1.3 所示。

为提高结构侧向刚度，必须引入两道伸臂桁架和两道环带桁架，才能满足规范对层间位移角的限值要求。然而，采用传统刚性加强层进行抗震时，主要具有以下缺点：

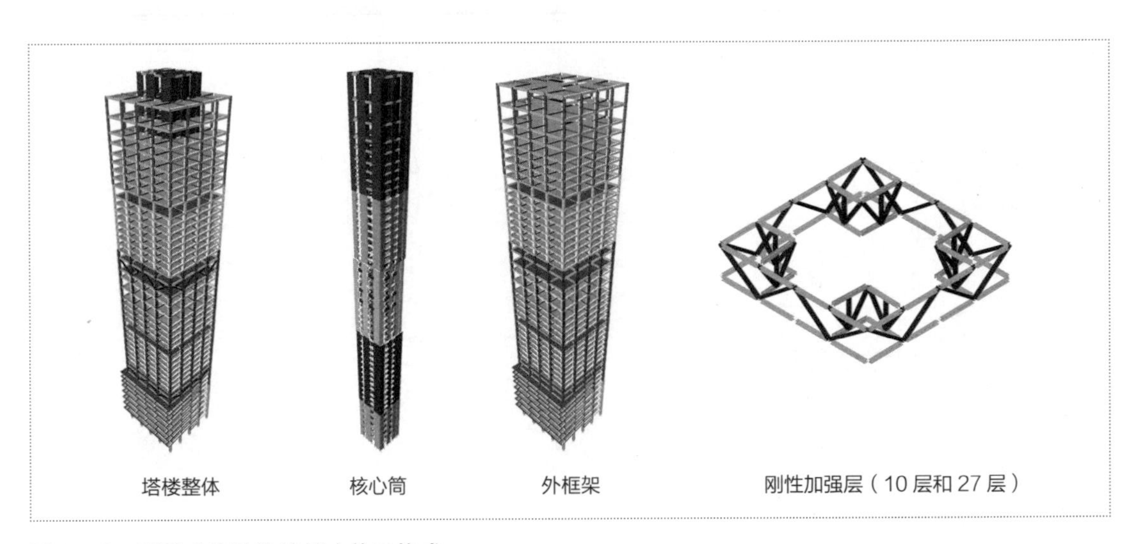

图 6.1.3 刚性方案结构抗侧力体系构成

①结构刚度大，地震力大；

②加强层将引起结构刚度和楼层承载力突变，形成软弱层和薄弱层；

③加强层刚性构件耗能效果小，主要依靠核心筒连梁和墙肢；

④施工难度大，工期长，造价高。

（2）阻尼方案

为了避免刚性加强层带来的以上抗震问题，提出采用黏滞阻尼伸臂技术进行抗震设计，形成阻尼方案。

阻尼方案结构体系构成：型钢混凝土外框架 + 钢筋混凝土核心筒 + 黏滞阻尼伸臂桁架（27 层）。加强层（27 层）共布置 8 组黏滞阻尼器（16 个），如图 6.1.4 所示。黏滞阻尼伸臂层剖面如图 6.1.5 所示，黏滞阻尼器参数见表 6.1.3。

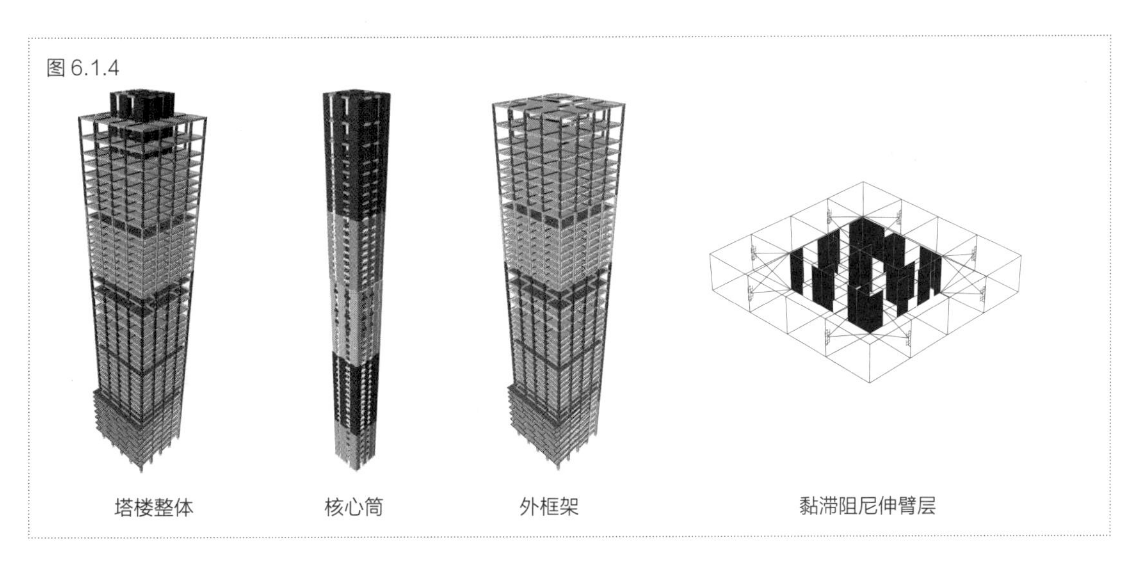

图 6.1.4　阻尼方案结构体系构成

图 6.1.5　黏滞阻尼伸臂层剖面示意图

表 6.1.3　黏滞阻尼器参数

阻尼系数 [kN/（mm/s）$^{0.3}$]	阻尼指数	最大阻尼力（kN）	最大冲程
360	0.3	2000	±180mm

(3) 主要构件尺寸

框架柱为型钢混凝土柱，楼面梁为工字钢梁，核心筒为钢筋混凝土核心筒，伸臂桁架为工字钢，具体截面尺寸与材质见表 6.1.4。

表 6.1.4 主要构件尺寸

构件类型		截面尺寸	材质
外框	型钢混凝土柱	□1500×1500 ~ □900x900	Q345GJC+C60 ~ C40
	钢梁	H900×300×18×32 ~ H500×200×10×16	Q345
核心筒	外墙	1100 ~ 500	C60 ~ C40
	内墙	350 ~ 250	C60 ~ C40
	连梁	□1100×1100 ~ □800×250	C60 ~ C40
伸臂桁架	弦杆	H600×900×45×60	Q345GJC
	腹杆	H600×800×30×60	Q345GJC

2) 对比分析

选用 7 组时程波对刚性方案和阻尼方案进行弹性动力时程分析，对比分析结果见表 6.1.5。

表 6.1.5 整体分析结果对比

对比项		刚性方案	阻尼方案	阻/刚
周期 /s	1	4.70	5.59	119%
	2	4.58	5.39	118%
	3	3.19	3.43	108%
	4	1.43	1.55	108%
	5	1.42	1.53	108%
	6	1.12	1.18	105%
基底剪力(kN)	X 向	33445	23721	71%
	Y 向	33987	24960	73%
层间位移角最大值	X 向	1/518	1/689	77%
	Y 向	1/530	1/667	80%
阻尼比		4%	7.2%(附加阻尼比 3.2%)	180%
加强层数量		2	1	50%

注：阻、刚分别代表阻尼方案、刚性方案。

从表中的分析结果可知，阻尼方案相比刚性方案有明显的优势，主要表现在：

(1) 阻尼方案的周期较刚性方案有一定程度的增大，同时，阻尼比提高到 7.2%，有效地降低了地震作用。

（2）阻尼方案的层剪力小于刚性方案，基底剪力减幅为 29%（X 向）和 27%（Y 向）。

（3）从层间位移角最大值来看，阻尼方案相对于刚性方案减幅 23%（X 向）和 20%（Y 向）。

（4）阻尼方案相比于刚性方案减少一道加强层，有利于减少施工时间和施工难度。

综上所述，本项目采用了阻尼方案：型钢混凝土外框架 + 钢筋混凝土核心筒 + 黏滞阻尼伸臂桁架（27F）混合结构体系作为抗侧力结构体系方案。

3）黏滞阻尼器关键参数选取

（1）阻尼指数 α

参考目前国内的黏滞阻尼器生产厂家提供的产品资料，用于土木工程结构的黏滞阻尼器的阻尼指数一般在 0.3 ~ 1.0 之间。一般来说，阻尼指数越小，阻尼器的耗能效果越好。当 α=1 时，阻尼力与速度呈线性关系；而随着 α 接近于 0，阻尼力随速度增大有变缓趋势，阻尼力变形关系接近于矩形，此时耗能效果达到最佳，如图 6.1.6 所示。

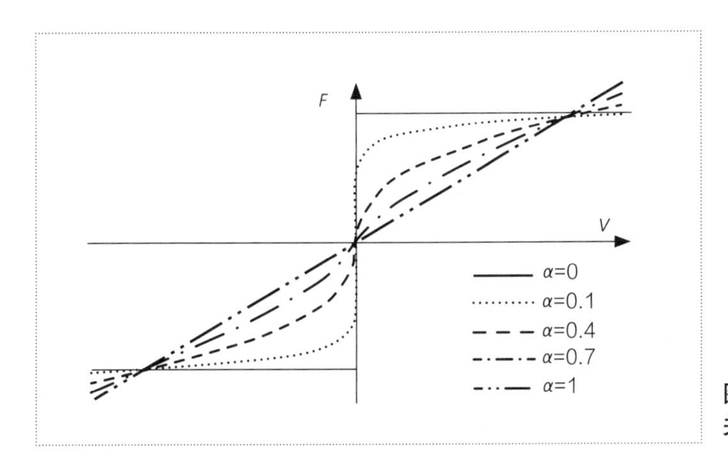

图 6.1.6　黏滞阻尼器的阻尼力 – 速度关系

考虑到本项目仅在加强层布置 8 组（16 个）黏滞阻尼器，为了达到较好的消能效果，分析中选用目前国内阻尼器产品质量可以达到的较好水平，阻尼指数取为 0.3。

（2）阻尼系数 C

在选择阻尼系数 C 时，主要考虑两个因素：①阻尼系数 C 不能太大，即阻尼器出力不能太大，否则阻尼器的价格太贵而导致经济性太差；②阻尼系数 C 的取值要使得结构的相关设计指标满足规范限值要求。

调整阻尼系数 C 的大小，分别取为 260kN/（mm/s）$^{0.3}$、360kN/（mm/s）$^{0.3}$、460kN/（mm/s）$^{0.3}$，进行弹性动力时程分析，将分析结果与无阻尼器模型进行对比。多遇地震下分析结果见表 6.1.6 ~表 6.1.8。通过对比可以看出，层间位移角和基底剪力均随着阻尼系数的增大而减小；但是，黏滞阻尼器的最大阻尼力随着阻尼系数的增加而增大，且附加阻尼比也呈增加的趋势。综合来看，当阻尼系数为 360kN/（mm/s）$^{0.3}$ 时，最大层间位移角相比于规范限值有一定的安全储备，并且阻尼器的出力在合理范围内。因此，阻尼系数选为 360kN/（mm/s）$^{0.3}$，该阻尼系数处在国内阻尼器产品的合理范围之内，同时可以实现结构耗能减震效果的目标要求。

表 6.1.6　层间位移角最大值

阻尼系数 C[kN/（mm/s）$^{0.3}$]	无阻尼器	260	360	460
层间位移角最大值	1/492	1/618	1/667	1/715
百分比	100%	80%	74%	69%

表 6.1.7　基底剪力

阻尼系数 C[kN/（mm/s）$^{0.3}$]	无阻尼器	260	360	460
基底剪力 /kN	29293	24271	23375	22582
百分比	100%	83%	80%	77%

表 6.1.8　最大阻尼力和附加阻尼比

阻尼系数 C[kN/（mm/s）$^{0.3}$]	260	360	460
最大阻尼力（kN）	800	1150	1400
附加阻尼比（%）	2.3	3.2	4.1

4. 结构超限情况及应对措施

1）结构超限情况

根据《超限高层建筑工程抗震设防专项审查技术要点》（建质 [2010]109 号），对本项目进行超限情况判定。塔楼结构高度超限，且存在楼板开洞、扭转不规则、刚度突变和其他不规则（底层大堂有穿层柱）等不规则项（表 6.1.9 ~ 表 6.1.11），属超高、特别不规则超限高层建筑。

表 6.1.9　建筑结构高度及高宽比超限检查

项目	判断依据	超限判断
高度	8 度区（0.20g）框架 - 核心筒结构适用的最大高度：150m	结构高度 229.8m，超限
高宽比	8 度区（0.20g）框架 - 核心筒结构适用的最大高宽比：6	高宽比 5.75，不超限

表 6.1.10　三项及以上不规则高层建筑界定

不规则类型	简要涵义	判断	备注
扭转不规则	考虑偶然偏心的扭转位移比大于 1.2	有	最大 1.22
刚度突变	相邻层刚度变化大于 90%	有	由于 27 层层高为 7.6m 引起突变
其他不规则	如局部的穿层柱，斜柱、夹层、个别构件错层或转换	有	底层大堂有穿层柱

表 6.1.11　一项不规则高层建筑界定

不规则类型	简要涵义	判断	备注
楼板开洞	开洞后楼板在任一方向的净宽（由净宽不小于 2m 的楼板累计）小于 5m，或开洞面积 6 度、7 度（0.1g）和 7 度（0.15g）、8 度时分别大于盖楼层面积的 35%和 30%。	有	二层楼板开大洞

2）超限应对措施

（1）分析模型及分析软件

①采用多种计算程序（ETABS、SATWE）对塔楼进行验算，保证计算结果的准确性和完整性；

②按规范要求进行弹性（ETABS）及弹塑性时程分析（Perform-3D、ABAQUS），了解结构在地震时程下的响应过程，并寻找结构薄弱部位以便进行针对性加强；

③对关键节点进行有限元分析研究。

（2）性能化设计目标

表 6.1.12　结构整体抗震性能目标

地震水准	结构抗震性能水准	宏观损坏程度
多遇地震	1	完好、无损坏
设防地震	3	轻度损坏
罕遇地震	4	中度损坏

表 6.1.13　关键构件和耗能构件抗震性能设计目标

构件类型	多遇地震	设防地震	罕遇地震
核心筒墙肢	弹性	正截面承载力不屈服抗剪承载力弹性	正截面承载力允许进入塑性（LS），抗剪满足截面条件
核心筒连梁	弹性	正截面承载力允许进入塑性（LS），抗剪承载力不屈服	正截面承载力允许进入塑性（CP），抗剪满足截面条件
框架柱	弹性	加强层及相邻一层：正截面承载力弹性；其他楼层：正截面承载力不屈服；所有楼层：抗剪承载力弹性	正截面承载力允许进入塑性（IO），抗剪满足截面条件
框架梁	弹性	正截面承载力允许进入塑性（LS），抗剪承载力不屈服	正截面承载力允许进入塑性（IO），抗剪满足截面条件
阻尼支撑构件	弹性	正截面承载力弹性，抗剪承载力弹性	正截面承载力弹性，抗剪承载力弹性
关键节点	弹性	弹性	不屈服

（3）其他相关加强措施

①严格控制各项指标：塔楼在设计过程中严格按现行国家有关规范的要求进行设计，各类指标尽可能控制在规范范围内，并留有余量；

②对塔楼结构体系选型进行多方案的对比，引入消能减震技术；

③针对核心筒延性的加强措施：

a. 控制墙肢轴压力和剪力水平，确保墙肢在大震下的延性且不发生剪切破坏；

b. 核心筒角部和墙肢端部设置实腹式型钢暗柱，控制所有墙肢在水平风荷载和小震作用下不出现受拉状态，对中震作用下出现受拉墙肢的部分，适当提高型钢含钢率，确保墙肢延性；

c. 加强层及其相邻楼层墙肢设置约束边缘构件，在约束边缘构件与构造边缘构件层之间设置过渡层；

d. 核心筒剪力墙布置多层钢筋，确保墙肢受力均匀；

e. 在关键区域的连梁中布置型钢，增强连梁延性。

④针对外框架延性的加强措施：

a. 框架柱采用十字形实腹式型钢混凝土柱，型钢含钢率不小于 4%；

b. 加强层及其相邻层区段的框架柱，其抗震等级提高一级至特一级，箍筋全柱段加密配置，轴压比限值按其他楼层框架柱数值减小 0.05 采用；

c. 考虑到角柱对塔楼抗侧刚度贡献较大，且处于受力不利的位置，因此，加强角柱的截面和含钢率，降低角柱轴压比，提高角柱的抗震延性。

5. 主要分析结果

1）弹性时程分析结果

塔楼弹性时程分析结果见表 6.1.14，可以看出，结构的扭转周期比、刚重比、剪重比、层间位移角、轴压比等各项指标都满足规范限值要求。

表 6.1.14　塔楼弹性时程分析结果

项		数值
周期（s）	1	5.58（X 向平动）
	2	5.38（Y 向平动）
	3	3.43（扭转振动）
	4	1.55
	5	1.53
	6	1.18
	扭转周期比	0.61
刚重比	X 向	1.77
	Y 向	1.91
剪重比	X 向	2.50%
	Y 向	2.63%
基底剪力（kN）	S0169X	19106
	S0169Y	20819
	S0202X	22202
	S0202Y	23304
	S0265X	23833
	S0265Y	23603
	S0397X	25366
	S0397Y	28706
	S0640X	21700

续表

项		数值
基底剪力（kN）	S0640Y	22185
	S845-1X	27244
	S845-1Y	28042
	S845-2X	26595
	S845-2Y	28063
	平均值	23721（X 向）
		24960（Y 向）
层间位移角最大值	S0169X	1/742
	S0169Y	1/668
	S0202X	1/777
	S0202Y	1/753
	S0265X	1/563
	S0265Y	1/569
	S0397X	1/559
	S0397Y	1/522
	S0640X	1/650
	S0640Y	1/612
	S845-1X	1/749
	S845-1Y	1/737
	S845-2X	1/725
	S845-2Y	1/730
	平均值	1/689（X 向）
		1/667（Y 向）
轴压比	框架柱	0.55
	剪力墙	0.44
阻尼比		7.2%（附加阻尼比 3.2%）

2）弹塑性时程分析结果

采用通用有限元软件 Perform-3D 进行结构动力弹塑性时程分析。选用 7 组时程波，包括 5 组天然波和 2 组人工波。

（1）基底剪力和层间位移角最大值

表 6.1.15　塔楼弹塑性时程分析结果

项	地震波组	方向	数值
基底剪力（kN）	L0142-L0143	X	77732
		Y	80040
	L0196-L0197	X	98624
		Y	84683
	L0283-L0284	X	91640
		Y	77614
	L0472-L0473	X	96280
		Y	97440
	L0523-L0524	X	77345
		Y	78880
	L850-1-L850-2	X	80234
		Y	90480
	L850-3-L850-4	X	91345
		Y	89320
	平均值	X	87600
		Y	85494
层间位移角最大值	L0142-L0143	X	1/164
		Y	1/174
	L0196-L0197	X	1/200
		Y	1/218
	L0283-L0284	X	1/121
		Y	1/132
	L0472-L0473	X	1/118
		Y	1/119
	L0523-L0524	X	1/166
		Y	1/189
	L850-1-L850-2	X	1/107
		Y	1/163
	L850-3-L850-4	X	1/134
		Y	1/163

续表

项	地震波组	方向	数值
层间位移角最大值	平均值	X	1/141
		Y	1/178

塔楼弹塑性时程分析结果见表 6.1.15，可以看出，结构的层间位移角满足《高层建筑混凝土结构技术规程》JGJ 3—20103.7.5 条中 1/100 的限值要求。

（2）构件抗震性能评价

在罕遇地震作用下，结构各部位抗震性能评价如表 6.1.16 所示。

表 6.1.16　结构抗震性能评价

结构部位	抗震性能评价
核心筒剪力墙	核心筒墙体大部分处于不屈服状态，部分墙体进入塑性，满足性能目标水平。
连梁	塔楼连梁进入塑性状态，符合屈服耗能的抗震工程学概念；部分连梁转角超过 LS，最大转角为 0.0138，没有超过 CP 的性能目标。
型钢混凝土柱	型钢混凝土柱转角基本处于弹性状态，满足性能目标要求。
钢框架梁	部分框架梁进入 IO 状态，大震下满足性能目标要求。

（3）黏滞阻尼器工作状态

在罕遇地震作用下，单个阻尼器的最大出力为 1783kN，最大位移为 105mm，阻尼器保持正常工作状态。黏滞阻尼器滞回曲线如图 6.1.7 所示。

6. 专家审查意见

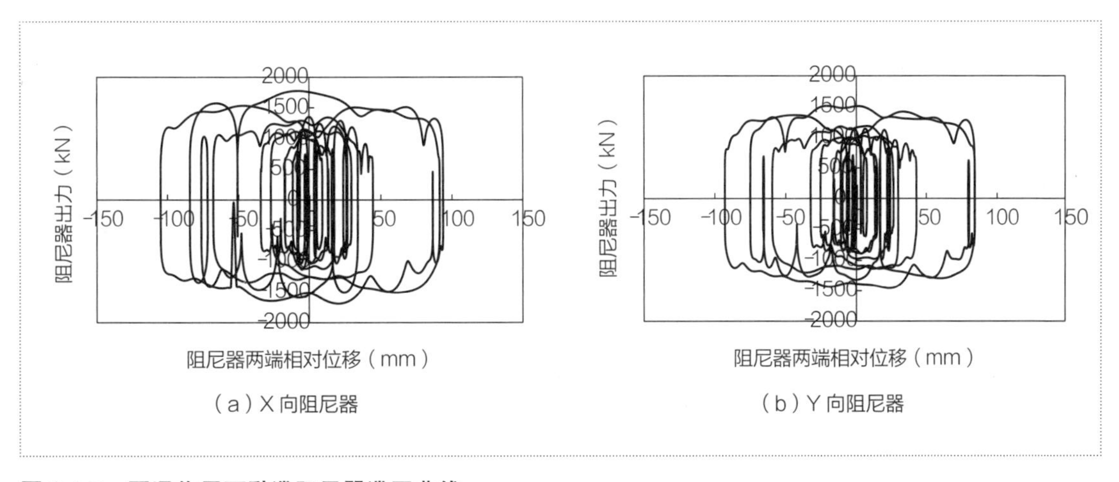

图 6.1.7　罕遇作用下黏滞阻尼器滞回曲线

2014 年 3 月 19 日由山西省住房和城乡建设厅主持，组织国家和山西省专家在太原市进行专项审查，专家组经审阅有关勘察设计文件、听取设计单位汇报和会议质询后认为：勘察设计文件满足专项审查要求，场地类别划分合理，结构体系可行，抗震设计地震动参数取值正确。审查结论为：通过。

专家组提出以下意见，请设计单位在施工图阶段改进，并请具有超限审查资格的施工图审查机构检查落实：

（1）核心筒内墙肢宜适当加厚、与外墙肢相连，更有效地起腹板墙肢作用。

（2）阻尼器和相关桁架的设计应深化，提供不同工况下的杆件应力比；宜对所采用阻尼器类型做进一步方案比较。

（3）应复核嵌固条件，宜调整地下一、二层的剪力墙布置。

（4）穿层柱承载力验算宜取同层普通柱的剪力。

6.1.2 厦门某超高层住宅

[建筑概要]

项目地点：福建 · 厦门

建设单位：厦门万厦天成房地产开发有限公司

设计单位：同济大学建筑设计研究院（集团）有限公司

建筑高度：249.95m

层　　数：地下 3 层，地上 65 层

建筑面积：54 万 m^2

设计时间：2015 年

[结构概要]

结构体系：型钢混凝土柱 + 钢梁 + 钢板混凝土剪力墙

减震技术：黏滞阻尼伸臂桁架 + 黏滞阻尼墙

基　　础：桩筏基础

1. 工程概况

该项目位于厦门岛西侧，地处厦门筼筜湖与大海连接的西堤东南，西侧为湖滨西路，南侧是繁华的湖滨南路，北临宽阔的筼筜湖，东邻音乐岛酒店。本项目由 1 ~ 7 号楼组成，其中：1 ~ 5 号楼为超高层住宅，6、7 号楼为商业建筑，主要用途为高级住宅楼和商业配套，建成后将是厦门市中心城区一个新的标志性建筑群。

本设计为其中的 4、5 号楼，两塔楼结构布置完全一致，均为地下 3 层，地上 65 层，结构高度约 244.75m。地下一层层高 7.3m，地下二、三层层高均为 4.5m。首层层高 7.2m，标准层层高 3.6m，在 24 和 46 层设置避难层，层高为 3.6m。塔楼建筑平面尺寸 83m × 41.75m，平面及立面图如图 6.1.8 和图 6.1.9 所示。

本项目位于厦门市，抗震设防烈度 7 度（0.15g），设计地震分组第二组，场地类别 III 类，场地特征周期 0.65s。10 年一遇风荷载 0.50kN/m^2，50 年一遇风荷载 0.80kN/m^2，地面粗糙度 A 类。

图 6.1.8

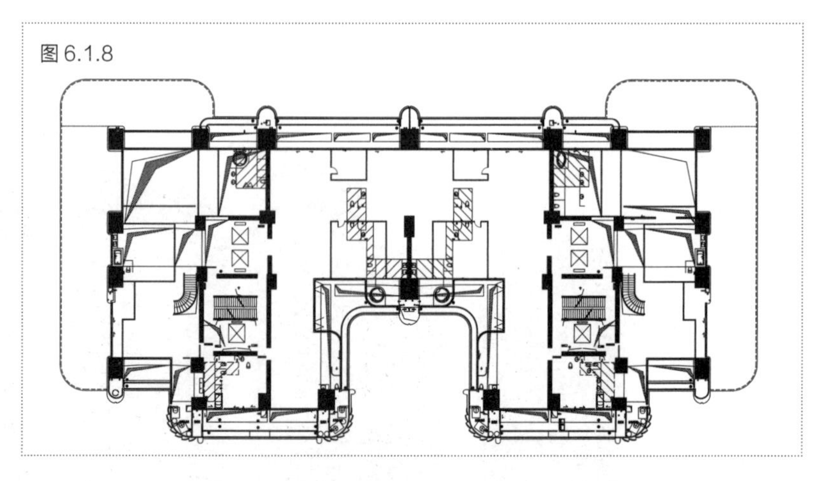

图 6.1.9

图 6.1.8　标准层平面图
图 6.1.9　塔楼立面图

2. 结构材料

1）混凝土

表 6.1.17　混凝土强度等级

结构构件	混凝土强度等级
框架柱	C50 ~ C60
板	C30
基础（塔楼筏板）	C45

2）钢筋和钢材

表 6.1.18　钢筋和钢材强度等级

类型	强度等级
钢筋	HRB400
钢材	Q345B、Q345GJ、Q390GJ、Q420GJ

3. 结构体系与消能减震（振）技术应用

1）结构体系选型

本项目具有以下特点：位于高烈度地震区和强风地区，属于双控结构；结构高宽比达到 7.3，较大；建筑功能要求高，可布置结构墙的位置不多；属于高档公寓，对舒适度有较高的要求。基于本项目的特点，对本塔楼结构体系提出两种方案进行比选：刚性方案和阻尼方案。

（1）刚性方案

刚性方案结构体系构成：型钢混凝土柱 + 钢梁 + 剪力墙 + 伸臂桁架和环带桁架（24、46、62 层），如图 6.1.10 所示。剪力墙和加强层布置如图 6.1.11 所示。

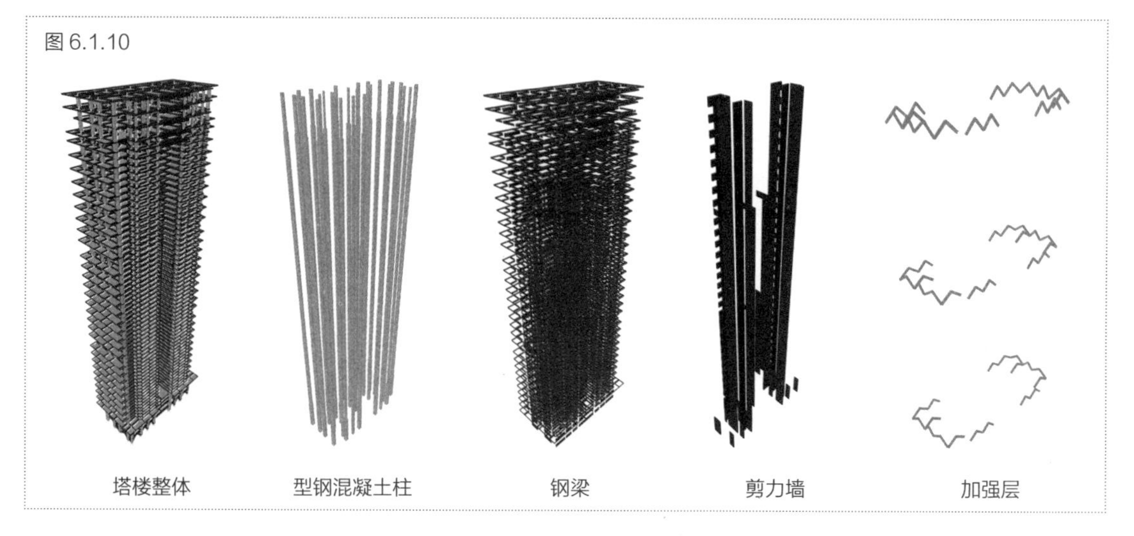

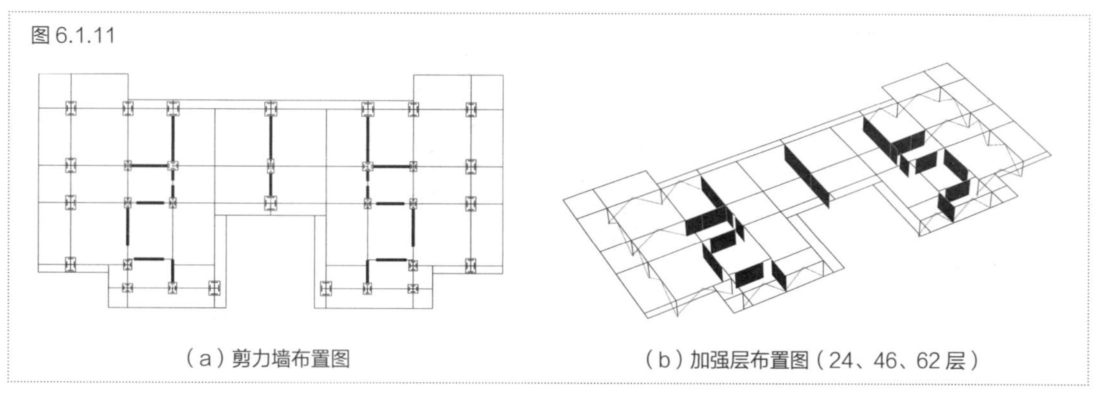

图 6.1.10　刚性方案结构抗侧力体系构成
图 6.1.11　刚性方案结构布置

（2）阻尼方案

观察结构侧向变形组成（图 6.1.12），可以看到，本结构中上部的弯曲变形和中下部的剪切变形所占比例相差不大，因此提出采用两种装置进行减震（振）：黏滞阻尼伸臂和黏滞阻尼墙。阻尼伸臂主要利用结构的弯曲变形发挥作用，阻尼墙主要利用结构的剪切变形发挥作用。通过两种减震装置的组合使用，为结构提供附加阻尼，改善结构舒适度，同时降低地震作用。

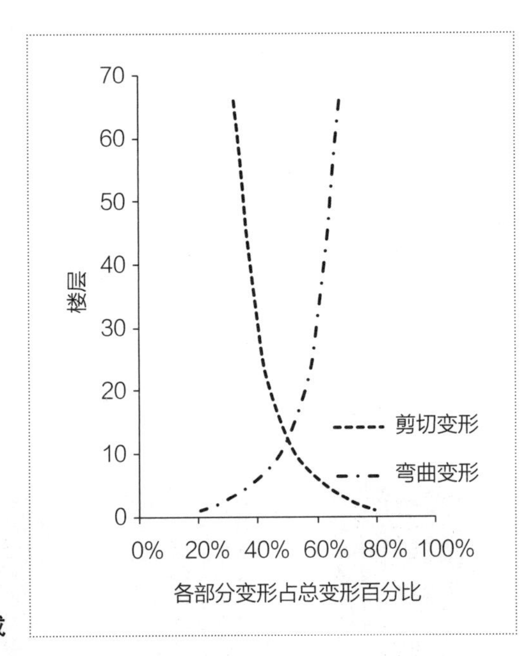

图 6.1.12　结构侧向变形组成

阻尼方案结构体系构成：型钢混凝土柱 + 钢梁 + 剪力墙 + 黏滞阻尼伸臂（24、46 层）+ 黏滞阻尼墙（13 ~ 22 层连续布置，23 ~ 43 层间隔布置），如图 6.1.13 所示。结构平面布置如图 6.1.14 所示，黏滞阻尼器参数见表 6.1.19。

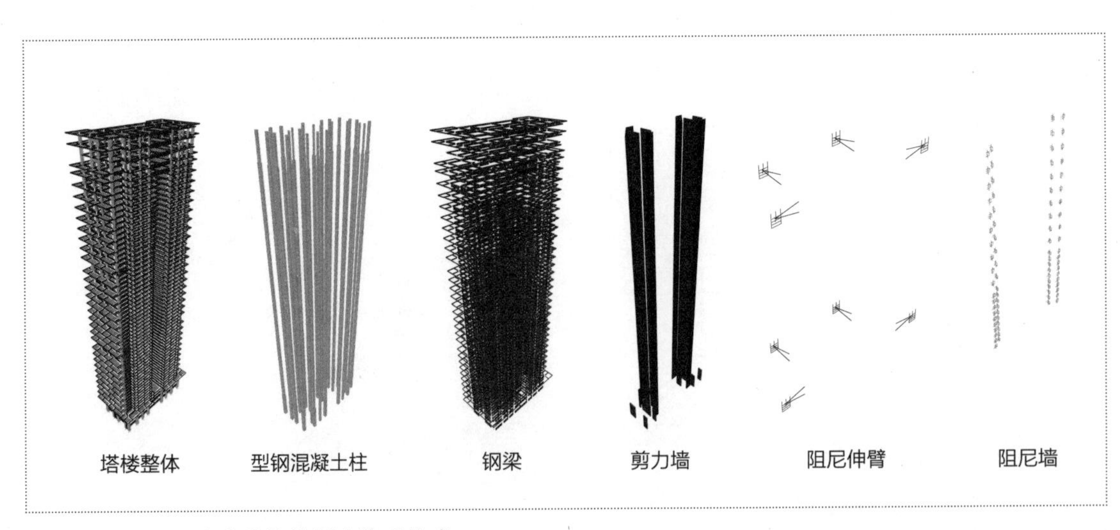

图 6.1.13　阻尼方案结构抗侧力体系构成

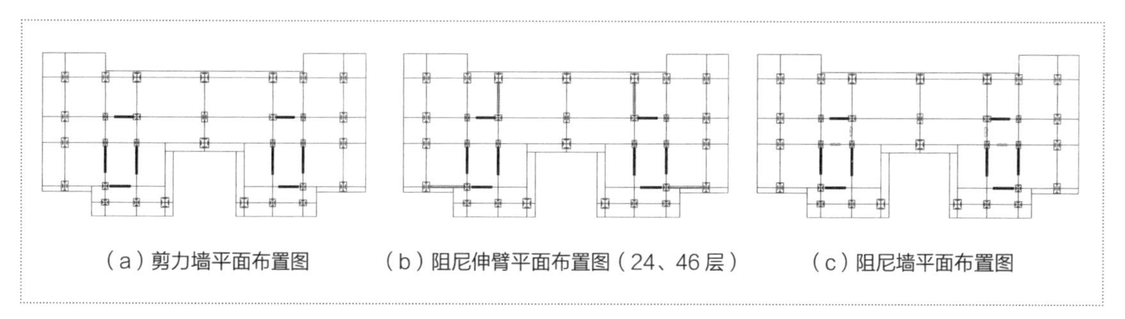
（a）剪力墙平面布置图　（b）阻尼伸臂平面布置图（24、46 层）　（c）阻尼墙平面布置图

图 6.1.14　阻尼方案结构布置

表 6.1.19　黏滞阻尼伸臂和黏滞阻尼墙参数

阻尼器	C[kN/（m/s）$^{\alpha}$]	α
黏滞阻尼伸臂	3000	0.3
黏滞阻尼墙	5800	0.45

（3）主要构件尺寸

框架柱为型钢混凝土柱，楼面梁为工字钢梁，剪力墙为钢板混凝土剪力墙，伸臂桁架为工字钢，具体截面尺寸与材质见表 6.1.20。

表 6.1.20　主要构件尺寸

构件类型		截面尺寸	材质
钢框架	型钢混凝土柱	□ 2500×2500 ~□ 800×800	Q420GJ ~ Q390GJ+C60 ~ C50
	钢梁	H550×1200×60×60 ~ H500×500×20×35	Q345B
钢板混凝土剪力墙	钢板	30 ~ 10	Q345B
	混凝土剪力墙	600 ~ 300	C60 ~ C50
伸臂腹杆		H800×800×80×80	Q345GJ

2）对比分析

对刚性方案和阻尼方案进行反应谱和弹性动力时程分析，对比分析结果见表 6.1.21。

表 6.1.21　整体分析结果对比

对比项		刚性方案	阻尼方案	阻 / 刚
周期（s）	1	5.89	6.21	105%
	2	4.97	5.98	120%
	3	4.95	5.06	102%
	4	1.74	1.97	113%
	5	1.47	1.76	120%
	6	1.38	1.65	120%
基底剪力（kN）	X 向	69204	65318	94%
	Y 向	78836	67123	85%

续表

对比项		刚性方案	阻尼方案	阻/刚
风振加速度	X 向	0.146	0.110	75%
	Y 向	0.148	0.123	83%
阻尼比	多遇地震	4%	5.62%（附加阻尼比 1.62%）	140%
	10 年风	1%	2.65%（附加阻尼比 1.65%）	265%
加强层数量		3	2	67%
用钢量		412	283	69%

注：阻、刚分别代表阻尼方案、刚性方案。

从表中的分析结果可知，阻尼方案相比刚性方案有明显的优势，主要表现在：

（1）与刚性方案相比，阻尼方案剪力墙布置较少，且减少三层环带和一层伸臂，结构刚度较小，因此结构自振周期较大，有助于降低地震作用。同时，结构构件的减少不仅使室内布置更加灵活，而且有利于减少施工时间和施工难度。

（2）阻尼方案在多遇地震下，提供附加阻尼比 1.62%，可有效降低地震作用；在 10 年风作用下，提供附加阻尼比 1.65%，可有效控制风振响应，阻尼方案顶点风振加速度小于刚性方案，舒适度更优。

（3）阻尼方案的层剪力小于刚性方案，基底剪力减幅为 6%（X 向）和 15%（Y 向）。

（4）阻尼方案单位面积用钢量远小于刚性方案，节省约 31%，经济性更优。

综上所述，本项目采用了阻尼方案：型钢混凝土柱 + 钢梁 + 钢板混凝土剪力墙 + 黏滞阻尼伸臂 + 黏滞阻尼墙混合结构体系作为抗侧力结构体系方案。

3）黏滞阻尼器关键参数与布置选取

（1）黏滞阻尼伸臂参数

为了达到比较好的消能效果，分析中选用目前国内阻尼器生产厂家可以达到的较好水平，阻尼指数取为 0.3。

在选择阻尼系数 C 的数值时，主要考虑：①阻尼系数 C 不能太大，即阻尼器出力不能太大，否则阻尼器的价格太贵、节点复杂而导致经济性太差；②阻尼系数 C 的取值要使得结构的设计指标满足规范要求。

保持阻尼指数 α=0.3 不变，调整阻尼系数 C 的大小，分别取为 3000kN/（m/s）$^{0.3}$、4000kN/（m/s）$^{0.3}$、5000kN/（m/s）$^{0.3}$，进行动力时程分析，对多遇地震下的附加阻尼比和罕遇地震下的阻尼器最大出力和位移，分析结果见表 6.1.22 和表 6.1.23。

表 6.1.22　多遇地震下黏滞阻尼伸臂提供的附加阻尼比

C [kN/（mm/s）$^{0.3}$]	X 向	百分比	Y 向	百分比
3000	0.52%	59.2%	0.46%	54.6%
4000	0.65%	75.0%	0.65%	77.4%
5000	0.87%	100%	0.84%	100%

注：百分比计算以最大值为基准。

表 6.1.23 罕遇地震下阻尼器最大出力和最大位移

C [kN/（mm/s）$^{0.3}$]	最大出力（kN）	最大位移（mm）
3000	2000	96
4000	2900	92
5000	3700	84

通过对比可以看出，随着阻尼系数 C 的增大，虽然附加阻尼比逐渐增大，但是阻尼器最大出力增大较多，结构的经济性降低，所以阻尼系数选取 C=3000kN/（m/s）$^{0.3}$，既满足阻尼比要求，同时经济性较好。

（2）黏滞阻尼墙参数

为了达到比较好的消能效果，分析中选用目前国内阻尼墙生产厂家可以达到的较好水平，阻尼指数取为 0.45。

参照黏滞阻尼伸臂阻尼系数的选取原则，保持阻尼指数 α=0.45 不变，调整阻尼系数 C 的大小，分别取为 3500kN/（m/s）$^{0.45}$、4700kN/（m/s）$^{0.45}$、5800kN/（m/s）$^{0.45}$，进行动力时程分析，对多遇地震下的附加阻尼比和罕遇地震下的阻尼墙最大出力和位移，分析结果见表 6.1.24 和表 6.1.25。

表 6.1.24 多遇地震下黏滞阻尼墙提供的附加阻尼比

C [kN/（mm/s）$^{0.45}$]	X 向	百分比	Y 向	百分比
3500	0.51%	42.6%	0.58%	46.8%
4700	0.75%	62.3%	0.84%	67.7%
5800	1.20%	100%	1.24%	100%

注：百分比计算以最大值为基准。

表 6.1.25 罕遇地震下黏滞阻尼墙最大出力和最大位移

C [kN/（mm/s）$^{0.45}$]	最大出力（kN）	最大位移（mm）
3500	1213	86
4700	1625	74
5800	2300	61

通过对比可以看出，随着阻尼系数 C 的增大，附加阻尼比逐渐增大，阻尼器的出力也增加。从分析来看，阻尼系数选取 C=5800kN/（m/s）$^{0.45}$，阻尼墙的出力以及连接节点受力均在合理的范围，是较优的选择。

（3）黏滞阻尼伸臂布置

本建筑存在三个设备层，分别为 24、46、62 层。由于顶部楼层 62 层的层间弯曲变形较小，所以将黏滞阻尼伸臂沿竖向布置于 24 层和 46 层。

由于建筑功能的限制，可布置阻尼伸臂的平面位置有限。如图 6.1.15 所示，对比两种阻尼伸臂布置方案。阻尼伸臂参数选取已经优化后的参数，阻尼指数 α=0.3，阻尼系数 C=3000kN/（m/s）$^{0.3}$。

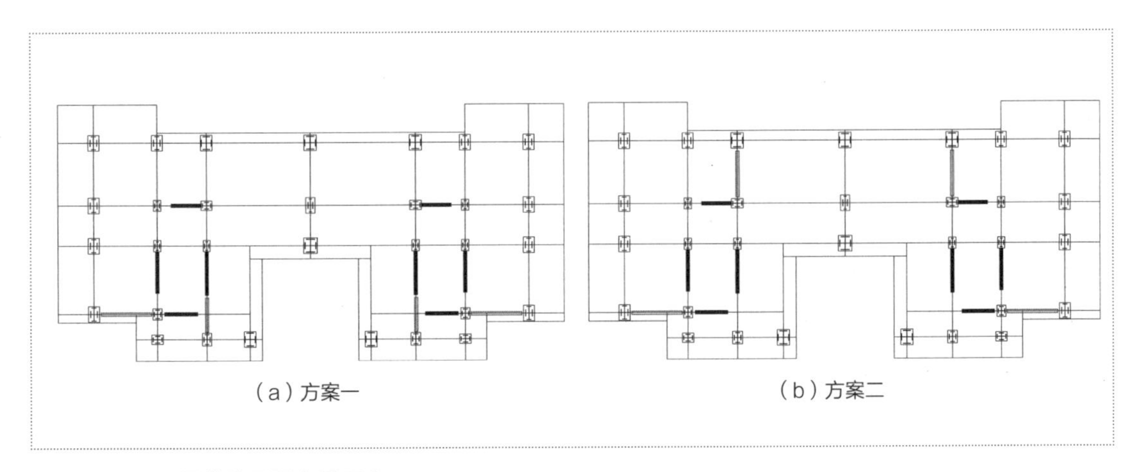

图 6.1.15　阻尼伸臂平面布置研究

分析结果见表 6.1.26，可以看出，由于结构 X 向阻尼伸臂布置相同，两个方案 X 向附加阻尼比基本一致。对于结构 Y 向来说，方案二阻尼伸臂提供附加阻尼比较方案一高 39%，由于方案二的阻尼伸臂长度大于方案一，所以方案二 Y 向阻尼器工作效率大于方案一 Y 向阻尼器。因此，阻尼伸臂平面布置采用方案二。

表 6.1.26　多遇地震下黏滞阻尼伸臂提供的附加阻尼比

方向	方案一	方案二	方案二 / 方案一
X 向	0.50%	0.52%	104%
Y 向	0.33%	0.46%	139%

（4）黏滞阻尼墙布置

由于建筑功能的限制，本建筑可布置黏滞阻尼墙的平面位置见图 6.1.14（c）。每层沿 X 向和 Y 向各布置 2 片黏滞阻尼墙（每层共 4 片），考虑三种竖向布置方案，见表 6.1.27 和图 6.1.16。黏滞阻尼墙参数选取已经优化后的参数，阻尼指数 α=0.45，阻尼系数 C=5800kN/（m/s）$^{0.45}$。

表 6.1.27　黏滞阻尼墙竖向布置方案

对比方案	布置位置	阻尼墙数量
方案一	25 ~ 64 层（竖向连续）	160
方案二	1 ~ 40 层（竖向连续）	160
方案三	13 ~ 22 层（竖向连续） 23 ~ 43 层（竖向隔层）	80

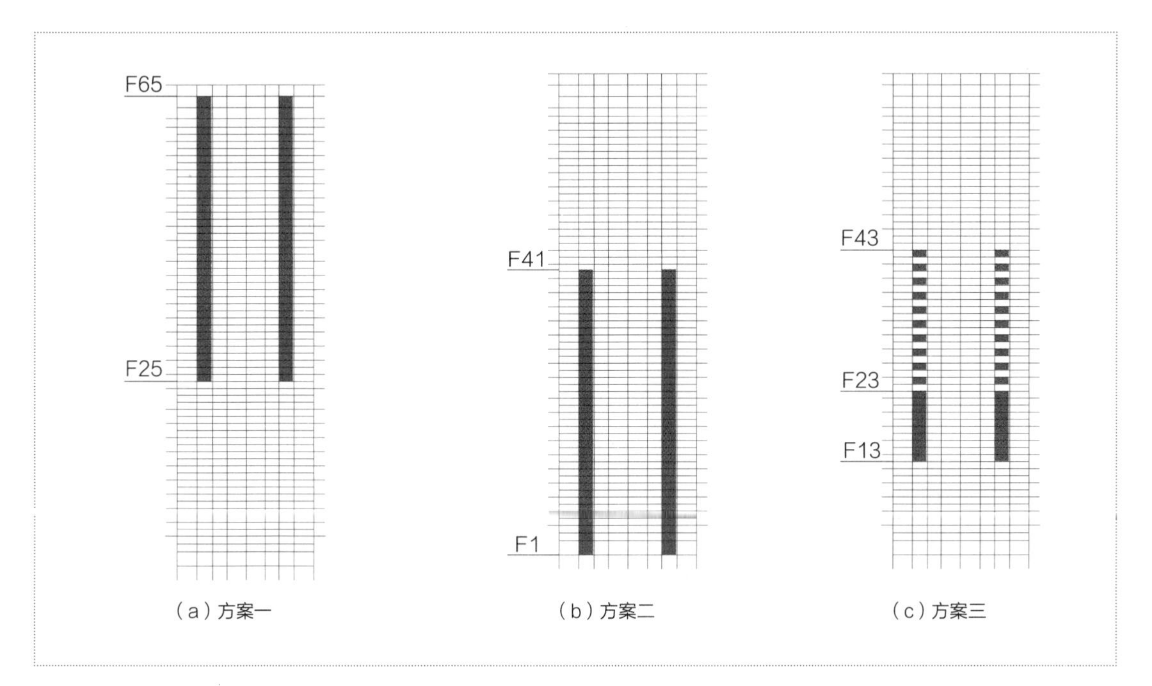

图 6.1.16　黏滞阻尼墙竖向布置研究

分析结果见表 6.1.28，可以看出，相比于方案一和方案二，方案三阻尼墙数量减少 50%（80 片），提供的附加阻尼比与方案一接近，且仅比方案二减少约 20%。由于结构的剪切变形主要集中在结构中下部，所以方案二的黏滞阻尼墙工作效率优于方案一。由于结构底部十层层间位移角很小，所以底部十层黏滞阻尼墙的工作效率很低。故方案三减少底部 40 片黏滞阻尼墙，也能达到很高的耗能效率。综合考虑阻尼墙的数量和工作效率，选取方案三为阻尼墙布置方案。

表 6.1.28　多遇地震下黏滞阻尼墙提供的附加阻尼比

方向	方案一	方案二	方案三
X 向	1.32% （87%）	1.52% （100%）	1.2% （79%）
Y 向	1.48% （94%）	1.58% （100%）	1.24% （78%）

注：百分比计算以最大值为基准。

4. 结构超限情况及应对措施

1）结构超限情况

根据《超限高层建筑工程抗震设防专项审查技术要点》（建质〔2015〕67 号），对本项目进行超限情况判定。塔楼结构高度和高宽比超限，且存在尺寸突变（最大外挑 5.4m）一项一般性不规则（表 6.1.29 和表 6.1.30），属超高超限高层建筑。

表 6.1.29　建筑结构高度及高宽比超限检查

项目	判断依据	超限判断
高度	7 度区（0.15g）框架 - 抗震墙结构适用的最大高度：120m	结构高度 244.75m，超限
高宽比	7 度区（0.15g）框架 - 剪力墙结构适用的最大高宽比：6	结构高宽比 7.3，超限

注：高宽比参见《高层建筑混凝土结构技术规程》JGJ 3—2010 第 3.3.2 条。

表 6.1.30　三项及以上不规则高层建筑界定

不规则类型	简要涵义	判断	备注
尺寸突变	竖向构件收进位置高于结构高度 20% 且收进大于 25%，或外挑大于 10% 和 4m，多塔	有	最大外挑 5.4m

2）超限应对措施

（1）分析模型及分析软件

①采用多种计算程序（ETABS、SAP2000）对塔楼进行验算，保证计算结果的准确性和完整性；

②按规范要求进行弹性及弹塑性时程分析（Perform-3D），了解结构在地震时程下的响应过程，并寻找结构薄弱部位以便进行针对性加强；

③对关键节点进行有限元分析研究；

④针对楼板悬挑问题，考虑竖向地震作用。

（2）性能化设计目标

表 6.1.31　结构整体抗震性能目标

地震水准	结构抗震性能水准	宏观损坏程度
多遇地震	1	完好、无损坏
设防地震	3	轻度损坏
罕遇地震	4	中度损坏

表 6.1.32　关键构件和耗能构件抗震性能设计目标

构件类型	多遇地震	设防地震	罕遇地震
框架柱	弹性	正截面承载力不屈服；抗剪承载力弹性	正截面承载力允许进入塑性（IO），抗剪满足截面条件
框架梁	弹性	正截面承载力允许进入塑性（IO），抗剪承载力不屈服	正截面承载力允许进入塑性（LS），抗剪满足截面条件
剪力墙	弹性	正截面承载力不屈服抗剪承载力弹性	正截面承载力允许进入塑性（LS），抗剪满足截面条件
关键节点	弹性	弹性	不屈服

（3）其他相关加强措施

①严格控制各项指标：塔楼在设计过程中严格按现行国家有关规范的要求进行设计，各类指标尽可能控制在规范范围内，并留有余量；

②对塔楼结构体系选型进行多方案的对比，引入消能减振（震）技术，有效地降低塔楼的地震作用，同时控制结构顶点风振加速度，提高结构的舒适度；

③针对框架延性的措施：

a. 框架柱采用十字形实腹式型钢混凝土柱，型钢含钢率不小于 4%；

b. 考虑到角柱对塔楼抗侧刚度贡献较大，且处于受力不利的位置，因此，加强角柱的截面和含钢率，降低角柱轴压比，提高角柱的抗震延性。

5. 主要分析结果

1）弹性时程分析结果

选用 7 组时程波，进行塔楼弹性时程分析，分析结果详见表 6.1.33，可以看出，结构的扭转周期比、刚重比、剪重比、层间位移角、轴压比、顶点加速度等各项指标都满足规范限值要求。

表 6.1.33　塔楼弹性时程分析结果

项		数值
周期（s）	1	6.21（X 向平动）
	2	5.98（Y 向平动）
	3	5.06（扭转振动）
	4	1.97
	5	1.76
	6	1.65
	扭转周期比	0.82
刚重比	X 向	1.71
	Y 向	1.72
剪重比	X 向	2.28%
	Y 向	2.34%
基底剪力（kN）	S0224X	50313
	S0224Y	56624
	S0782X	62136
	S0782Y	60993
	S0787X	55763
	S0787Y	56290
	SM027X	43214
	SM027Y	54183
	S0284X	65246
	S0284Y	65165
	RG1X	52822

续表

项		数值
基底剪力（kN）	RG1Y	59961
	RG2X	53273
	RG2Y	56899
	平均值	54681（X向）
		58588（Y向）
层间位移角最大值	S0224X	1/506
	S0224Y	1/509
	S0782X	1/538
	S0782Y	1/510
	S0787X	1/613
	S0787Y	1/644
	SM027X	1/683
	SM027Y	1/703
	S0284X	1/502
	S0284Y	1/514
	RG1X	1/814
	RG1Y	1/780
	RG2X	1/806
	RG2Y	1/727
	平均值	1/650（X向）
		1/609（Y向）
轴压比	框架柱	0.68
	剪力墙	0.44
顶点加速度	X向	0.110
	Y向	0.123
阻尼比	多遇地震	5.62%（附加阻尼比 1.62%）
	10年风	2.65%（附加阻尼比 1.65%）

2）弹塑性分析结果

采用通用有限元软件 Perform-3D 进行结构动力弹塑性时程分析。选用 3 组时程波，包括 2 组天然波和 1 组人工波。

（1）基底剪力和层间位移角最大值

塔楼弹塑性时程分析结果见表 6.1.34，可以看出，结构的层间位移角满足《高层建筑混凝土结构技术规程》JGJ 3—20103.7.5 条中 1/100 的限值要求。

表 6.1.34 塔楼弹塑性时程分析结果

项	地震波组	方向	数值
基底剪力（kN）	L2607	X	245600
		Y	237410
	L2621	X	285270
		Y	305330
	RG1	X	224230
		Y	240220
	包络值	X	285270
		Y	305330
层间位移角最大值	L2607	X	1/105
		Y	1/108
	L2621	X	1/126
		Y	1/113
	RG1	X	1/131
		Y	1/139
	包络值	X	1/105
		Y	1/108

（2）构件抗震性能评价

在罕遇地震作用下，结构各部位抗震性能评价如表 6.1.35 所示。

表 6.1.35 结构抗震性能评价

结构部位	抗震性能评价
钢板混凝土剪力墙	底部剪力墙混凝土最大压应变 0.0027，混凝土不会被压溃；底部钢材进入塑性，最大塑性应变为 0.0024
型钢混凝土柱	型钢柱混凝土最大压应变 0.0021，混凝土不会被压溃；钢材最大应力为 340MPa，没有超过钢材最大屈服应力，满足性能目标要求
钢框架梁	大部分框架梁处于弹性状态，部分框架梁进入 IO 状态，小部分框架梁进入 LS 状态，满足性能目标要求

（3）黏滞阻尼器工作状态

①黏滞阻尼伸臂工作状态

在罕遇地震作用下，阻尼伸臂处黏滞阻尼器的最大阻尼力为 1800kN，最大位移为 64mm，保持正常工作。黏滞阻尼器的滞回曲线见图 6.1.17，阻尼器滞回曲线饱满，耗能性能良好。

②黏滞阻尼墙工作状态

在罕遇地震作用下，黏滞阻尼墙的最大阻尼力为 2158kN，最大位移为 62mm，保持正常工作。黏滞阻尼墙的滞回曲线如图 6.1.18 所示，阻尼墙滞回曲线饱满，耗能性能良好。

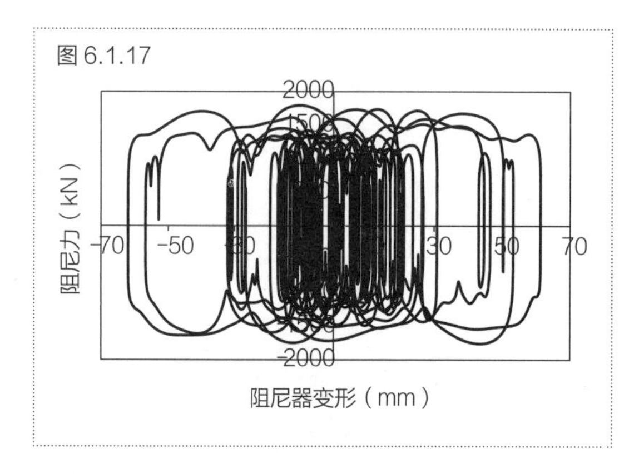

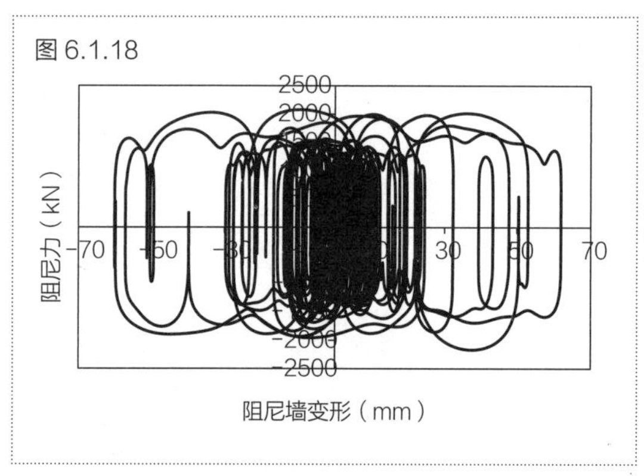

图 6.1.17　黏滞阻尼器滞回曲线图
图 6.1.18　黏滞阻尼墙滞回曲线图

6.1.3　天水展贸大厦

[建筑概要]

项目地点：甘肃 · 天水

建设单位：天水海天置业有限责任公司

设计单位：同济大学建筑设计研究院（集团）有限公司、天水建筑设计院

建筑高度：94m

层　　数：地下 2 层，地上 25 层

建筑面积：23000m^2

设计时间：2014 ~ 2015 年

[结构概要]

结构体系：钢筋混凝土框架 - 剪力墙结构（1 ~ 4 层）+ 钢筋混凝土框架结构（5 ~ 6 层）+ 消能减震钢框架结构（7 ~ 25 层）

减震技术：黏滞阻尼支撑

基　　础：箱形基础

1. 工程概况

天水展贸大厦（原天水展贸中心）[96] 是一座集展贸、洽谈、购物、娱乐、餐饮、观赏、办公、客房于一体的综合性民用建筑，位于天水市秦州区（原秦城区）龙城广场西侧，是城市主要标志性建筑。原设计为 94m 高的钢筋混凝土全现浇框架 - 剪力墙结构，地下 2 层，裙房 5 层，裙房与塔楼之间设缝隔开。施工至 5 层顶、预留竖向构件钢筋后停止施工，现开始准备续建，现场照片如图 6.1.19 所示。

本项目位于甘肃省天水市，抗震设防烈度为 8 度（0.30g），设计地震分组为第二组，场地类别为 Ⅱ 类，场地特征周期 T_g=0.40s。在多遇地震作用下，结构固有阻尼比取为 0.03；在

图 6.1.19　天水展贸大厦现状

罕遇地震作用下，结构固有阻尼比取为 0.05。

2. 结构材料

1）混凝土

表 6.1.36　混凝土材料强度等级

层号	结构构件	混凝土强度等级
已建 1 ~ 4 层	框架柱	1 ~ 2 层: C40 3 层: C25 4 层: C30
	剪力墙、连梁	
	框架梁、楼板	
新建 5 ~ 6 层	框架柱	C40
	框架梁、楼板	C30

2）钢筋和钢材

表 6.1.37　钢筋和钢材强度等级

类型	强度等级
钢筋	HPB235、HRB335、HRB400
钢材	Q345

3. 结构体系与消能减震技术应用

1）结构体系选型

本项目具有以下特点：原设计采用 89 抗震规范设计，低于现行抗震规范设计的要求；结构材料强度较低，底部几层仅为 C25 ~ C30；位于高烈度地震区，抗震技术要求高。

由此可知，该项目对结构加固抗震技术要求很高。与甲方初步分析、探讨后，决定采用以下解决措施：

① 对 1 ~ 4 层已建部分采用增大截面法进行加固，有效降低框架柱和剪力墙的轴压比，使其满足现行规范要求；

②将 5 ~ 6 层已建部分拆除，为解决上部结构和下部结构的连接问题，5 ~ 6 层采用钢骨混凝土柱，进行过渡；

③上部 7 ~ 25 层续建结构采用钢框架结构。

综合考虑整体结构的抗震性能和加固量，对于上部续建结构，提出三种方案进行比选：纯框架方案、屈曲约束支撑（BRB）方案和黏滞阻尼支撑（FVD）方案。

（1）纯框架方案

纯框架方案中不设置消能支撑，塔楼整体结构体系构成如图 6.1.20 所示。

（2）屈曲约束支撑方案

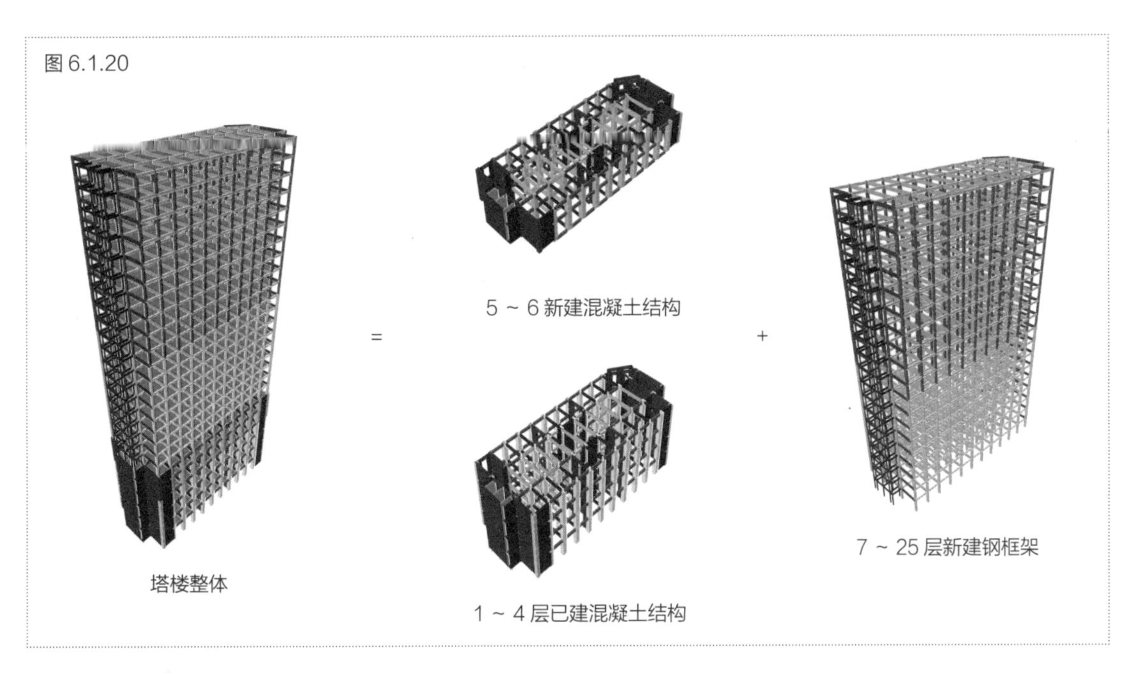

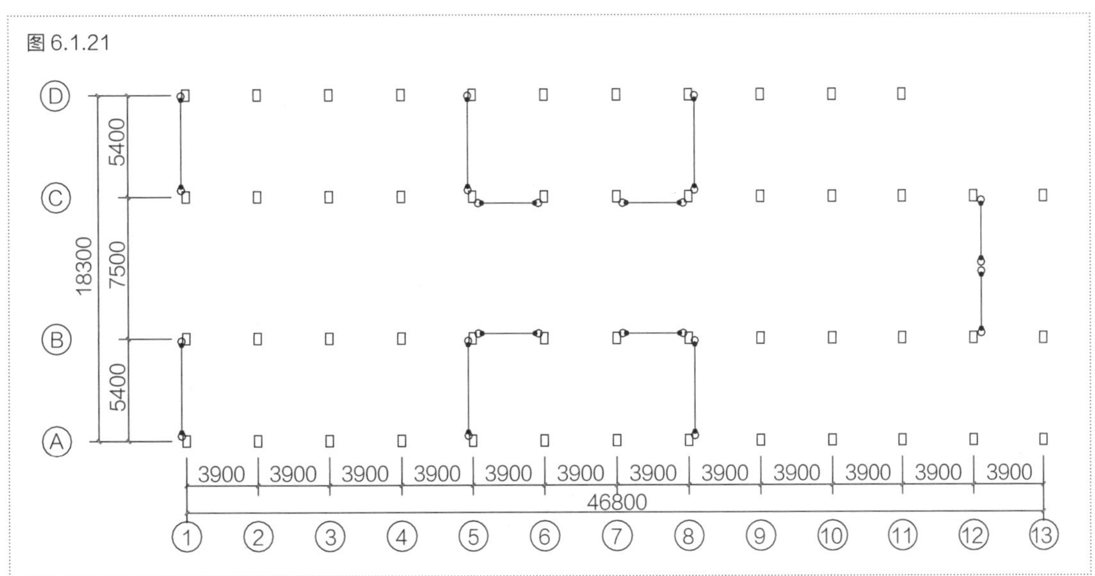

图 6.1.20　纯框架结构体系构成
图 6.1.21　屈曲约束支撑平面布置

为保证结构在两个主轴方向刚度接近，在纯框架方案的基础上，每层沿 X 向（强轴）布置 4 根屈曲约束支撑，沿 Y 向（弱轴）布置 8 根屈曲约束支撑，且平面布置基本对称（图 6.1.21）。为保证结构沿高度方向刚度均匀，不出现薄弱构件或薄弱层，支撑从 5 ~ 25 层连续布置，共 252 根。屈曲约束支撑参数见表 6.1.38。

表 6.1.38　屈曲约束支撑参数

方向	楼层	设计承载力（kN）	屈服承载力（kN）	极限承载力（kN）	等效截面面积（mm^2）
X 向	5 ~ 16	3200	3500	6440	16580
	17 ~ 25	1280	1400	2570	6810
Y 向	5 ~ 16	3660	4000	7360	18888
	17 ~ 25	1460	1600	2940	7760

（3）黏滞阻尼支撑方案

为保证结构在两个主轴方向阻尼接近，在纯框架方案的基础上，每层沿 X 向（强轴）和 Y 向（弱轴）均布置 4 根黏滞阻尼支撑，且平面布置基本对称（图 6.1.22）。黏滞阻尼支撑竖向连续布置（5 ~ 25 层），共 168 个。黏滞阻尼器参数见表 6.1.39。

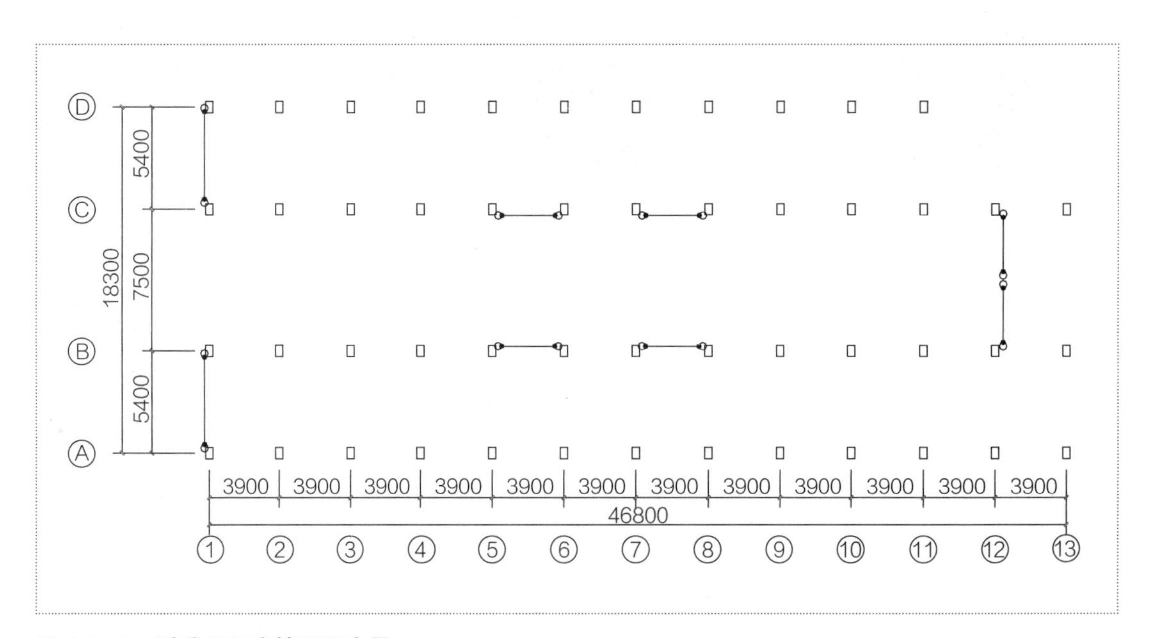

图 6.1.22　黏滞阻尼支撑平面布置

表 6.1.39　黏滞阻尼器参数

阻尼系数 [kN/（mm/s）$^{0.3}$]	阻尼指数	阻尼力（kN）	最大冲程
70	0.3	450	±60mm

（4）主要构件尺寸

本项目为竖向混合结构体系，由下部 1 ~ 4 层已建混凝土结构、上部 5 ~ 6 层新建混凝土结构以及上部 7 ~ 25 层新建钢框架结构组成，具体截面尺寸与材质见表 6.1.40。

表 6.1.40　主要构件尺寸

楼层	构件类型		截面尺寸	材质
已建 1 ~ 4 层	框架	钢筋混凝土柱	□ 800×800	C25 ~ C40
		钢筋混凝土梁	□ 300×750 ~ □ 300x500	
	混凝土剪力墙		300	
	连梁		□ 300×800	
新建 5 ~ 6 层	型钢混凝土柱		□ 1200×1300	Q345B+C40
	钢筋混凝土梁		□ 300×600 ~ □ 200×400	C40
新建 7 ~ 25 层	矩形钢管柱		□ 600×400 ~ □ 500×400	Q345B
	钢梁		H650×300×11×17　H400×200×8×13	

2）对比分析

刚性方案和阻尼方案进行反应谱和弹性动力时程分析，对比分析结果见表 6.1.41。

表 6.1.41　整体分析结果对比

对比项			纯框架方案	BRB 方案	FVD 方案
周期（s）		1	2.50	2.01	2.53
		2	2.35	1.94	2.37
		3	2.17	1.66	2.19
		4	0.81	0.68	0.82
		5	0.79	0.61	0.80
		6	0.72	0.54	0.73
层剪力（kN）	1 层	X 向	14144	18065	13530
		Y 向	15648	18454	12908
	5 层	X 向	11422	14737	10654
		Y 向	12525	15486	9960
层间位移角最大值	1 ~ 4 层	X 向	1/2427	1/2451	1/2532
		Y 向	1/4630	1/3676	1/4405
	5 ~ 6 层	X 向	1/655	1/787	1/765
		Y 向	1/591	1/863	1/717
	7 ~ 25 层	X 向	1/381	1/505	1/452
		Y 向	1/331	1/483	1/410
加固（mm）		框架柱	800→1300	800→1300	800→1300
		剪力墙	300→450	300→450	——

注：层间位移角限值 1/800（1 ~ 4 层），1/550（5 ~ 6 层），1/800（7 ~ 25 层）。

从表中的分析结果可以看出：

（1）由于纯框架方案上部结构不布置支撑和黏滞阻尼支撑不能提供附加静刚度，所以两个方案的周期都大于屈曲约束支撑方案；

（2）纯框架方案地震作用较大，层间位移角超出规范限值要求，而屈曲约束支撑方案和黏滞阻尼支撑方案层间位移角均小于纯框架方案，且满足规范限值要求；

（3）对于层剪力来说，黏滞阻尼支撑方案的层剪力明显小于屈曲约束支撑方案，表明下部已建结构承受的地震作用较小，因而所需的加固量也可相应减小。

由以上分析可知，屈曲约束支撑方案和黏滞阻尼支撑方案均可行，其综合指标对比见表6.1.42。相对于屈曲约束支撑方案，黏滞阻尼支撑方案能有效降低地震作用，加固量较小，更具经济适用性。故本工程最终采用黏滞阻尼支撑方案进行续建加固。

表 6.1.42　方案综合对比

方案	优点	缺点
屈曲约束支撑	有效增大结构抗侧刚度	小震下不能耗散地震能量，层剪力和倾覆力矩较大，加固量较大
黏滞阻尼支撑	小震下即可耗散地震能量，降低地震作用，加固量较小	对阻尼器质量要求较高

4. 结构超限情况及应对措施

1）结构超限情况

根据《超限高层建筑工程抗震设防专项审查技术要点》（建质[2010]109号），对本项目进行超限情况判定。塔楼结构高度超限，且存在扭转不规则（表6.1.43和表6.1.44），无严重不规则，上下部结构采用不同材料，同时使用了黏滞阻尼器消能减震的新技术，属超限复杂高层建筑。

表 6.1.43　结构高度及高宽比超限检查

项目	判断依据	超限判断
高度	8度区（0.30*g*）钢框架结构适用的最大高度：70m	结构高度94m，超限
高宽比	8度区（0.30*g*）钢框架结构适用的最大高宽比：6	高宽比5，不超限

表 6.1.44　一般规则性超限检查

不规则类型	判断依据	超限判断
扭转不规则	考虑偶然偏心的扭转位移比大于1.2	有（1.35）

2）超限应对措施

（1）分析模型及分析软件

①采用多种计算程序（ETABS、SATWE）对塔楼进行验算，保证计算结果的准确性和完整性；

②采用Midas软件进行补充验算，对混凝土部分和钢结构部分采用不同的材料阻尼以准确模拟结构的阻尼特性；

③按规范要求进行弹性及弹塑性时程分析（PERFORM-3D），了解结构在地震时程下

的响应过程，并寻找结构薄弱部位以便进行针对性加强；

④对不同形式框架柱的连接节点构造进行了专门设计，并进行有限元分析。

（2）性能化设计目标

表 6.1.45　塔楼抗震性能目标

地震烈度		多遇地震	设防烈度地震	罕遇地震
性能水平定性描述		不坏	可修	不倒
层间位移角限值		1/350（7 ~ 25 层钢结构） 1/550（5 ~ 6 层混凝土框架结构） 1/800（1 ~ 4 层框剪结构）	—	1/55（7 ~ 25 层钢结构） 1/60（5 ~ 6 层混凝土框架结构） 1/110（1 ~ 4 层框剪结构）
构件性能	框架柱	弹性	1 ~ 7 层抗弯不屈服，抗剪弹性，8 ~ 25 层抗弯可进入塑性，抗剪不屈服	允许进入塑性，1 ~ 7 层控制塑性转角在 IO 以内，8 ~ 25 层控制塑性转角在 LS 以内
	剪力墙	弹性	抗剪抗弯不屈服	控制抗剪截面要求，受压不压溃，受拉钢筋应变不超过极限应变
	阻尼器	正常工作	正常工作	正常工作
	节点	弹性	不屈服	不屈服

（3）其他相关加强措施

①严格控制各项指标：塔楼在设计过程中严格按现行国家有关规范的要求进行设计，各类指标尽可能控制在规范范围内，并留有余量；

②对塔楼结构体系选型进行多方案的对比，引入黏滞阻尼支撑技术；有效降低塔楼的地震作用，提高了塔楼的抗震性能；

③对 1 ~ 4 层已建部分框架柱采用增大截面法进行加固，有效降低了框架柱的轴压比，使其满足现行规范要求；

④塔楼建筑平面为长方形，平面布置规则，剪力墙和支撑布置对称且沿高度均匀布置，保证了抗侧刚度的规则性和连续性。

5. 主要分析结果

1）弹性时程分析结果

塔楼弹性时程分析结果见表 6.1.46，可以看出，结构的扭转周期比、刚重比、剪重比、层间位移角、轴压比等各项指标都满足规范限值要求。

表 6.1.46　塔楼弹性时程分析结果

项		数值
周期（s）	1	2.53（Y 向平动）
	2	2.37（X 向平动）
	3	2.19（扭转振动）
	4	0.82
	5	0.80

续表

项		数值
周期（s）	6	0.73
	扭转周期比	0.87
刚重比	X 向	24
	Y 向	20
剪重比	X 向	5.2%
	Y 向	5.0%
基底剪力（kN）	EL-CentroX	12831
	EL-CentroY	12914
	S0202X	10494
	S0202Y	10611
	S0524X	11344
	S0524Y	11836
	S0641X	11218
	S0641Y	11670
	S0647X	10445
	S0647Y	9888
	RG1X	10105
	RG1Y	10644
	RG2X	12313
	RG2Y	12002
	平均值	11250（X 向）
		11367（Y 向）
层间位移角最大值	EL-CentroX	1/2833、1/792、1/453
	EL-CentroY	1/4975、1/924、1/390
	S0202X	1/3378、1/928、1/516
	S0202Y	1/6711、1/1183、1/581
	S0524X	1/3650、1/1127、1/660
	S0524Y	1/5263、1/929、1/510
	S0641X	1/4762、1/1531、1/898
	S0641Y	1/7576、1/1304、1/756
	S0647X	1/4975、1/1447、1/808
	S0647Y	1/7194、1/1227、1/660
	RG1X	1/3774、1/1129、1/652
	RG1Y	1/6597、1/1203、1/661
	RG2X	1/3021、1/987、1/484

续表

项		数值
层间位移角最大值	RG2Y	1/4831、1/814、1/484
	平均值	1/3627、1/1082、1/620（X 向）
		1/5983、1/1053、1/410（Y 向）
轴压比	框架柱	0.41
	剪力墙	0.33
阻尼比		7.5%（附加阻尼比 4.5%）

注：层间位移角数据依次对应 1 ~ 4 层、5 ~ 6 层、7 ~ 25 层。

2）弹塑性时程分析结果

采用通用有限元软件 Perform-3D 进行结构动力弹塑性时程分析。选用 7 组时程波，包括 5 组天然波和 2 组人工波。

（1）基底剪力和层间位移角最大值

塔楼弹塑性时程分析结果见表 6.1.47，可以看出，结构的层间位移角满足 1/55 的限值要求。

表 6.1.47　塔楼弹塑性时程分析结果

项	地震波组	方向	数值
基底剪力（kN）	EL-Centro	X	61002
		Y	67152
	S0202	X	61070
		Y	72277
	S0524	X	53322
		Y	71747
	S0641	X	52110
		Y	69697
	S0647	X	58598
		Y	62960
	RG1	X	55520
		Y	68767
	RG2	X	67863
		Y	72563
	平均值	X	58498
		Y	69309
层间位移角最大值	EL-Centro	X	1/92
		Y	1/91
	S0202	X	1/124
		Y	1/138
	S0524	X	1/118
		Y	1/121

项	地震波组	方向	数值
层间位移角最大值	S0641	X	1/149
		Y	1/150
	S0647	X	1/142
		Y	1/135
	RG1	X	1/137
		Y	1/123
	RG2	X	1/81
		Y	1/82
	平均值	X	1/115
		Y	1/114

（2）构件抗震性能评价

在罕遇地震作用下，结构各部位抗震性能评价如表 6.1.48 所示。

表 6.1.48　结构抗震性能评价

结构部位	抗震性能评价
剪力墙	墙体大部分处于不屈服状态，部分墙体进入塑性，满足性能目标水平
连梁	连梁大部分达到屈服，没有超过 LS 的性能目标
混凝土柱	混凝土柱大部分处于弹性状态，部分塑性铰达到 LS 性能状态，但未超过 CP 性能状态，满足性能目标要求
钢框架柱	钢柱大部分处于弹性状态，部分塑性铰达到 IO 性能状态，但未超过 LS 性能状态，满足性能目标要求
混凝土梁	混凝土梁基本处于弹性状态，部分塑性进入屈服状态，但未超过 LS 性能状态
钢框架梁	部分钢梁进入屈服状态，少数达到 LS 性能状态，未超过 CP 性能状态

（3）黏滞阻尼器工作状态

在罕遇地震作用下，单个阻尼器的最大出力为 330kN，最大位移为 42mm，阻尼器保持正常工作状态。黏滞阻尼器滞回曲线如图 6.1.23 所示。

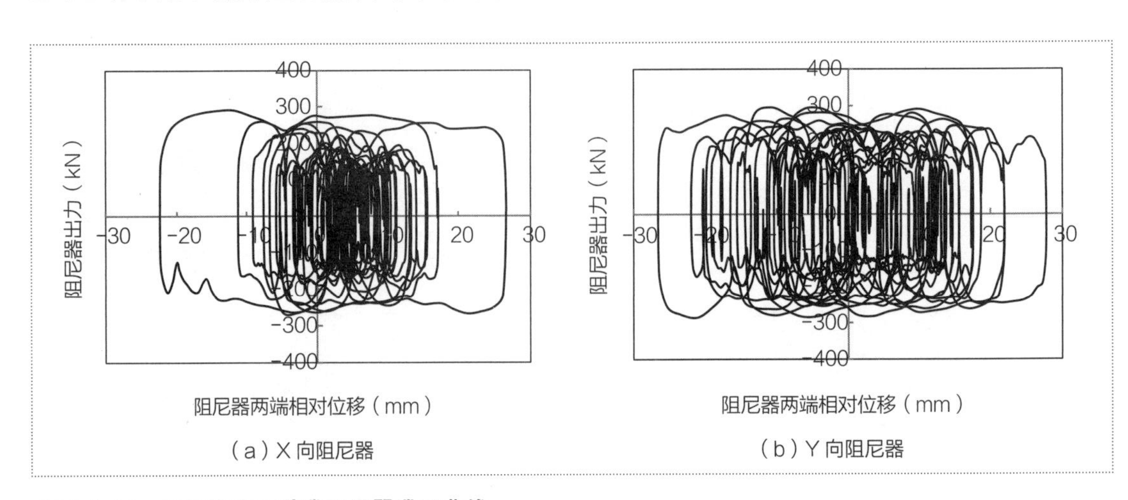

图 6.1.23　罕遇作用下黏滞阻尼器滞回曲线

6. 专家审查意见

2015 年 4 月 29 日于甘肃兰州，由甘肃省超限高层建筑工程抗震设防审查专家委员会组织，邀请全国超限委专家及省内抗震专家对“天水展贸大厦南楼续建工程”进行了超限评审，专家组审阅了勘察设计文件和相关专项报告、听取设计单位汇报，并对设计中的问题进行质询后认为：勘察设计文件满足专项审查要求，场地类别划分合理，结构体系可行，抗震设计地震动参数取值正确。审查结论为：通过。

专家组提出以下意见，请设计单位在施工图阶段改进，并请具有超限审查资格的施工图审查机构检查落实：

（1）性能设计中：剪力墙应按中震抗剪弹性、抗弯不屈服设计；与阻尼器相连的框架节点和构件满足大震不屈服的要求。

（2）在反应谱计算时应考虑阻尼器出力对构件内力的影响。

（3）Y 向刚重比为 20，计算时应考虑重力二阶效应。

（4）中震作用下，附加阻尼比应根据计算结果确定。

6.1.4 上海某银行办公楼

[建筑概要]

项目地点：中国 · 上海

建设单位：上海浦东发展银行股份有限公司

设计单位：同济大学建筑设计研究院（集团）有限公司

建筑高度：79.7m

层　　数：地上主楼 17 层，附楼 6 层

建筑面积：63550m²

设计时间：2015 ~ 2016 年

[结构概要]

结构体系：钢框架 + 混凝土剪力墙 + 黏滞阻尼墙（主楼），钢框架 + 黏滞阻尼墙（附楼）

减震技术：黏滞阻尼墙

基　　础：桩基础

1. 工程概况

A13A-01 地块项目为上海浦东发展银行位于浦东新区区世博会地区 A 片区的办公楼项目。本地块是绿谷核心地带的最东端，以东、以北方向均由白莲泾公园围合成的绿化带，紧邻黄浦江与白莲泾河道，是生态环境以及观江景的最佳位置。

本项目地上建筑面积 45050m^2，地下建筑面积 18500m^2。地上由一栋结构高度 77m 的主楼、结构高度 27m 的附楼及主、附楼之间的入口门厅组成。主楼地上 17 层，附楼地上 6 层，一层层高 5m，标准层层高 4.5m，如图 6.1.24 所示。入口门厅南北两侧在三至六层设置会议室，7 层楼板高度处设置屋盖将主、附楼相连，地下设 3 层地下室，埋深 15.8m。

主楼结构平面尺寸 32.4m×56.8m，外框柱距 7.2m ~ 11.4m 不等，共 20 根柱。附楼结构平面尺寸 22.4m×56.8m，柱距 6.6m ~ 9.2m 不等，共 26 根柱（图 6.1.25）。

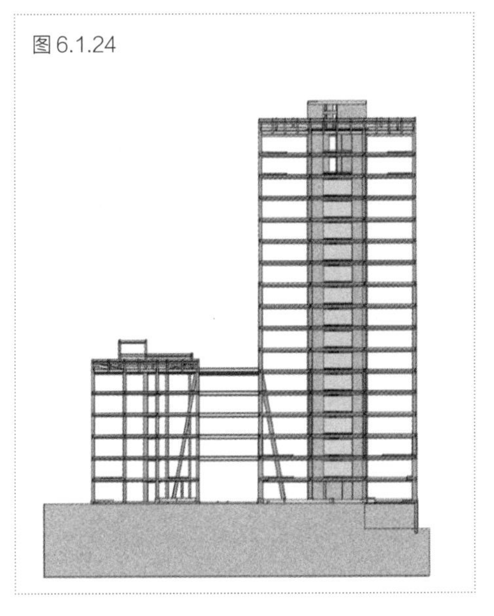

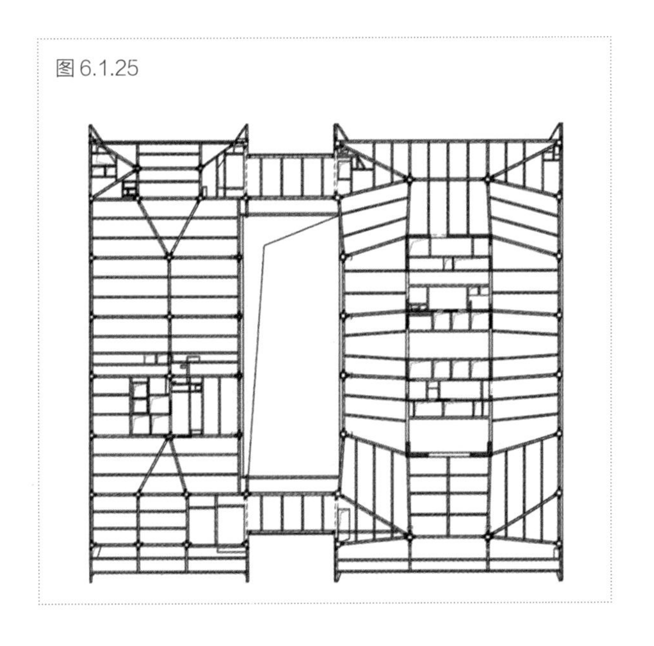

图 6.1.24　塔楼立面图
图 6.1.25　塔楼平面图

一层主要功能为办公大堂、企业展示区与多功能厅，二层及以上为办公区，其中在附楼 6 楼有一个大型的无柱大厅，供集体活动使用，主楼屋顶为景观露台。地下一层配置员工餐厅、后勤及设备用房，地下二层、三层主要为机动车停车及设备用房，地下三层设置人防区域。

本项目位于上海市，抗震设防烈度为 7 度（0.10g），设计地震分组为第一组，场地类别为Ⅳ类，场地特征周期 T_g=0.90s。多遇地震作用下，结构固有阻尼比取为 0.04；罕遇地震作用下，结构固有阻尼比取为 0.05。

2. 结构材料

1）混凝土

表 6.1.49　混凝土材料参数

结构构件	混凝土强度等级
剪力墙、连梁	1 ~ 11 层: C60 ~ C50，12 ~ 17 层: C40
楼板、地下室顶板和外墙	C35
基础（塔楼筏板）	C35

2）钢筋和钢材

表 6.1.50　钢筋和钢材强度等级

类型	强度等级
钢筋	HRB335、HRB400
钢材	Q345B

3. 结构体系与消能减震技术应用

1）结构体系选型

本项目位于上海市，且属于超限连体建筑，存在以下特点:

①地震作用大: 上海场地条件较差（Ⅳ类场地土），特征周期为 0.9s，地震作用较大。经初步计算发现，X、Y 向最小剪重比分别为 3.53%、3.30%，远大于规范限值 1.6%。

②主楼与附楼体型差异大: 本项目由高度分别为 77m 的主楼和 27m 的附楼连接而成，塔楼高差较大，且主楼采用框架 - 剪力墙结构，附楼采用框架结构，结构体系不同，侧向刚度差异较大。水平作用下两塔楼的侧向变形差对连接部位以及整体结构将产生不利作用。

根据本项目的特点，对本塔楼结构体系提出两种方案进行比选: 刚性方案和阻尼方案。

（1）刚性方案

刚性方案结构体系构成:钢框架 + 钢筋混凝土剪力墙（主楼）,钢框架（附楼）,如图 6.1.26 所示。结构布置如图 6.1.27 所示。

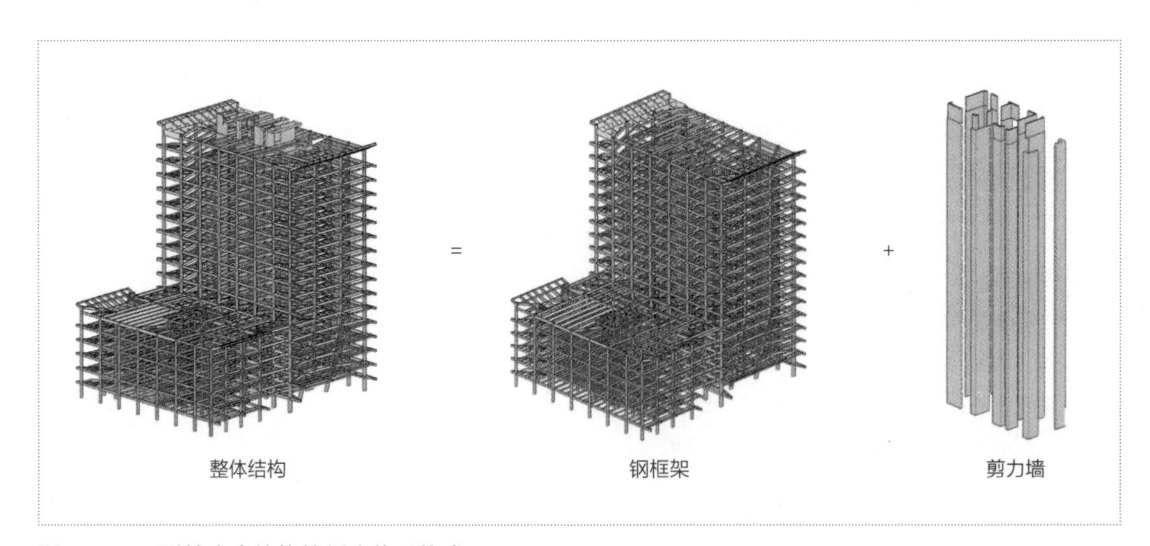

图 6.1.26　刚性方案结构抗侧力体系构成

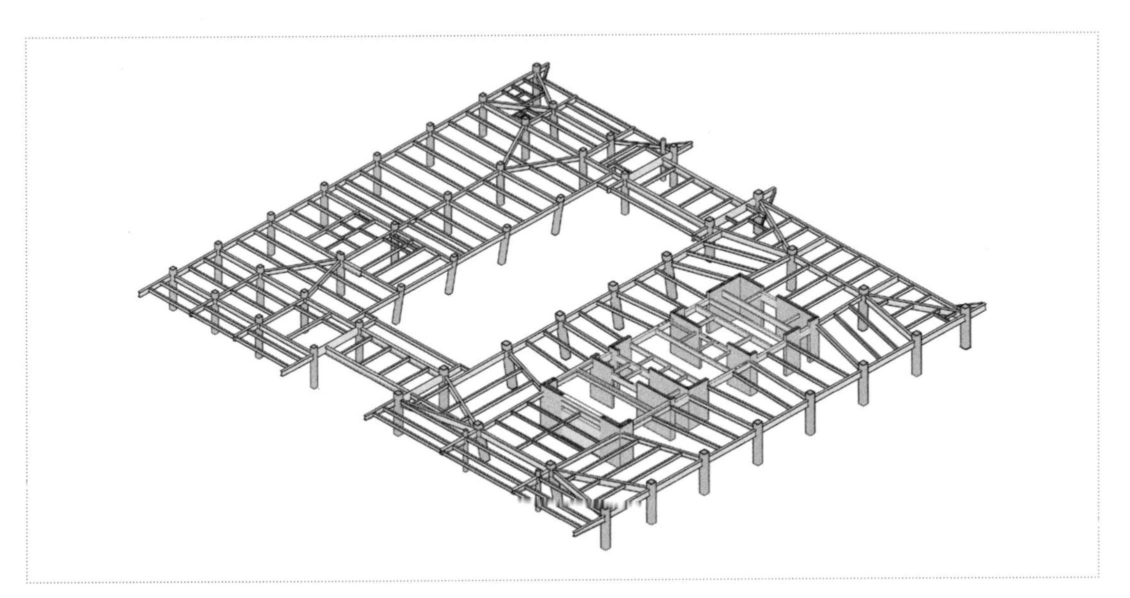

图 6.1.27　典型楼层结构布置轴测图

（2）阻尼方案

为解决结构地震作用大和主楼与附楼之间位移差大的问题，提出采用黏滞阻尼墙技术进行抗震设计，形成阻尼方案。

阻尼方案结构体系构成：钢框架 + 钢筋混凝土剪力墙 + 黏滞阻尼墙（主楼），钢框架 + 黏滞阻尼墙（附楼），如图 6.1.28 所示。黏滞阻尼墙共布置 28 片：X 向主楼 10 片，附楼 4 片，Y 向主楼 10 片，附楼 4 片，黏滞阻尼墙布置如图 6.1.29 和图 6.1.30 所示。黏滞阻尼墙参数见表 6.1.51。

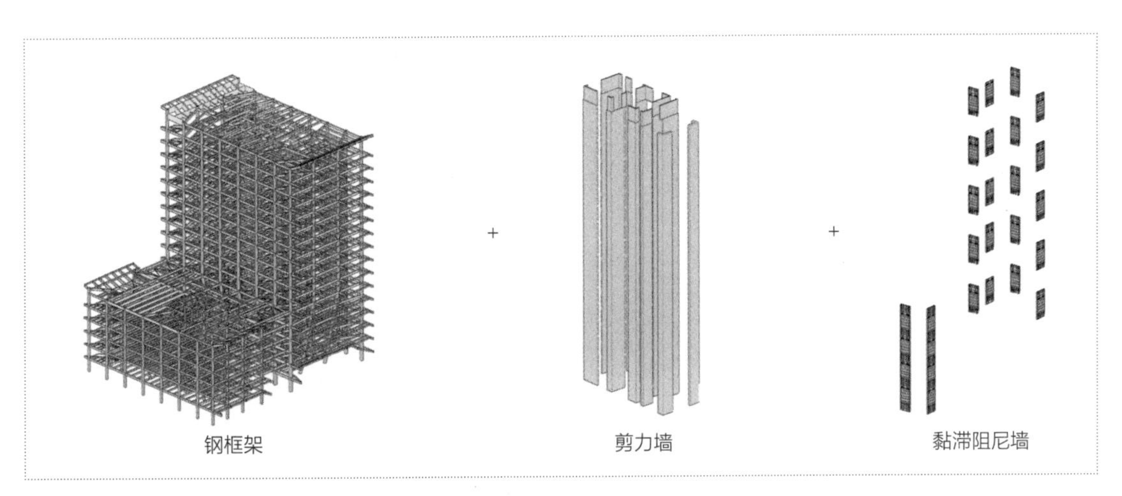

图 6.1.28　阻尼方案结构抗侧力体系构成

表 6.1.51　黏滞阻尼墙参数

布置位置	阻尼系数 [kN/（m/s）$^{0.45}$]	阻尼指数	阻尼力（kN）	最大冲程（mm）
主楼	2500	0.45	1200	30
附楼	3000	0.45	1800	40

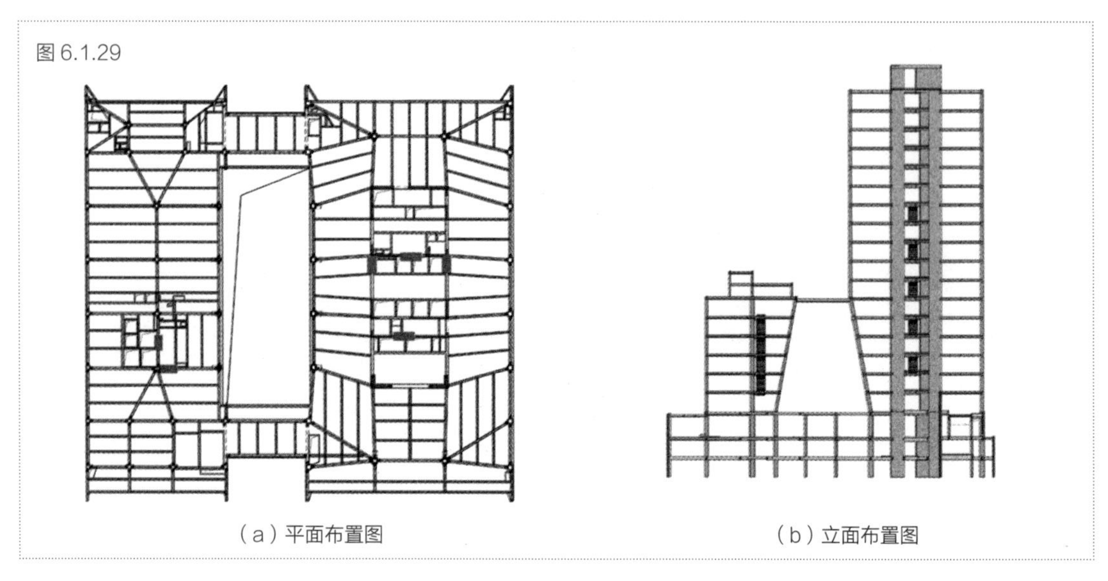

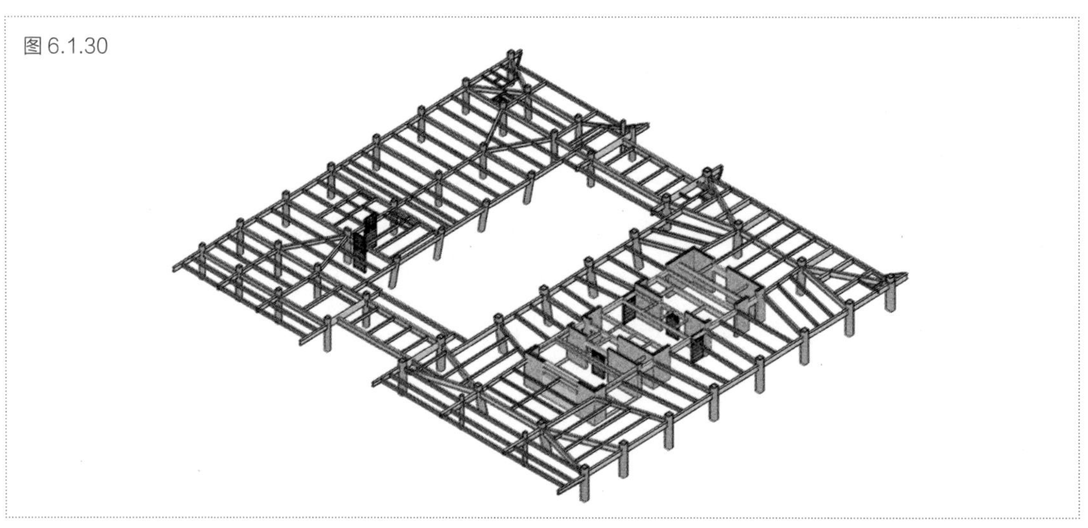

图 6.1.29　黏滞阻尼墙布置图
图 6.1.30　典型楼层结构布置轴测图

（3）主要构件尺寸

框架柱为型钢混凝土柱，楼面梁为工字钢梁，核心筒为钢筋混凝土核心筒，伸臂桁架为工字钢，具体截面尺寸与材质见表 6.1.52。

表 6.1.52　主要构件尺寸

构件类型			截面尺寸	材质
主楼	箱型钢柱		□ 800×800×50×50 ～□ 700×700×40×40	Q345B
	钢梁		H750×300×16×28 ～ H500×300×11×18	
	剪力墙	外墙	400（南侧局部 600）	C60 ～ C40
		内墙	300	
	连梁		□ 600×1000 ～□ 300×700	

续表

构件类型		截面尺寸	材质
附楼	箱形钢柱	□ 600×600×30×30	Q345B
	钢梁	H700×300×13×24 ~ H450×300×11×18	
连接体	钢梁	H800×400×20×40	

2）对比分析

对两个方案的主楼和附楼分别进行单塔分析，对比分析结果如见表 6.1.53 ~表 6.1.55。

表 6.1.53　主楼整体分析结果对比

对比项		刚性方案	阻尼方案	阻 / 刚
周期（s）	1	2.19	2.28	104%
	2	2.09	2.24	107%
	3	1.94	2.00	103%
	4	0.61	0.67	110%
	5	0.55	0.56	102%
	6	0.50	0.51	102%
基底剪力（kN）	X 向	12560	10597	84%
	Y 向	13322	10680	81%
基底倾覆力矩（kN · m）	X 向	639620	538304	84%
	Y 向	691554	547625	80%
层间位移角最大值	X 向	1/823	1/990	83%
	Y 向	1/876	1/937	94%
阻尼比		4%	8%（附加阻尼比 4%）	200%

注：阻、刚分别代表阻尼方案、刚性方案。

表 6.1.54　附楼整体分析结果对比

对比项		刚性方案	阻尼方案	阻 / 刚
周期（s）	1	1.577	1.577	100%
	2	1.516	1.516	100%
	3	1.377	1.377	100%
周期（s）	4	0.614	0.614	100%
	5	0.550	0.550	100%
	6	0.498	0.498	100%
基底剪力（kN）	X 向	3558	2851	80%
	Y 向	3846	3024	79%
基底倾覆力矩（kN · m）	X 向	71039	57048	80%
	Y 向	76634	60413	79%
层间位移角最大值	X 向	1/369	1/506	73%
	Y 向	1/447	1/574	78%
阻尼比		2%	8%（附加阻尼比 6%）	400%

注：阻、刚分别代表阻尼方案、刚性方案。

表 6.1.55 多遇地震作用下主楼与附楼侧向位移差

位移差(mm)	楼层	刚性方案	阻尼方案	阻/刚
X向	1	4.4	2.8	63%
	2	10.0	6.4	64%
	3	14.8	9.3	62%
	4	18.0	11.0	61%
	5	19.2	11.2	58%
	6	18.6	10.1	54%
Y向	1	4.7	3.0	63%
	2	10.7	6.9	64%
	3	15.8	10.0	63%
	4	19.2	11.7	61%
	5	20.5	12.0	58%
	6	19.8	10.8	54%

注:阻、刚分别代表阻尼方案、刚性方案。

从表中的分析结果可知,阻尼方案相比刚性方案有明显的优势,主要表现在:

(1)阻尼方案的周期较刚性方案有一定程度的增大,同时,阻尼比提高到8%,有效地降低了地震作用;

(2)阻尼方案的层剪力和层倾覆力矩小于刚性方案,基底剪力和基底倾覆力矩减幅约为20%;

(3)从层间位移角最大值来看,阻尼方案相对于刚性方案减幅 17% ~ 27%(X向)和6% ~ 22%(Y向);

(4)黏滞阻尼墙的布置有效地降低了结构的地震作用,缩小主楼与附楼的变形差约40%。

综上所述,本项目采用了阻尼方案:钢框架+混凝土剪力墙+黏滞阻尼墙(主楼),钢框架+黏滞阻尼墙(附楼)。

4. 结构超限情况及应对措施

1)结构超限情况

根据《超限高层建筑工程抗震设防专项审查技术要点》(建质[2015]67号),对本项目进行超限情况判定。塔楼结构存在扭转不规则、局部楼层偏心布置、侧向刚度不规则、14根贯穿多个楼层的斜柱以及楼板局部缺失形成个别穿层柱的复杂结构等多项一般性不规则(表6.1.56和表6.1.57),同时使用了黏滞阻尼墙消能减震的新技术,属于超限复杂高层建筑结构。

表 6.1.56 建筑结构高度及高宽比超限检查

项目	判断依据	超限判断
高度	7度区(0.10*g*)框架-剪力墙适用的最大高度:120m	结构高度80m,不超限
高宽比	7度区(0.10*g*)框架-剪力墙适用的最大高宽比:6	高宽比2.5,不超限

表 6.1.57　三项及以上不规则高层建筑界定

不规则类型	简要涵义	判断	备注
扭转不规则	考虑偶然偏心的扭转位移比大于 1.2	有	主楼、附楼及整体结构最大扭转位移比均大于 1.2
偏心布置	偏心率大于 0.15 或相邻层质心相差大于相应边长 15%	有	整体结构 7 层和 8 层质心相差约为相应边长的 20%
侧向刚度不规则	层刚度小于相邻上层的 70% 或连续相邻上三层的 80%，（除顶层或出屋面小建筑，或裙房（辅楼）高度不大于主楼的 20% 外）局部收进尺寸大于相邻下层的 25%，上部楼层大于下部楼层水平尺寸 1.1 倍或整体水平悬挑大于 4m	有	主楼地上 17 层，附楼地上 6 层，整体结构在 6 层以上收进尺寸 50% 以上
复杂结构	错层结构，带加强层的高层建筑，裙房大底盘的多塔以及连体高层建筑	有	14 根贯穿多个楼层的斜柱；楼板局部缺失形成个别穿层柱

2）超限应对措施

（1）分析模型及分析软件

①采用多种计算程序（ETABS、YJK）对塔楼进行验算，保证计算结果的准确性和完整性；

②按规范要求进行弹性（ETABS）及弹塑性时程分析（Perform-3D），了解结构在地震时程下的响应过程，并寻找结构薄弱部位以便进行针对性加强；

③对关键节点进行有限元分析研究。

（2）性能化设计目标

表 6.1.58　结构整体抗震性能目标

地震水准	结构抗震性能水准	宏观损坏程度
多遇地震	1	完好、无损坏
设防地震	3	轻度损坏
罕遇地震	4	中度损坏

表 6.1.59　关键构件和耗能构件抗震性能设计目标

地震烈度		多遇地震	设防烈度地震	罕遇地震
性能水平定性描述（C 类）		不损坏，不需修理即可继续使用	轻微损坏，一般修理后可继续使用	中度破坏，修复或加固后可继续使用
层间位移角限值		1/800	—	1/100
剪力墙	压弯	弹性	允许进入塑性	允许进入塑性，同时不发生混凝土压溃现象
	抗剪	弹性	不屈服	满足截面控制条件
框架柱	压弯	弹性	不屈服	部分屈服
	抗剪	弹性	不屈服	满足截面控制条件
连梁	抗弯	弹性	屈服	屈服
	抗剪	弹性	不屈服	满足截面控制条件

续表

地震烈度		多遇地震	设防烈度地震	罕遇地震
框架梁	抗弯	弹性	部分屈服	部分屈服
	抗剪	弹性	不屈服	满足截面控制条件
连接楼板		弹性	不屈服	允许钢筋屈服，钢筋应变不超过极限抗拉应变
斜柱层拉梁		弹性	弹性	不屈服
主楼大跨度悬挑钢梁		弹性	弹性	不屈服

（3）其他相关加强措施

①严格控制各项指标：塔楼在设计过程中严格按现行国家有关规范的要求进行设计，各类指标尽可能控制在规范范围内，并留有余量；

②通过适当增强附楼刚度，协调主、附楼侧向变形从而改善连体受力；

③对塔楼结构体系选型进行多方案的对比，引入消能减震技术，有效地降低了塔楼的地震作用，提高了塔楼的抗震性能，同时减小了主、附楼变形差，提高了连体部位的安全储备。

④针对剪力墙延性的加强措施：

a. 控制墙肢轴压力和剪力水平，确保墙肢在大震下的延性且不发生剪切破坏；

b. 对中震作用下出现受拉墙肢的部分，适当提高型钢含钢率，确保墙肢延性；

c. 在关键区域的连梁中布置型钢，增强连梁延性。

⑤针对外框架延性的加强措施：

a. 增大连接楼板的厚度，连接楼板所在楼层楼板厚度为 150mm；

b. 根据计算结果，增加连接楼板部分的楼板配筋，采用双层双向钢筋网，每层每方向钢筋网的配筋率不小于 0.25%，提高连接楼板的承载力；

c. 连接楼面梁构件验算时将竖向地震作用考虑在内，适当加大连接楼面处钢梁的截面，提高钢梁的抗拉能力，钢梁深入主体结构一跨并可靠锚固。

5. 主要分析结果

1）弹性时程分析结果

塔楼弹性时程分析结果见表 6.1.60，可以看出，结构的扭转周期比、刚重比、剪重比、层间位移角等各项指标都满足规范限值要求。

表 6.1.60　塔楼弹性时程分析结果

项		数值
周期（s）	1	2.25（X 向平动）
	2	2.20（Y 向平动）
	3	1.88（扭转振动）
	4	0.82
	5	0.66
	6	0.56
	扭转周期比	0.84

续表

项		数值
刚重比	X 向	4.01
	Y 向	3.71
剪重比	X 向	2.9%
	Y 向	2.8%
基底剪力（kN）	SHW1X	11596
	SHW1Y	8398
	SHW2X	11331
	SHW2Y	11599
	SHW3X	10880
	SHW3Y	111[illegible]
	SHW4X	14475
	SHW4Y	14710
	SHW5X	14037
	SHW5Y	11041
	SHW6X	9426
	SHW6Y	8991
	SHW7X	10367
	SHW7Y	11339
	平均值	11731（X 向）
		12067（Y 向）
层间位移角最大值	SHW1X	1/1344
	SHW1Y	1/1376
	SHW2X	1/1088
	SHW2Y	1/1064
	SHW3X	1/1100
	SHW3Y	1/1086
	SHW4X	1/962
	SHW4Y	1/898
	SHW5X	1/912
	SHW5Y	1/914
	SHW6X	1/1337
	SHW6Y	1/1277
	SHW7X	1/1018
	SHW7Y	1/1064
	平均值	1/921（X 向）
		1/892（Y 向）
阻尼比		8.2%（附加阻尼比 4.2%）

2）弹塑性时程分析结果

采用通用有限元软件 Perform-3D 进行结构动力弹塑性时程分析。选用 7 组时程波，包括 5 组天然波和 2 组人工波。

（1）基底剪力和层间位移角最大值

塔楼弹塑性时程分析结果见表 6.1.61，可以看出，结构的层间位移角满足《高层建筑混凝土结构技术规程》JGJ 3—2010 第 3.7.5 条中 1/100 的限值要求。

表 6.1.61　塔楼弹塑性时程分析结果

项	地震波组	方向	数值
基底剪力（kN）	SHW8	X	65651
		Y	51593
	SHW9	X	45694
		Y	51946
	SHW10	X	40848
		Y	42888
	SHW11	X	54464
		Y	38989
	SHW12	X	70644
		Y	72532
	SHW13	X	69023
		Y	58168
	SHW14	X	61395
		Y	72403
	平均值	X	58246
		Y	55503
层间位移角最大值	SHW8	X	1/205
		Y	1/154
	SHW9	X	1/230
		Y	1/257
	SHW10	X	1/186
		Y	1/140
	SHW11	X	1/248
		Y	1/232
	SHW12	X	1/145
		Y	1/167
	SHW13	X	1/131
		Y	1/162
	SHW14	X	1/139
		Y	1/140

续表

项	地震波组	方向	数值
层间位移角最大值	平均值	X	1/173
		Y	1/170

（2）构件抗震性能评价

在罕遇地震作用下，结构各部位抗震性能评价见表 6.1.62。

表 6.1.62　结构抗震性能评价

结构部位	抗震性能评价
剪力墙	墙体大部分处于不屈服状态，部分墙体进入塑性，满足性能目标水平
连梁	塔楼连梁进入塑性状态，符合屈服耗能的抗震工程学概念；部分连梁转角超过 LS，没有超过 CP 的性能目标
钢柱	型钢混凝土柱转角基本处于弹性状态，满足性能目标要求
钢框架梁	部分框架梁进入 IO 状态，大震下满足性能目标要求

（3）黏滞阻尼墙工作状态

罕遇地震作用下，主楼阻尼墙的最大出力为 1000kN，最大位移为 17mm，附楼阻尼墙的最大出力为 1500kN，最大位移为 30mm，阻尼墙均处于正常工作状态。阻尼墙滞回曲线如图 6.1.31 所示。

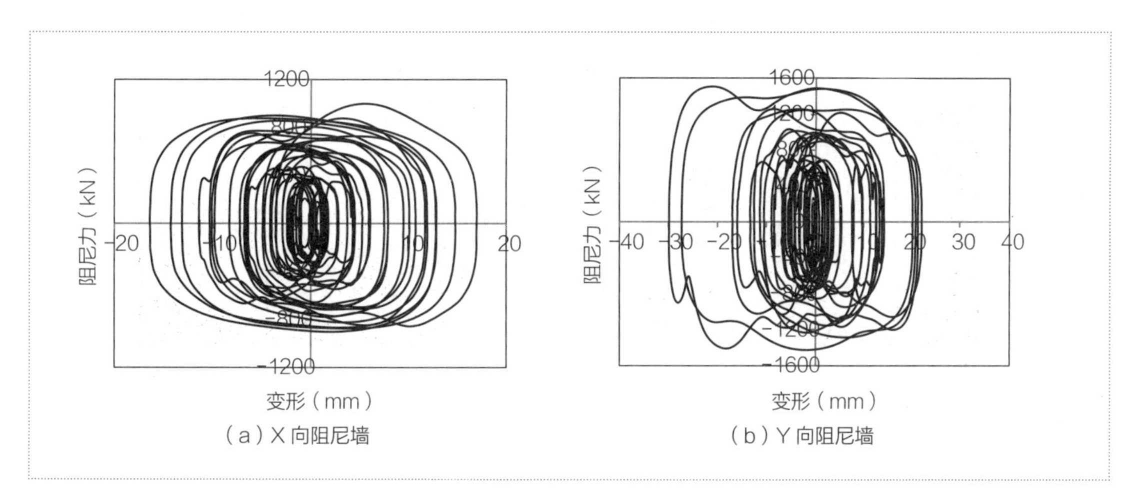

图 6.1.31　罕遇地震作用下阻尼墙滞回曲线

6.1.5 同济教学科研综合楼

[建筑概要]

项目地点：中国·上海

建设单位：同济大学

设计单位：同济大学建筑设计研究院（集团）有限公司

建筑高度：98m

层　　数：地下 1 层，地上 21 层

建筑面积：46000m^2

设计时间：2003 年

[结构概要]

结构体系：钢管混凝土框架 + 环带桁架 + 消能减震支撑

减震技术：黏滞阻尼支撑

基　　础：钻孔灌注桩箱形基础

1. 工程概况

作为同济大学百年校庆的标志性建筑，同济大学教学科研综合楼[97,98]是一幢集教学、科研、办公等多功能于一体的综合性建筑。该建筑地下 1 层，地上 21 层（每三层有 2m 高的设备层），总高度 98m，结构平面尺寸为 48.6m×48.6m。

建筑设计旨在 48.6m 见方、高 98m 的长方体造型内，通过 L 形块体单元螺旋上升布置，创造一个外形简约、内涵丰富、形式与功能有机结合的高层建筑。该建筑方案独特之处在于：主楼楼层中局部楼板缺失，形成了 L 形的平面，每三层为一个块体单元，这样的 L 形块体从下往上依次按顺时针旋转 90°，每次旋转之间通过一个 2m 高的设备层过渡，共转 6 次到顶。L 形块体单螺旋上升布置和楼板平面如图 6.1.32 和图 6.1.33 所示，典型楼层平面布置如图 6.1.34 所示。

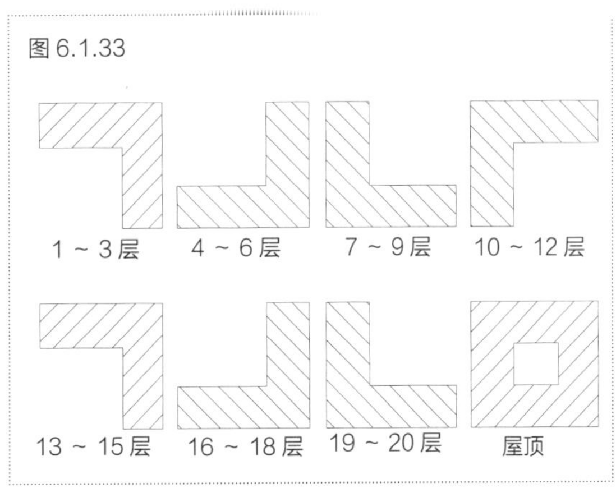

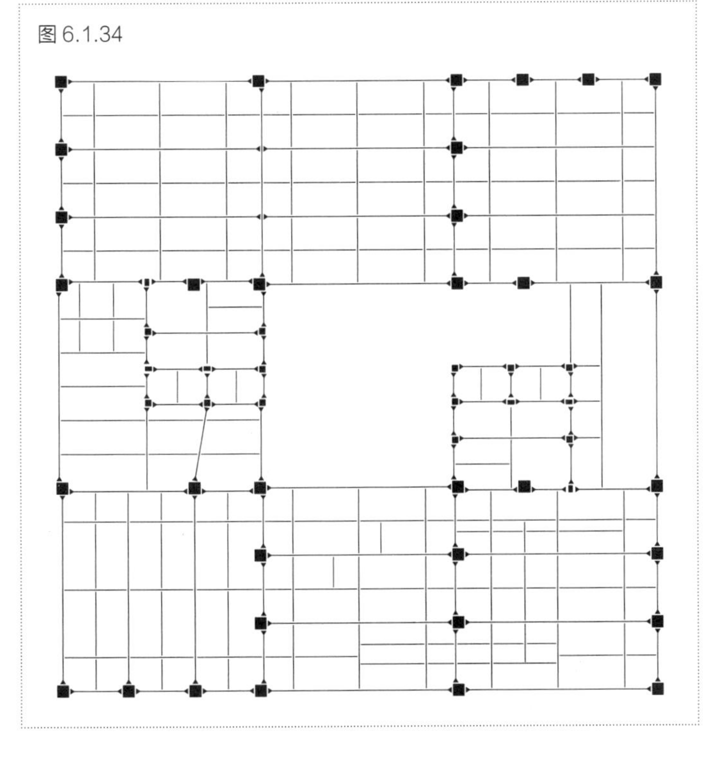

图 6.1.32　L 形块体螺旋上升布置
图 6.1.33　楼板平面
图 6.1.34　典型楼层结构平面布置图

本项目位于上海市，抗震设防烈度为 7 度（0.10g），设计地震分组为第一组，场地类别为Ⅳ类，场地特征周期 T_g=0.90s。多遇地震作用下，结构固有阻尼比取为 0.035，罕遇地震作用下，结构固有阻尼比取为 0.05。

2. 结构材料

框架柱、梁、钢支撑采用 Q345B，楼面次梁采用 Q235B。钢管混凝土采用 C40，楼板混凝土采用 C30。

3. 结构体系与消能减震技术应用

1）结构体系选型

（1）工程特点

新颖独特的建筑造型使该建筑呈现明显的平面和竖向不规则，给建筑的结构体系选择和结构设计带来了多方面的严峻挑战：

①结构体系和结构布置必须能够与螺旋上升的建筑布局相适应，构成 L 形块体的 16.2m × 16.2m 模数单元内为无柱空间，以适应教学、科研、办公等多功能的灵活布局。

②中央 16.2m × 16.2m × 98m 通高中庭为开放式的，故无法利用该空间设置核心筒来抵抗水平地震及风荷载作用。

③ L 形块体单元螺旋叠置，致使各块体单元的质心亦呈螺旋上升排列，在地震作用下结构将不可避免地产生较大的扭转效应，从而呈现明显的扭转不规则特征。因此，如何减小建筑块体单元螺旋叠置所产生的扭转效应是结构设计需要重点解决的问题。

④跨层组合中庭致使每层楼板的开洞较大，楼板削弱较多。在水平地震作用下，将会大大削弱楼板的薄膜效应。同时，设备夹层的设置将导致结构的侧向刚度不规则。

（2）设计思路

根据本工程所具有的建筑布局特点，设计初期拟利用建筑物内部的两个电梯、楼梯井道做成钢筋混凝土剪力墙，与外围柱形成框架－剪力墙体系，提供结构抗扭刚度。但经建模计算发现，此时结构第一振型为扭转，与规范要求不符。

然后采用纯框架体系试算，亦不能满足规范对扭转周期比和层间位移角限值的要求。因此，最后确立了框架－支撑的框撑结构体系。采用外围设撑，并利用每三层之间的设备层设置钢桁架环带，加强杆件间的连接，以增强结构的抗扭转能力。

普通钢支撑一般为连续布置（图 6.1.35），但从本工程的建筑形态上看，连续布置的支撑会破坏楼板平面旋转上升的艺术感，因此考虑采用支撑也旋转上升的不连续布置形式。针对本结构的建筑特点，每三层为一个支撑布置组，支撑组在外围立面旋转上升布置，立面的布置形式与 L 形楼板竖向布置相对应，虽然支撑在立面上属于不连续形式，但与本工程的建筑效果吻合，如图 6.1.36 所示。

经初步计算发现，连续钢支撑的设置能有效改善结构存在的平面、竖向不规则导致的扭转问题，显著减小扭转周期比、扭转位移比，并能通过提高结构的抗侧刚度减小结构的位移响应。然而连续钢支撑的设置破坏了建筑 L 形平面功能单元螺旋上升的建筑布局，影响了建筑与结构的协调美，不建议采用。

不连续钢支撑方案在结构外围立面旋转上升布置，能很好地与建筑布局相吻合，但其控制扭转的效果不够明显，并且在地震作用下的局部层间位移角甚至大于纯框架模型。故需在不连续钢支撑的布置方案基础上，考虑采用耗能减震技术，以消除不连续钢支撑方案下的结构抗震和抗扭性能不足的缺点。选取两种消能减震支撑：屈曲约束支撑（BRB）和黏滞阻尼支撑（FVD）。

考虑到消能减震支撑不宜设计交叉支撑，本工程采用将图 6.1.36 的单斜杆支撑替换成消能减震支撑，如图 6.1.37 所示，图中的虚线为屈曲约束支撑或黏滞阻尼支撑。

黏滞阻尼器的阻尼系数 C_d=250kN/（mm/s）$^{\alpha}$，阻尼指数 α=0.2。屈曲约束支撑采用与普通钢支撑等抗侧刚度转换的原则进行设计，其核心段截面积 A_i=14225mm^2。为了使得 BRB 在中震下即能进入屈服，耗散地震能量，屈曲约束支撑选用低屈服点钢（f_y=100MPa）。

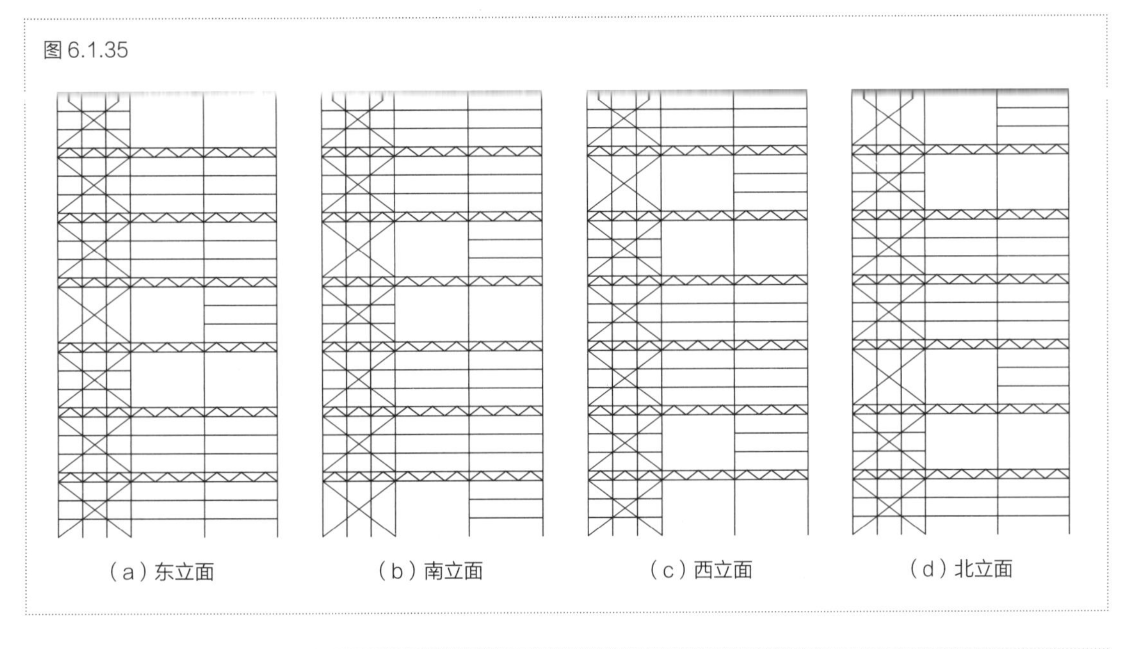

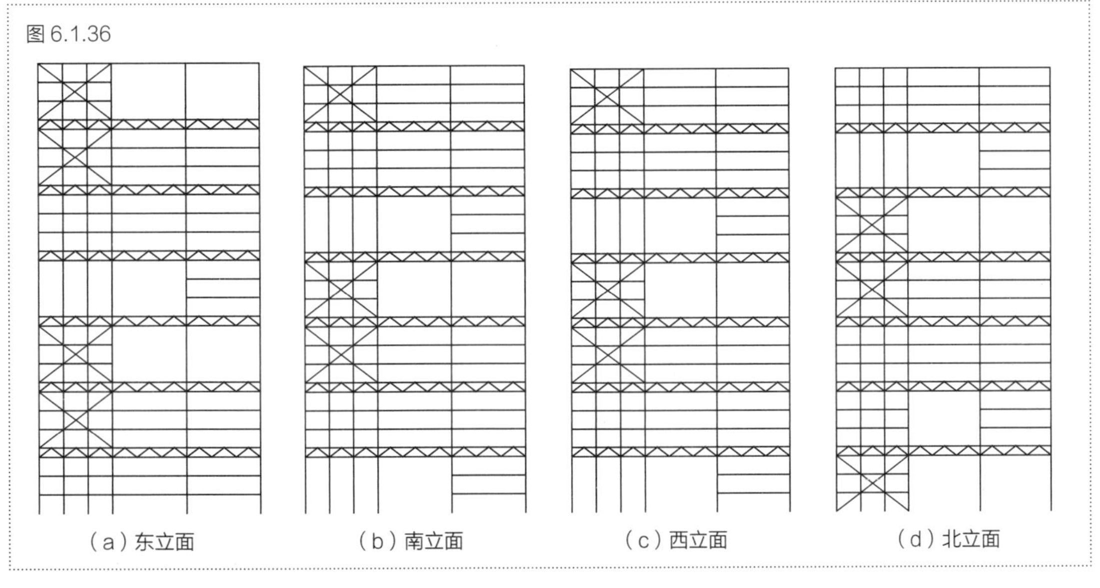

图 6.1.35　连续钢支撑布置
图 6.1.36　不连续钢支撑布置

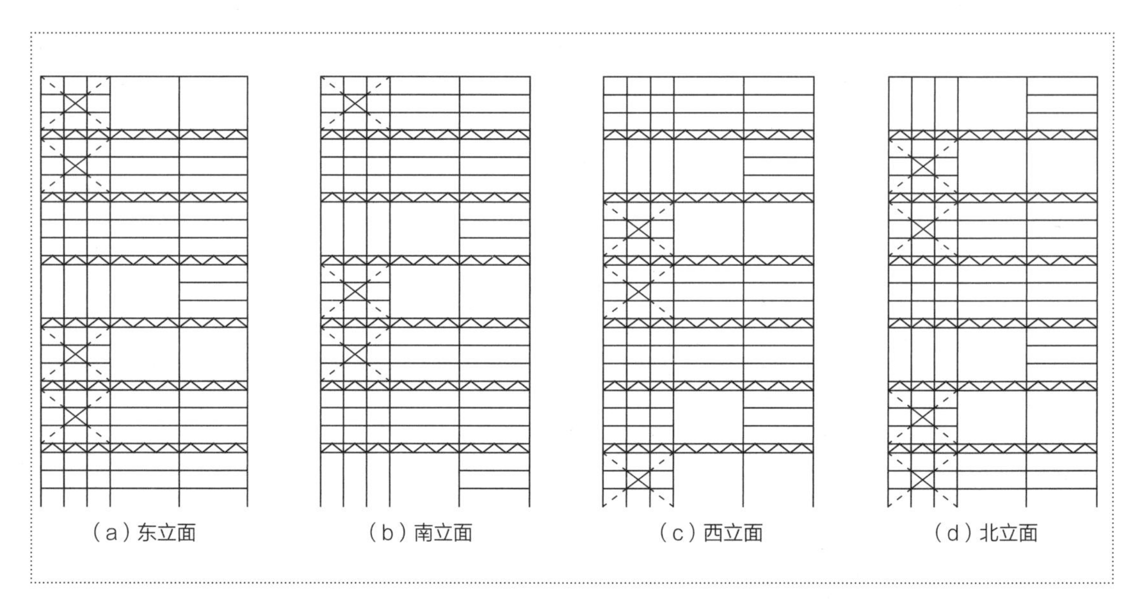

图 6.1.37 耗能支撑布置

2)对比分析

采用非线性时程分析方法，对不连续黏滞阻尼支撑结构和不连续屈曲约束支撑结构进行分析，并与纯框架结构进行比较。分析结果表明，结构 X 向和 Y 向的动力特性较为接近，因此只列出结构 X 向的分析结果（表 6.1.63）。

表 6.1.63 动力时程分析结果对比（X 向）

对比方案		纯框架	不连续 BRB 支撑	不连续 FVD 支撑
最大层间位移角	多遇地震	1/424	1/393	1/459
	相对比例	100%	108%	92%
	罕遇地震	1/83	1/82	1/91
	相对比例	100%	101%	91%
顶点位移（mm）	多遇地震	96.1	89.9	84.0
	相对比例	100%	94%	87%
	罕遇地震	511.8	480.5	447.7
	相对比例	100%	94%	87%
最大扭转位移比	多遇地震	1.345	1.262	1.222
	相对比例	100%	94%	91%
	罕遇地震	1.345	1.215	1.208
	相对比例	100%	90%	89%
最大扭转角	多遇地震	1/2437	1/2027	1/2813
	相对比例	100%	120%	87%
	罕遇地震	1/426	1/539	1/572
	相对比例	100%	79%	74%

可以看出，对于层间位移角、顶点位移、最大扭转位移比和最大扭转角，无论是多遇地震还是罕遇地震，黏滞阻尼支撑方案均比屈曲约束支撑方案具有更佳的减震作用。对于层间位移角，屈曲约束支撑的减震效果较为不佳，由于楼层存在抗侧刚度不规则的缺陷，导致个别楼层的层间位移角甚至大于纯框架结构；而黏滞阻尼支撑方案不存在这种情况，说明通过设置黏滞阻尼器，能较好地改善这一问题。

屈曲约束支撑在多遇地震下与普通钢支撑的作用相同，不耗能，随着地震作用的增大，屈曲约束支撑逐渐进入屈服耗能状态，耗能减震的作用逐渐增大。黏滞阻尼器在多遇地震和罕遇地震下均可发挥耗能减震的作用，有效地控制结构的侧向变形和扭转效应，且控制效果优于防屈曲支撑。

综上所述，本项目最终采用由钢管混凝土框架、环带桁架和外围不连续黏滞阻尼支撑组成的耗能支撑框架结构体系。

4. 黏滞阻尼支撑设计

黏滞阻尼支撑采用黏滞阻尼器和圆钢管串连，黏滞阻尼器与圆钢管通过厚 20mm 的连接板螺栓连接，根据对斜撑的刚度要求，选取 ϕ299 × 16 的钢管（图 6.1.38），实际安装效果如图 6.1.39 所示。

5. 附加阻尼比

选用三条上海时程波，对不连续黏滞阻尼支撑结构进行动力时程分析。根据规范中提供的方法计算阻尼器提供给结构的附加阻尼比，见表 6.1.64。可以看出，随着地震作用强度的增加，结构的附加阻尼比逐渐降低。

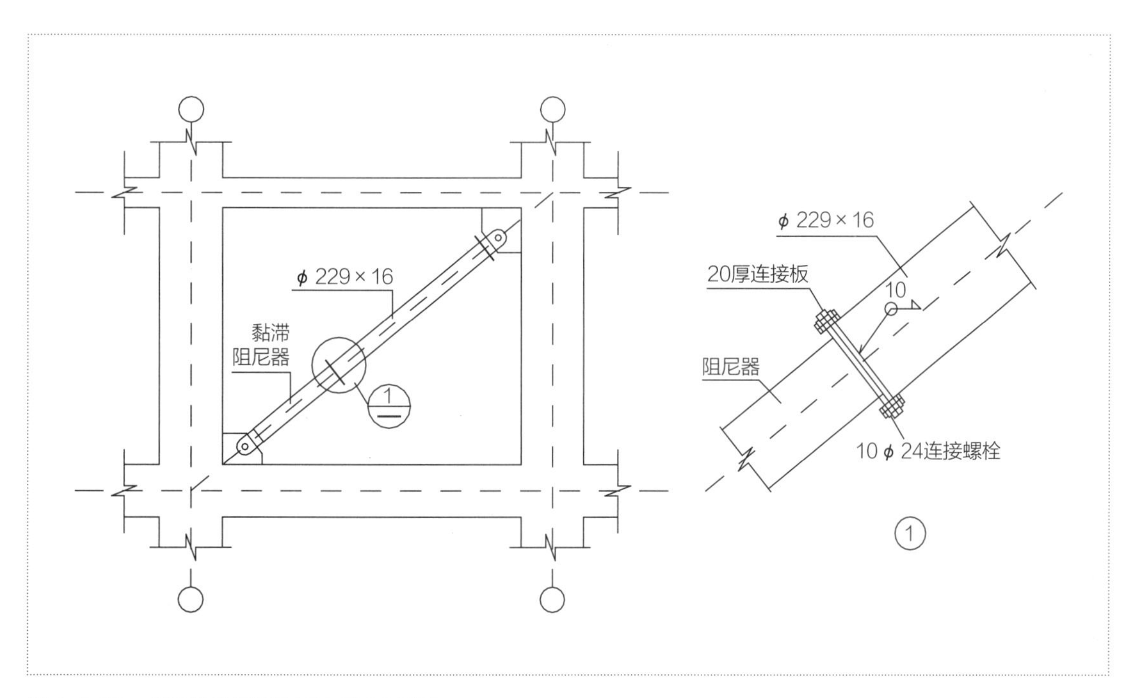

图 6.1.38 单斜杆黏滞阻尼支撑示意图

图 6.1.39　单斜杆黏滞阻尼支撑实际安装效果

表 6.1.64　附加阻尼比

方向	多遇地震	设防地震	罕遇地震
X 向	5.09%	4.96%	3.00%
Y 向	5.76%	5.51%	3.28%

6.1.6 同济设计院办公楼

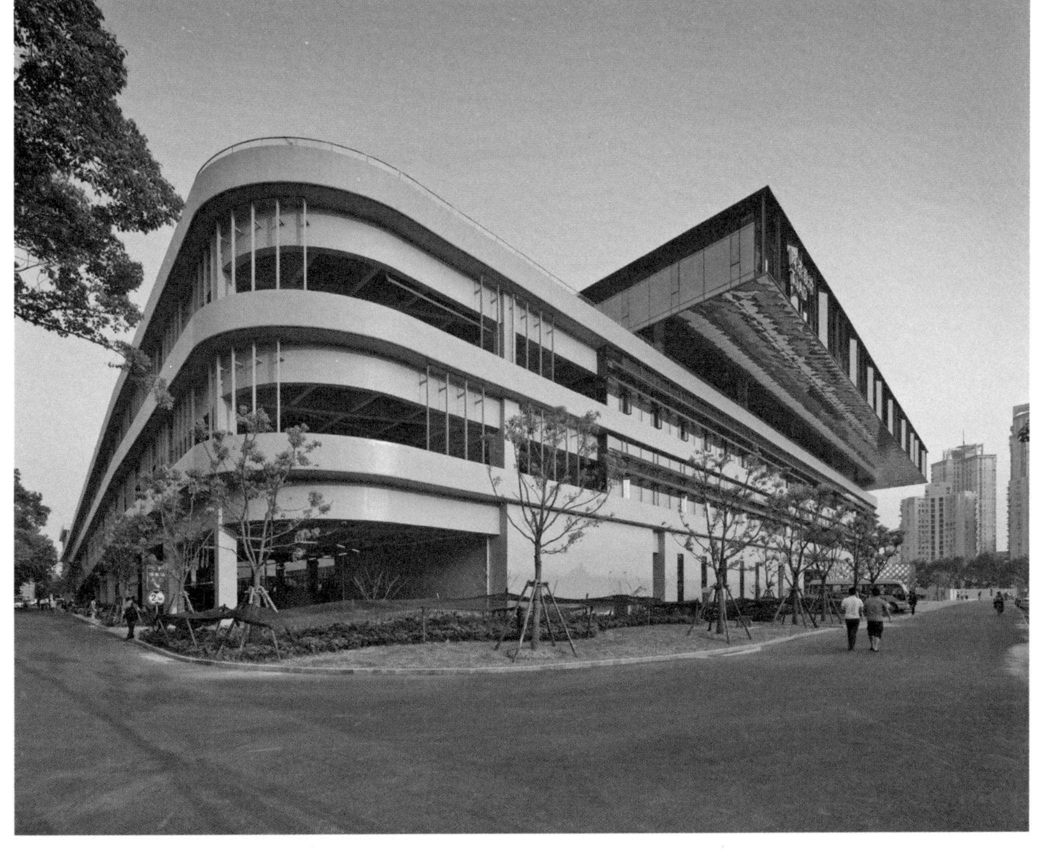

[建筑概要]

项目地点：中国 · 上海

建设单位：同济大学

设计单位：同济大学建筑设计研究院（集团）有限公司

建筑高度：23.95m

层　　数：地上 5 层

建筑面积：69137m²

设计时间：2009 年

[结构概要]

结构体系：钢筋混凝土框架（1 ~ 3 层）+ 钢框架（4 ~ 5 层）+ 消能减震支撑

减震技术：黏滞阻尼支撑

基　　础：柱下独立承台 + 混凝土灌注桩

1. 工程概况

同济大学建筑设计研究院（集团）有限公司[99，100]（以下简称：同济设计院）办公楼位于同济大学科技园内，是一栋改建建筑。改建前为上海巴士一汽停车库，经改建成为集设计、办公和相应的后勤服务功能于一体的设计院综合大楼。该改建建筑占地面积 35840m^2，改建后建筑平面呈矩形，南北向 155m，东西向 103m，总建筑面积 69137m^2。建筑主结构高度 23.95m。

本工程原为三层钢筋混凝土框架结构，于 1999 年 4 月竣工。底层层高 6.0m，二、三层层高为 5.0m。主要柱网尺寸为 7.5m × 15m 和 15m × 15m。整个建筑沿东西向设置了 5 条伸缩缝；沿南北向设置了 2 条伸缩缝。上下车道独立设置，上部结构被变形缝划分为 22 块独立的结构单元。原建筑采用现浇楼盖，楼盖为主次梁楼面结构，楼板厚度 150mm。基础为柱下独立承台（埋深 2.25m）和混凝土灌注桩。

本建筑改建时，充分考虑了地基及周围整体环境状况，尊重原有建筑的体量特点，把握复杂的建筑功能要求，创造人性化的办公科研环境，建筑形象上既要有一定的视觉丰富感，又要呈现出活力、张力和创造力。

本项目位于上海市，抗震设防烈度为 7 度（0.10*g*），设计地震分组为第一组，场地类别为Ⅳ类，场地特征周期 T_g=0.90s。多遇地震作用下，结构固有阻尼比取为 0.035，罕遇地震作用下，结构固有阻尼比取为 0.05。

2. 结构体系与消能减震技术应用

1）结构体系选型

（1）工程特点

本工程为改建项目，为了充分利用原结构，满足绿色建筑的要求，同时尽可能根据所需功能增大建筑物的使用面积，对原结构进行了改建。改建后保留南北向对称轴处变形缝兼抗震缝，将建筑分为南北两个基本对称的单体，单体内其余变形缝合并。新增的中庭、电梯及楼梯等需对原结构楼面进行开洞，去除部分楼面梁板并重新布置梁板结构。同时改造后需增加两层，并在底层局部增设夹层，加建部分采用自重较轻的钢结构。

改建后为下部三层混凝土框架、上部两层钢框架的混合结构。上下部因结构体系的不同造成刚度的差异，下部刚度有所不足。极富创意的建筑造型、复杂建筑功能以及既有建筑结构的制约为结构设计带来了极大的挑战，其中，复杂结构的抗震设计成为关键问题。

（2）设计思路

首先，对原有无法满足设计要求的建筑结构构件，进行加固处理。针对不同的结构构件及其受力特点，采用不同的加固措施，具体包括：增设锚杆静压桩、增设柱墩、碳纤维加固、湿法粘钢、外包钢、加大截面和体外预应力加固。

然后，对加固结构进行初步分析，结果表明，无支撑框架扭转效应显著且位移角不满足规范限值要求，因此需要设置支撑解决此问题。

针对该改建项目的特点，为实现结构安全性和经济性的目标，提出采用两种支撑方案：普通钢支撑和黏滞阻尼支撑。在黏滞阻尼支撑方案中，采用黏滞阻尼器和铅芯橡胶支座两种消能减震装置进行组合应用。

2）对比分析

对两种支撑方案进行分析，并与无支撑方案结构进行对比。结构动力特性见表 6.1.65。可以看出，由于支撑的布置，普通钢支撑方案和黏滞阻尼支撑方案均能提高结构抗侧刚度和抗扭刚度，减小结构周期和扭转周期比。三个方案中，普通钢支撑对结构扭转周期比控制效果最佳。

表 6.1.65　结构动力特性对比

对比方案		周期（s）	X 向平动比例	Y 向平动比例	扭转比例	扭转周期比
无支撑	T_1	1.11	0	81.0%	19.0%	0.93
	T_2	1.06	98.7%	1.3%	0	
	T_3	1.03	1.4%	17.1%	81.5%	
普通钢支撑	T_1	1.02	3.0%	60.6%	36.4%	0.85
	T_2	0.96	78.3%	14.0%	7.7%	
	T_3	0.87	16.9%	24.2%	58.9%	
黏滞阻尼支撑	T_1	1.08	1%	86%	13%	0.90
	T_2	1.03	93%	4%	3%	
	T_3	0.98	4%	10%	86%	

结构动力响应对比见表 6.1.66。由于上下部的结构体系不同，所以最大层间位移角分别列出两个数值。可以看出：

（1）与无支撑方案相比，普通钢支撑和黏滞阻尼支撑均能显著减小结构层间位移角，且黏滞阻尼支撑控制结构位移响应的效果优于普通钢支撑。普通钢支撑通过提高结构抗侧刚度减小位移响应，黏滞阻尼支撑则主要通过耗散输入结构的地震能量减小位移响应。

（2）在三个方案中，结构扭转位移比均可控制在 1.4 以下。

（3）在地震作用下，黏滞阻尼支撑方案的结构基底剪力明显小于普通钢支撑方案。

综上所示，设置黏滞阻尼支撑可取得最佳的控制效果，因此确定本工程采用钢筋混凝土框架（1 ~ 3 层）+ 钢框架（4 ~ 5 层）+ 黏滞阻尼支撑的混合结构体系。

表 6.1.66　结构动力响应对比

对比项		无支撑	普通钢支撑	黏滞阻尼支撑
最大层间位移角	X 向	1/232（5 层） 1/625（1 层）	1/407（4 层） 1/673（1 层）	1/435（5 层） 1/775（2 层）
	Y 向	1/264（4 层） 1/485（2 层）	1/325（4 层） 1/605（2 层）	1/447（4 层） 1/745（2 层）
最大扭转位移比	X 向	1.10	1.25	1.26
	Y 向	1.24	1.34	1.31

续表

对比项		无支撑	普通钢支撑	黏滞阻尼支撑
基底剪力（kN）	X 向	34309	29958	23701
	Y 向	31058	25807	22709

3. 黏滞阻尼支撑设计

结合本结构的特点，黏滞阻尼支撑采用由人字形钢支撑、铅芯橡胶支座和黏滞阻尼器组成。考虑到项目体量较大，且建筑功能限制了支撑布置位置，为保证黏滞阻尼器可对结构提供足够的耗能减震作用，采用 1 个人字形钢支撑上设置 2 个黏滞阻尼器。

黏滞阻尼支撑中的人字形钢支撑采用箱形截面。楼面钢梁下端设置一根 H 型钢过渡梁。人字支撑下端与梁柱中心线重合，其上端与 H 型钢过渡梁焊接。阻尼器水平布置，两端分别与 H 型钢过渡梁及楼层顶部的梁柱节点处采用销轴连接。H 型钢过渡梁上部与楼面钢梁之间安置两个铅芯橡胶支座，并设置限位板。因此，由人字形支撑、黏滞阻尼器和铅芯橡胶支座共同构成了组合减震体系。黏滞阻尼支撑平面布置见图 6.1.40，黏滞阻尼器立面布置见图 6.1.41。黏滞阻尼器采用两种规格，1 ~ 2 层采用 Damper1，3 ~ 5 层采用 Damper2，阻尼器参数详见表 6.1.67。

4. 附加阻尼比

选用三条上海时程波，对黏滞阻尼支撑结构进行动力时程分析。根据规范中提供的方法计算阻尼器提供给结构的附加阻尼比，如表 6.1.68 所示。

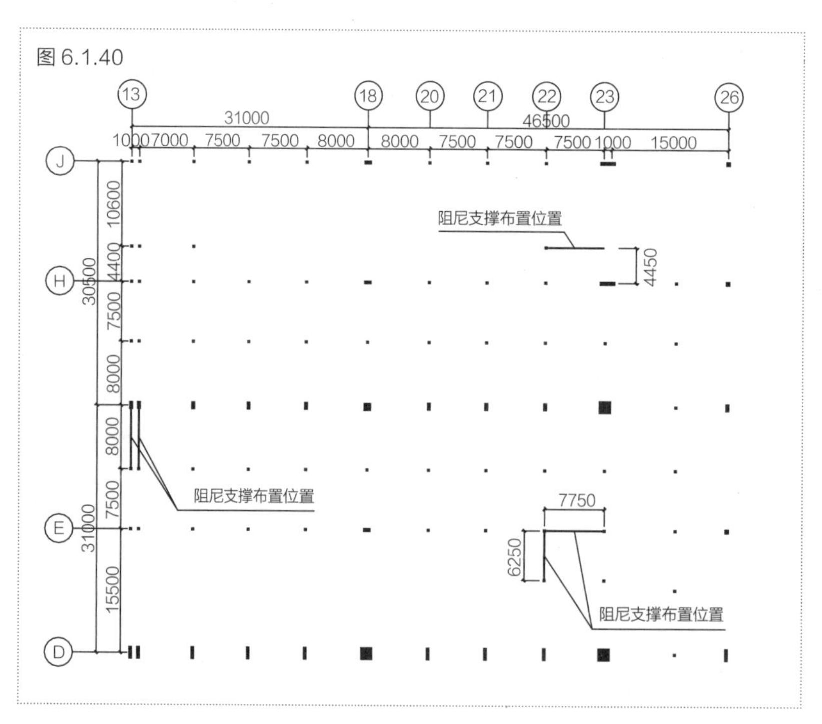

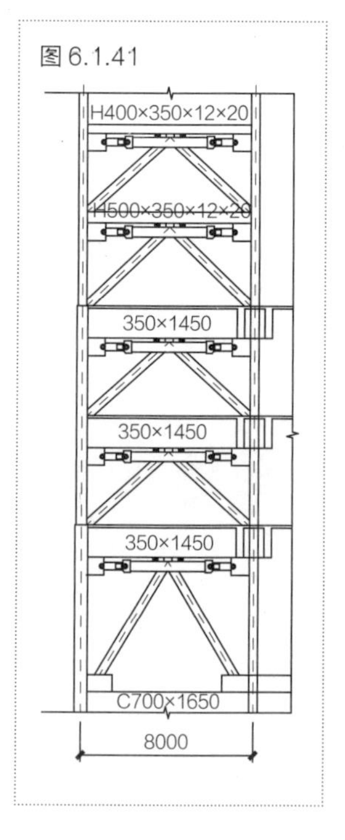

图 6.1.40　黏滞阻尼支撑平面布置示意

图 6.1.41　黏滞阻尼支撑立面布置示意

表 6.1.67　黏滞阻尼器参数

阻尼器编号	最大阻尼力（kN）	最大行程（mm）	阻尼系数 [（kN/（mm/s）$^{\alpha}$]	阻尼指数 α
Damper1	1200	150	500	0.2
Damper2	400	150	150	0.2

表 6.1.68　附加阻尼比

方向	多遇地震	设防地震	罕遇地震
X 向	5.71%	4.26%	3.06%
Y 向	5.47%	4.20%	3.00%

6.1.7 上海 2010 年世博会主题馆

[建筑概要]

项目地点：中国 · 上海

建设单位：上海世博（集团）有限公司

设计单位：同济大学建筑设计研究院（集团）有限公司

建筑高度：26.3m

建筑面积：152318m²

设计时间：2007 年

[结构概要]

结构体系：索撑张弦立体桁架（屋盖）+ 混合支撑钢框架（下部结构）

减震技术：黏滞阻尼支撑

基　　础：桩基

1. 工程概况

2010 年上海世博主题馆[101 ~ 103]是上海世博会“一轴四馆”核心建筑群的重要组成部分，也是“地球 · 城市 · 人”主题展示的核心展馆。世博会期间，将结合世博轴北端的庆典广场举办世博会开、闭幕式等大型活动；世博会后，将与中国国家馆、世博中心和演艺中心作为永久性建筑，继续用于展览、会议以及演出等大型公共活动。

世博会主题馆建筑平面呈矩形，南北向 217.8m，东西向 288m。根据建筑空间功能划分，自西向东依次分为西侧展厅、中厅和东侧展厅，南北两侧分别设置挑檐，建筑平面布置如图 6.1.42 所示。

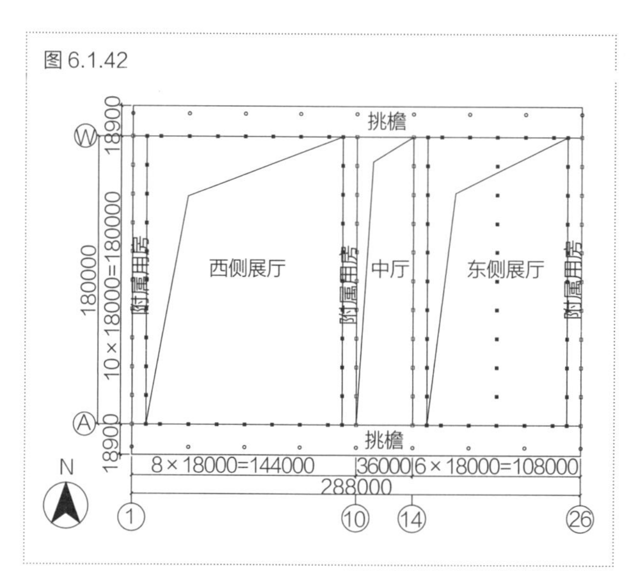

（a）西侧展厅东西向内部空间

（b）西侧展厅南北向内部空间

图 6.1.42　上海世博会主题馆建筑平面图
图 6.1.43　西侧展厅内部空间

西侧展厅为 126m×180m 室内无柱大空间，建成后将成为国内最大跨度的展厅之一，室内空间如图 6.1.43 所示。东侧展厅东西向宽度为 90m，中部沿南北向布置一列柱子，将东侧展厅分隔为两个跨度 45m 的空间，室内主要为 2 层结构，局部设置夹层作为附属用房。中厅位于东、西侧展厅之间，东西向跨度为 36m。南北两侧挑檐悬挑长度为 18.9m。结构剖面如图 6.1.44 所示。

主题馆屋面面积约 60000m^2，沿南北方向由 6 个 V 形折板单元组成波浪形屋面（图 6.1.44b），每个折板单元的波长为 36m，矢高 3m，波脊标高为 26.3m，波谷标高为 23.3m，在 V 形折板表面，按菱形图案布置太阳能板。

本项目属于新建大跨度建筑，需考虑地震和温度作用。抗震设防烈度为 7 度（0.10g），设计地震分组为第一组，场地类别为Ⅳ类，场地特征周期 T_g=0.90s。多遇地震作用下，结构固有阻尼比取为 0.035。

在参考了上海市温度变化统计资料以及几个大型建筑项目后，主题馆结构季节温差取升、降温各 30℃。

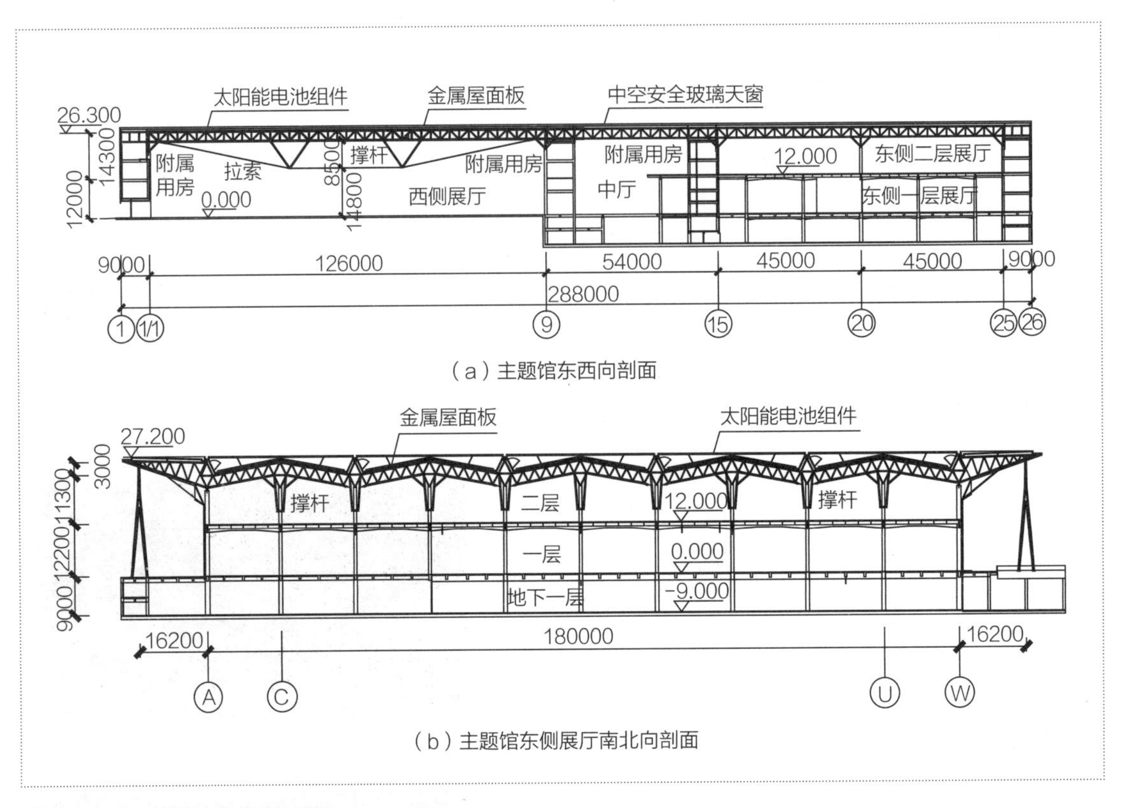

图 6.1.44　主题馆结构剖面图

2. 结构材料

1）混凝土

表 6.1.69　混凝土材料参数

结构构件	混凝土强度等级
框架柱、梁、板	C40
地下室底板和外墙	C30

2）钢筋和钢材

表 6.1.70　钢筋和钢材强度等级

类型	强度等级
钢筋	HPB235、HRB335、HRB400
钢材	Q235B、Q345B、Q345C
拉索	1670MPa（拉索强度设计取值不超过索材极限强度的 50%）

3）填充墙

上部及地下室内的隔墙均采用轻质板材。±0.00 以下与水土直接接触的隔墙采用普通混凝土小型空心砌块（孔内用 Cb20 混凝土灌实）。

3. 结构体系与消能减震技术应用

1）结构体系选型

由于该建筑的特殊性，屋盖结构和下部结构存在以下设计挑战：

①本项目屋面结构设计中存在支承跨度大（126m）、室内净高要求高、屋面荷载重（安装有太阳能设备），以及屋盖结构超长等诸多设计难点；

②主题馆由于建筑功能的需要，其结构为一错层结构，西侧展厅为单层无柱超大空间，东侧展厅及中厅为两层结构，且局部存在夹层，整个结构呈现明显的东西两侧刚度、质量不均匀，存在扭转不规则；同时，为了满足建筑室内空间使用效果以及屋面结构的整体性，主体钢框架结构不设缝，这导致在水平地震作用下，整个框架结构发生较大的扭转变形；

③超长结构温度效应问题较突出，主题馆结构东西向长度达到 288m，超出了规范限定的 150m，温度应力的影响不容忽视；

④该项目存在工程量大、工期紧的问题，结构设计中不但要考虑设计的安全性与经济性，还需充分考虑施工的方便与快捷。

（1）屋盖结构

西侧展厅东西向跨度 126m，南北向跨度 180m，该大跨度屋盖结构体系的成功设计是该项目成功建设的关键。针对主题馆屋面建筑造型以及西侧展厅屋面超大结构跨度，提出了三种屋面结构方案，即单向张弦桁架方案、双向张弦桁架方案、巨型框架方案。

（2）下部结构

考虑到结构可能存在较大的扭转变形和突出的温度效应，若采用纯框架则存在以下问题：结构的周期比 T_3/T_1 和 T_3/T_2 不满足规范限值要求；Y 向结构布置的不对称和重力荷载的不对称，导致结构在静力和动力作用下变形形式相差较大，且结构的 Y 向扭转位移比过大；层间位移角偏大，结构的安全储备较低。

为了解决上述纯框架结构存在的问题，必须设置支撑体系，以提高结构的抗侧刚度和抗扭刚度，控制结构扭转变形，提高结构的抗震性能。然而，若通过增设刚度较大的钢支撑作为结构的抗侧体系，则会使得结构的温度应力较大。因此，本工程考虑采用黏滞阻尼支撑来控制结构的扭转效应和温度效应。

2）对比分析

（1）屋盖结构

从结构效率来看，巨型框架方案最优，结构高度小，竖向刚度大；而双向张弦桁架方案与该方案设计初衷相反，纵向张弦桁架不仅没有提高屋面竖向刚度，而且增加了自重，结构的效率很低，结构用钢量较单向张弦桁架方案大大增加。

从对下部结构影响来看，张弦桁架方案在竖向荷载作用下为自平衡体系，可以释放屋盖结构对下部结构的水平推力，降低了下部支承结构的设计难度；巨型框架方案柱底反力在最不利荷载工况下达到了 1940kN，上部结构对基础的推力是一较难处理的问题。

从对建筑效果的影响来看，张弦桁架方案中，通过运用纤细的拉索，经两道撑杆架起 126m 跨度立体桁架，整个屋盖刚柔相济，极富震撼力，室内建筑效果较好，且考虑到张弦桁架下部拉索中部拉平将最大限度地减少视觉阻碍，将有利于主题馆西侧展厅世博会后多功能使用要求；巨型框架方案中格构柱的交叉腹杆对建筑附属用房使用功能有较大影响，结构布置与建筑功能冲突较多，建筑空间利用率低，因此，建筑师否定了该方案。

通过对三个屋盖结构方案分析与比较，西侧展厅屋盖结构最终采用单向张弦桁架结构体系（图 6.1.44a），既能满足结构性能要求，又能实现建筑形态和结构造型的协调统一。

（2）下部结构

基于下部结构的特点，确定结构支撑的设计原则为：①在合理的位置布置柱间支撑，在提高抗侧刚度的同时，也能提高结构的抗扭刚度；②柱间支撑的设置位置和形式选择，应避免出现温度应力过度集中；③支撑的设置位置要与建筑功能布置相协调。

①第一阶段

初步确定钢支撑布置方案如图 6.1.45 所示。分析发现，当支撑都布置于结构内部时，造成结构侧向刚度较大增加，水平地震作用响应也相应增大，而结构整体抗扭转刚度提高有限，故对原支撑布置方案进行优化，减少结构内部支撑数量，如图 6.1.46 所示。计算分析表明，优化后钢支撑布置方案能有效减小结构的层间位移角，控制扭转位移比。

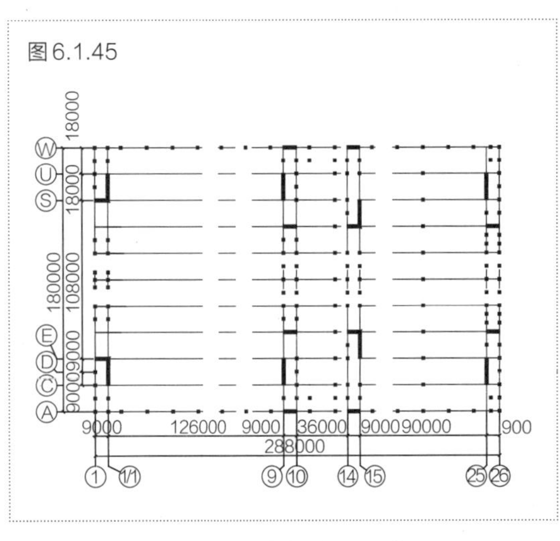

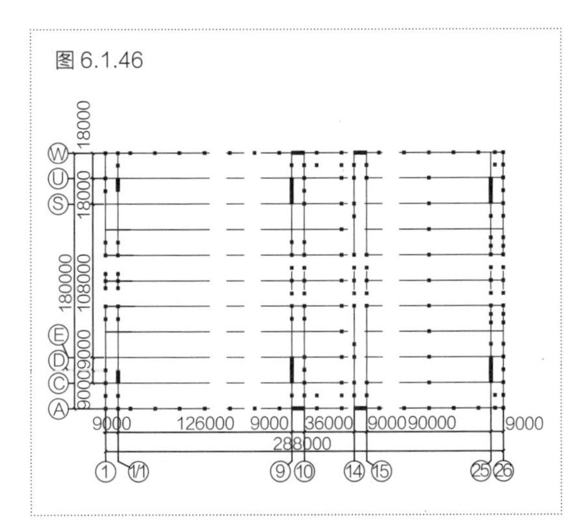

图 6.1.45　初步设计钢支撑布置示意
图 6.1.46　优化后钢支撑布置示意

虽然优化后钢支撑方案有效提高了结构刚度，减小了水平地震作用下的侧移和扭转变形，但同时也带来下述问题：a. 设置支撑体系后，东西向和南北向层剪力比纯框架增大约 25% 和 30%；b. 结构的温度效应明显增加。由于南北向支撑均布置在框架端部，支撑间距离达到 136m，由温度作用引起与支撑连接的框架柱轴力，由纯框架的 120kN 增加至 2600kN，而框架梁的内力也增加了 50%，结构的温度内力导致相关构件和柱脚设计困难。

②第二阶段

为解决上述问题，考虑采用黏滞阻尼支撑代替（部分或全部）纯钢支撑。由于黏滞阻尼器为速度型的消能减震装置，不提供静刚度，在温度作用下，可以有效地降低结构的温度效应；而在地震作用下，能够提高附加阻尼，耗散地震能量，进而减小结构的地震反应。

因此，在不改变支撑平面布置的前提下，综合比较了三种柱间支撑方案，即全钢支撑方案、全黏滞阻尼支撑方案以及钢支撑和黏滞阻尼支撑形成的混合支撑方案。全钢支撑或全黏滞阻尼支撑的平面布置如图 6.1.46 所示，混合支撑方案的平面布置如图 6.1.47 所示。

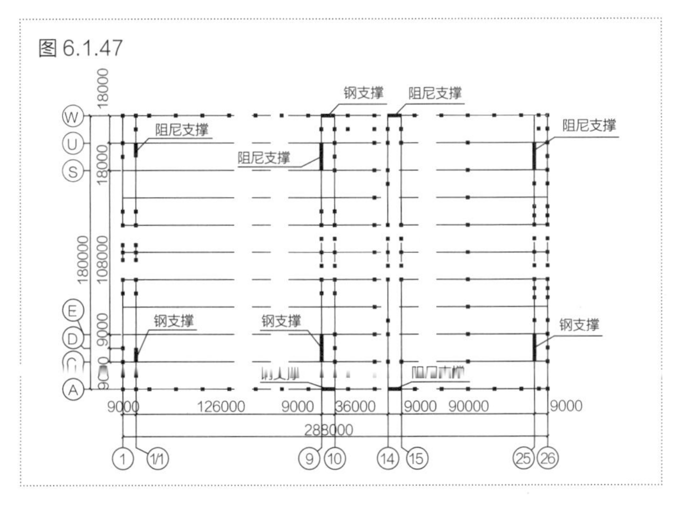

图 6.1.47　混合支撑布置示意

三种柱间支撑方案在多遇地震和温度作用下的分析结果见表 6.1.71。与全钢支撑方案相比，全黏滞阻尼支撑方案可以有效降低地震和温度作用下结构内力，混合支撑方案介于全钢支撑方案与全黏滞阻尼支撑方案之间。

表 6.1.71　不同柱间支撑方案对比

对比参数		全钢支撑方案（kN）	全黏滞阻尼支撑方案		混合支撑方案	
			数值（kN）	比值	数值（kN）	比值
多遇地震下基底剪力	东西向	36993	23673	0.64	29616	0.80
	南北向	39984	26105	0.65	30873	0.77
温度作用下构件最大内力	框架梁	1663	1380	0.83	1465	0.88
	框架柱	2620	273	0.10	1959	0.75

注：比值为对应方案的数值与全钢支撑方案数值之比。

综合考虑结构安全与经济因素，主题馆钢框架柱间支撑最终采用了混合支撑方案。钢框架混合支撑方案结合了全钢支撑和全阻尼支撑两方案各自的特点，刚柔并济，既保证了结构的抗震性能，又减小了温度作用对结构的不利影响，体现了支结构撑体系的创新应用。

4. 黏滞阻尼支撑设计

结合本结构的特点，黏滞阻尼支撑采用由人字形钢支撑、铅芯橡胶支座和黏滞阻尼器组成。考虑到项目体量较大，且建筑功能限制了支撑布置位置，为保证黏滞阻尼器可对结构提供足够的耗能减震作用，采用 1 个人字形钢支撑上设置 2 个黏滞阻尼器，如图 6.1.48 所示。

黏滞阻尼器共设置 46 个，其中 X 向 16 个和 Y 向 30 个。黏滞阻尼器的阻尼系数 C_d=400kN/（mm/s）$^{\alpha}$，阻尼指数 α=0.2。

橡胶支座的直径取 300mm；高度取 250，铅芯直径 120mm，初始刚度 K_u=177kN/mm，屈服剪力 Q_y=80kN，屈服位移 u_y=0.45mm，屈服后刚度 K_d=0.6kN/mm。

黏滞阻尼支撑中的人字形支撑应具有足够的刚度，以保证黏滞阻尼器的正常工作，人字形支撑截面采用箱形截面□ 500×350×20×20。V 字形支撑下端与梁柱中心线重合，其上端与 H 型钢焊接。阻尼器水平布置，其一端与 H 型钢焊接，另一端与楼层顶部的梁柱节点处焊接。H 型钢上部安置两个橡胶支座。

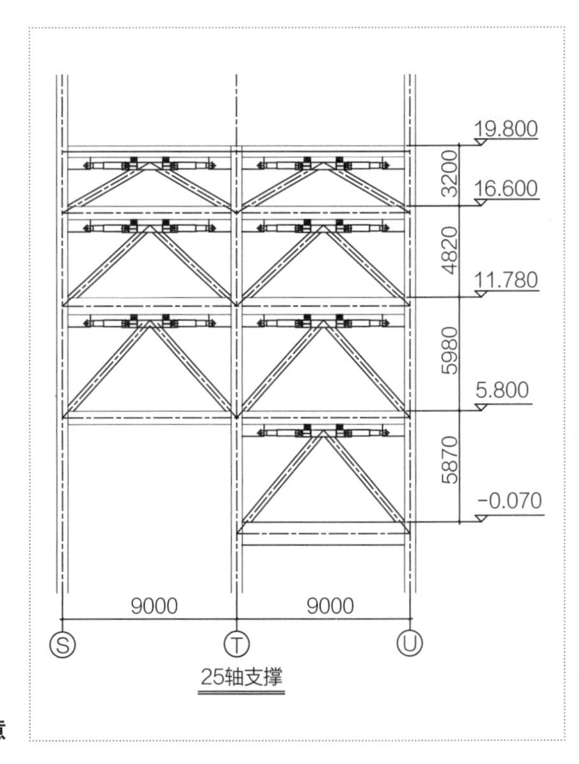

图 6.1.48　黏滞阻尼支撑布置示意

5. 附加阻尼比

选用三条上海时程波，对混合支撑结构进行动力时程响应分析。根据规范中提供的方法计算阻尼器提供给结构的附加阻尼比，如表 6.1.72 所示。

表 6.1.72　混合支撑方案附加阻尼比

方向	多遇地震	设防地震	罕遇地震
X 向	4.12%	3.01%	2.02%
Y 向	5.46%	4.82%	3.99%

6.2 日建设计工程案例

日建设计起源于 1900 年住友（银行）创建的临时建筑部，1950 年“二战”后的复兴需求中，成立了株式会社日建设计工务，后更名为株式会社日建设计。2016 年，日建设计迎来了创业 116 周年，至此公司员工达到 1800 人，集团员工总计超过 2500 人，业务涉及建筑、城市规划、环境等各方面服务范畴。

回顾日建设计的消能减震设计历史，1986 年第一次在一座 125m 高的钢结构观光塔上设置了调频质量阻尼器 TMD（Tuned Mass Damper）装置，接着又在一栋超高层中第一次采用了可以使建筑在地震时减小摇晃的摩擦型阻尼器，该楼于 20 世纪 80 年代后期竣工，日建设计即成为建筑领域中消能减震结构的设计先驱。

1995 年日本兵库县南部地震以后，日建设计开始提出在结构中采用可有效吸收地震能量的耗能构件（阻尼器），利用耗能构件的集中耗能使支持建筑物自重的柱、梁等主要结构构件在大地震时也能保持弹性状态的设计方法，实现了极软钢耗能墙（一种强度是一般钢材的 1/3 到 1/2 的低屈服点钢）等耗能构件在超高层建筑中的运用。

此后，消能减震技术在日本得以普及，几乎所有的超高层建筑都采用了消能减震结构。

经历了 2011 年东日本大震灾，日建设计对长周期地震的危害有了进一步认识，作为既存超高层建筑的长周期地震对策，也开始采用消能减震技术。

接下来，介绍 3 栋近年日建设计的纯钢超高层消能减震结构。

1. 读卖新闻报社东京总部大楼

为保证发生概率逐年增大的东京直下型地震等大地震发生时，结构能处于最小破坏状态，且地震后可以继续维持媒体功能。为了提高吸收地震能量的能力，结构设计上结合建筑使用空间要求集中设置了黏滞阻尼墙。

2. 名古屋丰田每日大厦

设计时预想了将来可能发生的板块边界型巨大地震，在塔楼伸臂桁架内设置了黏滞阻尼器，并用黏滞阻尼器将塔楼和裙房相连，有效实现了连体结构的耗能效果。

3. 外观特征显著的名古屋 MODE 学院螺旋塔

在螺旋外框架的一部分斜柱中设置了被称作减震柱的黏滞阻尼构件，又在建筑顶部设置了对应地震的 TMD 装置，与降低风振摇晃的 AMD 装置构成一个多种阻尼器相结合的减震抗风结构系统。

6.2.1　读卖新闻报社东京总部大楼

建设地点：东京都千代田区大手町 1-7-1

设计单位：株式会社日建设计

建筑面积：89650.99m^2

建筑高度：200m

层数：地下 3 层，地上 33 层，屋面塔楼 2 层

结构体系：钢管混凝土框架柱 + 钢框架梁 + 钢板剪力墙 + 钢支撑 + 黏滞阻尼墙混合结构体系

工期：2011 年 7 月 ~ 2013 年 10 月

1. 建筑概况

本建筑是发行量居世界首位的读卖新闻报社东京总部大楼（图 6.2.1 ~ 图 6.2.4）。平面形状为矩形，在 70m 以下低层部分长边方向有所加长，立面形成 L 形，高宽比约 5 ： 1。1 ~ 6 层的低层部分汇聚了一个小剧场和一个聚会大厅及各种功能（店铺、画廊、新闻教室、诊所、托儿所等），多个中庭把上述功能连为一体形成开放性的空间。地下室为车库和机房。本建筑功能多样化，平面和立面的双向复杂化，而且底部有大挑空空间。具有代表性地反映出了近年来日本超高层建筑的发展趋势。

图 6.2.1　入口大厅
图 6.2.2　音乐厅
图 6.2.3　编辑部楼层
图 6.2.4　24.45m 大跨度办公区

2. 性能目标

为了确保东京首都圈直下型等大型地震发生时也能尽量减少建筑物的破坏，维持报社功能，本建筑需要很高的抗震性能，为此设定了以下性能目标。

（1）大地震时主要结构构件保持在弹性范围内，层间位移角小于 1/125。

（2）大地震时数据中心等重要部位的楼板加速度小于 300gal。

（3）在东京湾北部地震及直下型 M7.3 地震等超大型地震发生时确保大楼不倒塌。

3. 地震作用

因东京地区的地震作用大于风荷载，本工程水平荷载工况下的构件承载力和变形由地震作用控制。弹塑性时程分析除采用了 3 条告示波和 3 条实测波之外，又使用了根据建设场地特性和周边的地震环境模拟出的南关东地震和东京湾北部地震以及东海 · 东南海连动性地震等 9 条模拟地震波（图 6.2.5）。

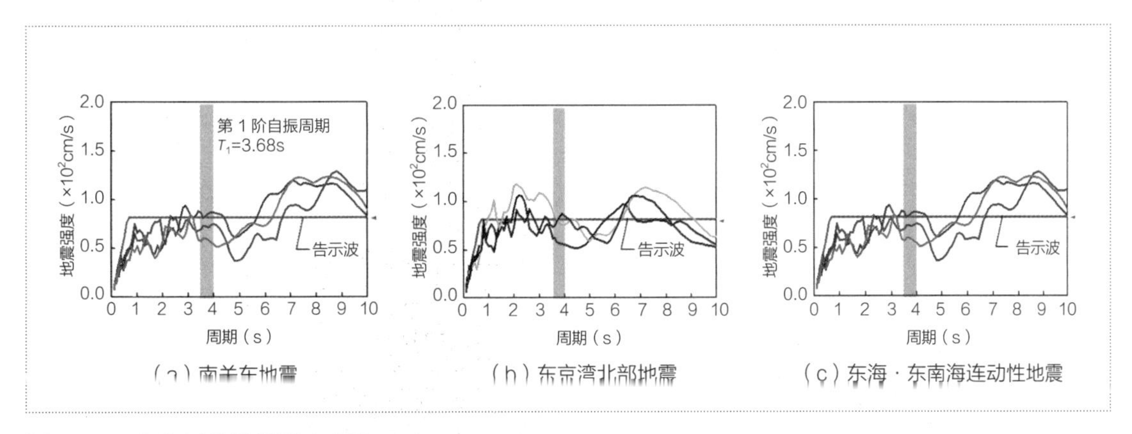

（a）南关东地震　（b）东京湾北部地震　（c）东海 · 东南海连动性地震

图 6.2.5　超大型地震模拟速度谱

4. 结构设计

因本建筑具有日本最大传媒公司信息发散点的特殊性，结构配合建筑设计需要攻克以下课题：

（1）为了确保低层部分的面积，结构在低层部分形成了 L 形的塔楼偏心布置。

（2）为了促进地区活性化，在 200m 高层的底部设置了一个音乐厅和一个聚会大厅。

（3）为了最大限度地确保办公区域的灵活性，要求结构 24.45m 跨度无柱空间及设置 1200kg/m^2 重荷载区。

（4）为了满足编辑部楼层净高 3.85m 的要求而设定的 5.200 ~ 6.900m 层高，结构上形成了整栋建筑的柔软部。

为了克服上述课题并实现高抗震性能，采用了在特定层集中布置阻尼器吸收能量的结构体系（集中制振结构）。1 ~ 6 层各种大厅及中庭形成了很多的跃层柱，因此利用设备室和楼梯间集中布置了钢板墙和钢支撑，使底部拥有高强度和高刚度。7 ~ 13 层的层高大形成了柔软层，此区域采用高强度钢，满足强度要求但并不刻意加强刚度，而是利用地震时层间位移大的特性，在此区域布置阻尼器有效地吸收地震能量。在 13 层以上的高层部分的平面中心附近利用钢支撑形成结构芯筒，均化高层部分的地震响应，并可有效控制阻尼器集中布置层过大变形。此制振系统在大震时可有效减小层剪力 30% 左右，控制层间位移角在 1/125 以下。结构平面及立面布置见图 6.2.6 ~图 6.2.8。

为了改善风荷载和中小地震以及长周期地震作用下的舒适性，在顶层设置了 3 台主动质量阻尼器（AMD）。

5. 结构材料

（1）混凝土

地下室：Fc30

钢管混凝土柱内填充：Fc45、Fc60、Fc80

2 ~ 7 层楼板：Fc21

7 层以上楼板：轻量 1 种 Fc21

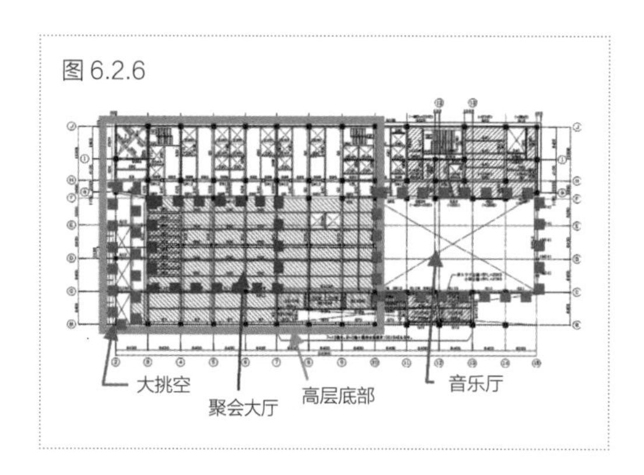

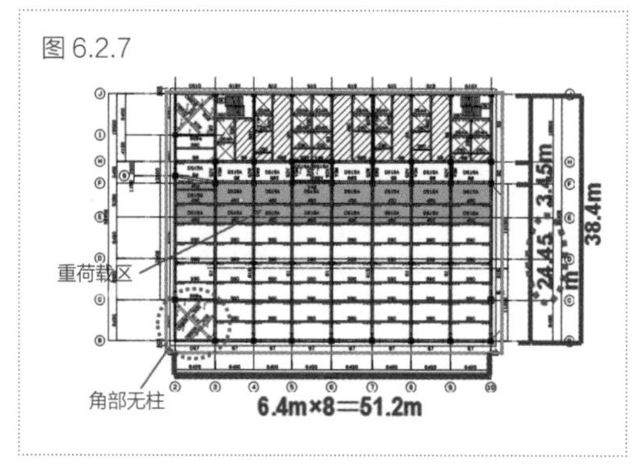

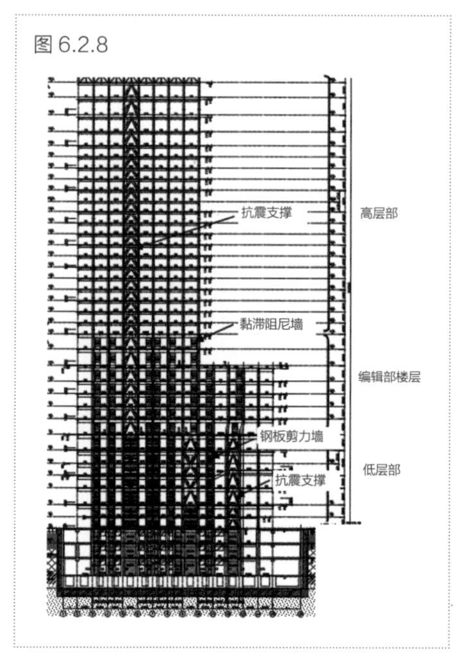

图 6.2.6　五层平面图

图 6.2.7　标准层平面图

图 6.2.8　结构立面图

（2）钢筋

D10 ~ D16：SD295

D19 ~ D38：SD345

（3）钢材

梁：SS400、SM490、SN490、TMCP385

柱：SN490、TMCP385、SA440

支撑：SS400、STK400、SM490

钢板墙：SN490

6. 黏滞阻尼墙

为了满足编辑部楼层需要一定保密性的要求，编辑部楼层的建筑外观采用了开竖向细长窗的设计。结合上述建筑外观特点，结构设计上在主框架外侧设置了黏滞阻尼墙（图 6.2.9），此设置方法可使阻尼器不受主体框架柱、梁及结合部等构件变形的影响。

对本工程不同部位黏滞阻尼墙的有效剪切变形与层间位移的比（α_N）和阻尼器连接部的抵抗刚度（K_{aT}）的关系进行比较结果如图 6.2.10 所示。设置在主框架外侧的黏滞阻尼墙制振效率高于设置在主框架内部的黏滞阻尼墙制振效率，以有限的阻尼器实现了很高的抗震性能。

7. 主动质量阻尼器（AMD）

本工程的 AMD 不仅对风荷载作用进行性能确认试验，而且对地震作用也进行了性能确认试验，如图 6.2.11 所示。试验结果表明 AMD 不仅对风荷载起作用，而且对中小地震及长周期地震也发挥一定的作用，可有效降低振动强度和缩短振动时间，如图 6.2.12 所示。

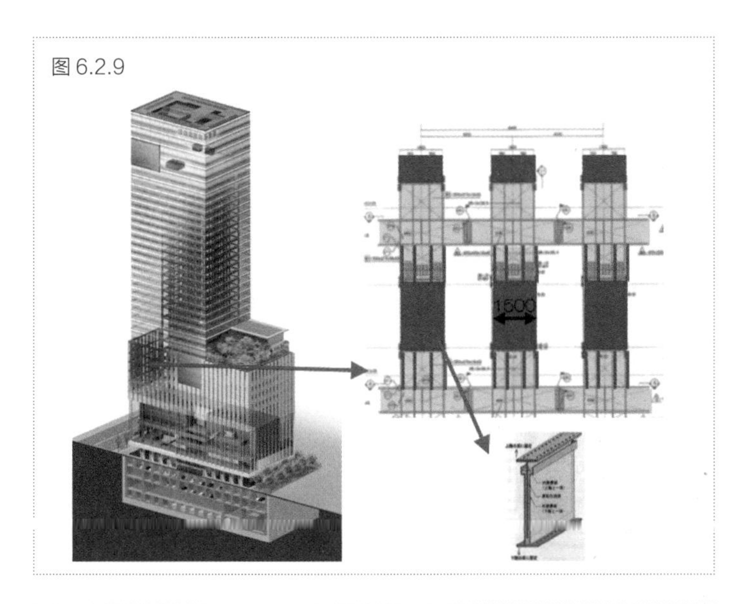

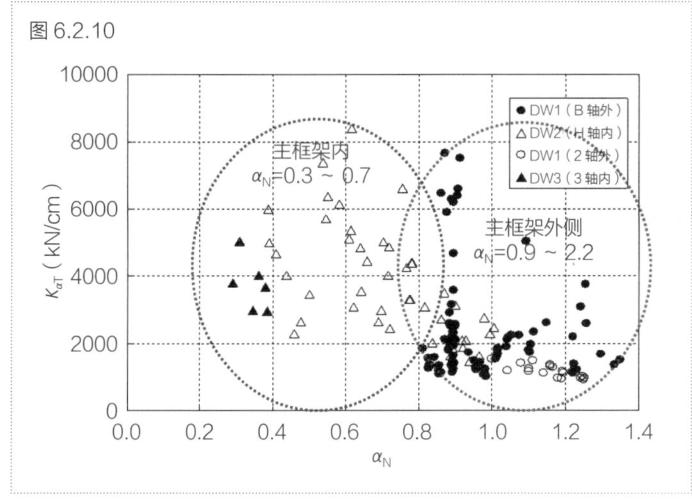

图 6.2.9　黏滞阻尼墙的布置示意

图 6.2.10　黏滞阻尼墙能量吸收对比

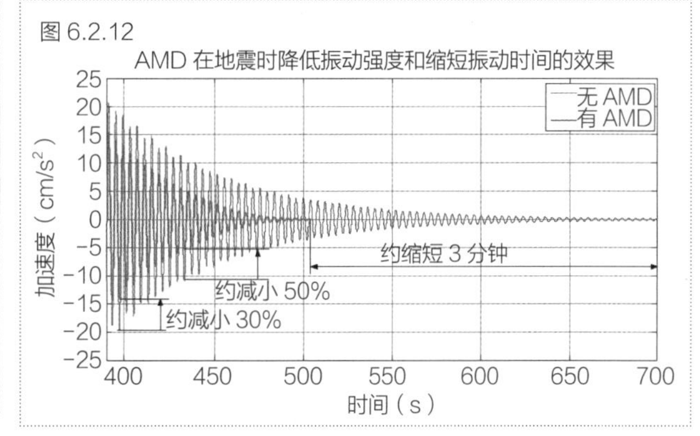

图 6.2.11　主动质量阻尼器（AMD）

图 6.2.12　设置 AMD 前后振动加速度对比

6.2.2 名古屋丰田每日大厦

结构设计师在设计一栋超高层建筑时需要对地震和风进行全面综合考虑，在大地震频发的日本，水平力设计主要取决于巨大的地震作用。从结构体系选择到结构材料选择，以至结构构件塑性化设计方法等各个细节，日建设计的结构设计师们总是在力图实现建筑师理想（美观、机能、舒适）的同时，力求通过建筑和结构在安全、合理、经济上的完美融合，为业主创造出建筑的超值使用价值和资产价值。

建设地点：愛知県名古屋市中村区名站4-7-1

设计单位：株式会社日建设计

建筑面积：193450.74m^2

建筑高度：247m

层数：地下6层，地上47层，屋面塔楼2层

结构体系：外周框架+中央核心筒+伸臂桁架

工期：2004年1月~2006年9月

1. 建筑概况

本建筑是一座新建在名古屋车站周围的超高层综合性智能性办公大楼，以创建名古屋车站周围新繁华都市空间为设计目的和主题。地上部分由超高层办公大楼和商务楼裙楼连体构成。地下部分为停车场和设备用房等。

2. 巨大的水平力 – 地震作用和强风作用

如图6.2.13所示，名古屋处于日本东南海地震和南海地震的海洋性地震环境中，又受过内陆地震灾害（1891年浓尾地震）。根据名古屋特殊地震环境，制作出本场地专用的人工地震波，从而使结构设计可以更加反映现实的地震风险，更加具备针对性。对地基层层微振动剪切波速的探察，确认了地震基盘大约在GL-600m以下，建筑场地特征周期基本为3.5s，由于主塔楼固有周期6s，裙楼固有周期1.5s，可以判断场地与建筑发生共振的概率极小。

名古屋每年又必有几次台风经过，以1959年伊势湾台风最为强烈。风荷载设计时也进行了包含建筑周边700m范围建筑环境的风洞试验。

通过一系列的探察、试验和分析，结构设计师认为对于短周期地震、长周期地震、风等各种原因引起的振动现象，可以采用增加阻尼的办法有效地加以抑制。

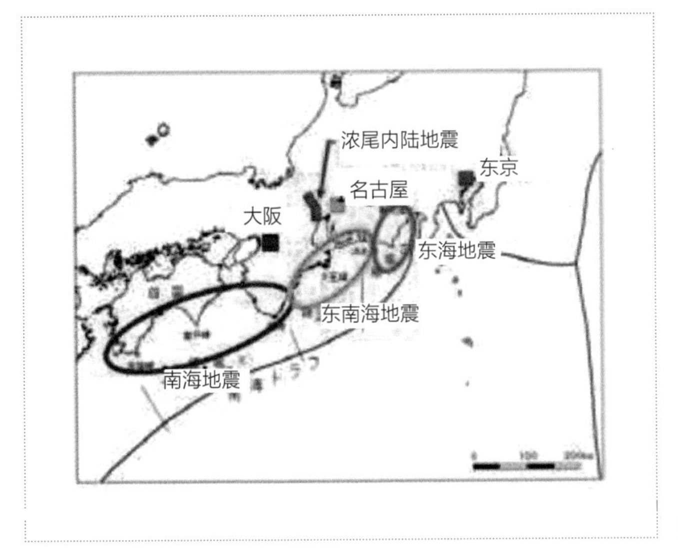

图 6.2.13　名古屋地震环境

3. 结构设计

本建筑的地上结构形式为纯钢结构，地下结构形式为型钢钢筋混凝土结构，结构规划时以“长寿命”为基本方针，有效实现了耐久性 · 更新性 · 居住性 · 安全性的综合设计目标。

主塔楼的结构体系采用外围框架 + 中央核心筒 + 伸臂桁架的综合体系，地上大部分柱为箱形型钢断面，一部分柱为 CFT 柱。中央核心筒用钢板墙构成，伸臂桁架内设置了黏滞阻尼器。主塔楼和裙楼之间也设置了黏滞阻尼器。建筑平面见图 6.2.14，结构立面布置见图 6.2.15。

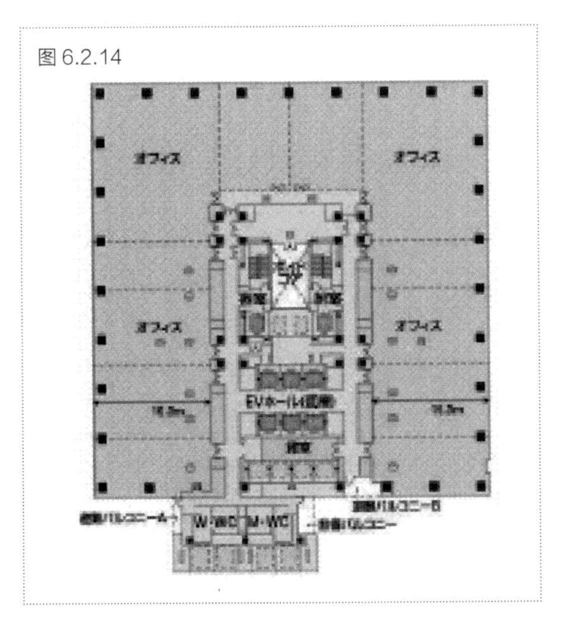

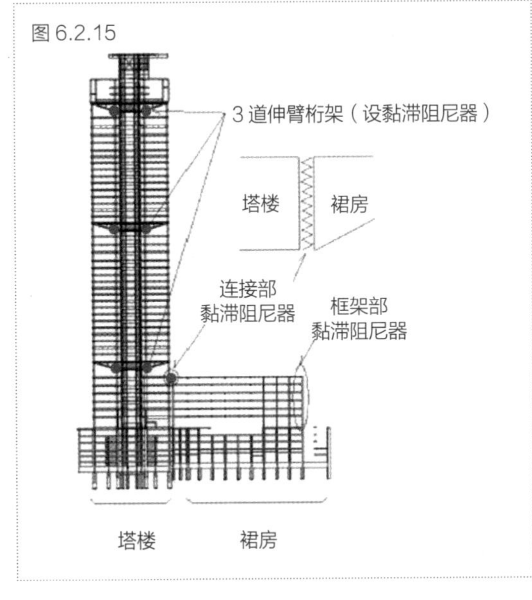

图 6.2.14　建筑平面图
图 6.2.15　结构立面布置图

地上主体结构的设计主要有以下 3 个课题：

（1）高层建筑的重量如何支持；

（2）地震和强风如何抵抗；

（3）主楼和裙楼如何连接。

特别是由于主楼低层部的建筑大空间设计，高层部柱不能全部落至地下，如何有效传递重力和承受水平力，成为设计者思考的要点。

主塔楼的中央核心筒由钢板墙构成，核心筒和外围框架柱一起，起到了承受巨大重力荷载的作用。利用避难层设置的3道伸臂桁架，将筒体和外围连接起来，实现了重力传递的整体效果。虽然在伸臂桁架层上下刚度发生一些变化，设计时注意刚度调节，确保了纵向结构安全合理的连续性。

筒体和外围框架的共同作用为结构提供了极大的抗弯刚度和抗剪刚度，以及抵抗地震作用和风荷载水平抗侧能力。利用避难层在3道伸臂桁架上安装了黏滞阻尼器，给结构提供了外周框架和核心筒之间的柔性连接，不仅对重力荷载，对抵抗地震作用和风荷载都起到了有利于结构的积极作用，如图6.2.16和图6.2.17所示。

图6.2.16

图6.2.16　带黏滞阻尼器的伸臂桁架

图6.2.17　带黏滞阻尼器的伸臂桁架断面图

图6.2.17

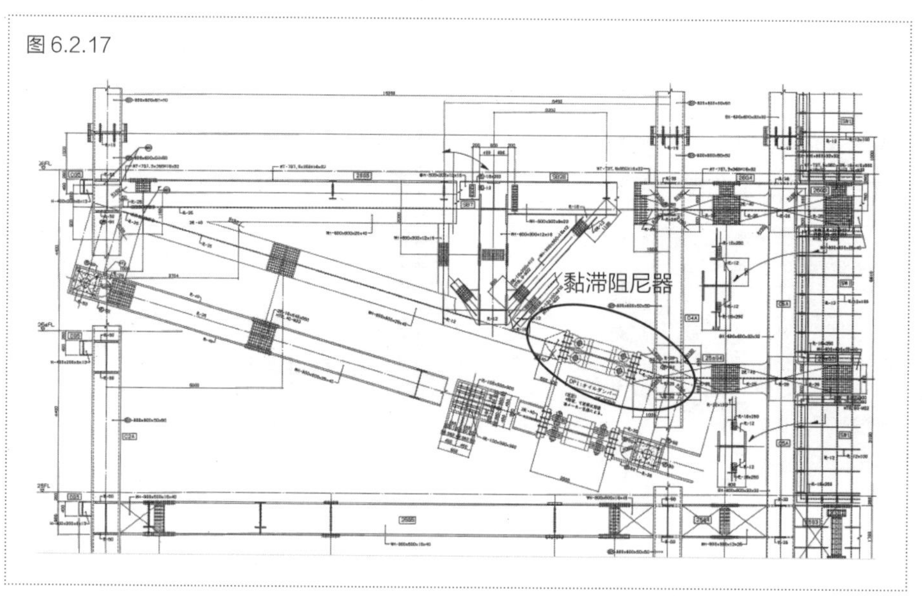

主塔楼和裙楼之间没有用一般的抗震缝分开。因为高达250m的主塔楼在地震和风作用下需要设置相当大的抗震缝，而这种状况恰恰是建筑设计最不希望的。于是，本结

构考虑将固有周期 6s 的主塔楼和固有周期 1.5s 的裙楼在裙楼顶部的 7 层平面处用黏滞阻尼器连接起来(图 6.2.18)。这样,这两个振动形状完全不同的物体在振动时相互牵制,地震时慢慢振动的主塔楼改善了高频裙楼的振动形状，大风时主塔楼的摇晃又由于裙楼的巨大质量阻尼而受到有效抑制。主楼和裙楼之间的黏滞阻尼器将两者之间的缝隙降到了较小程度。

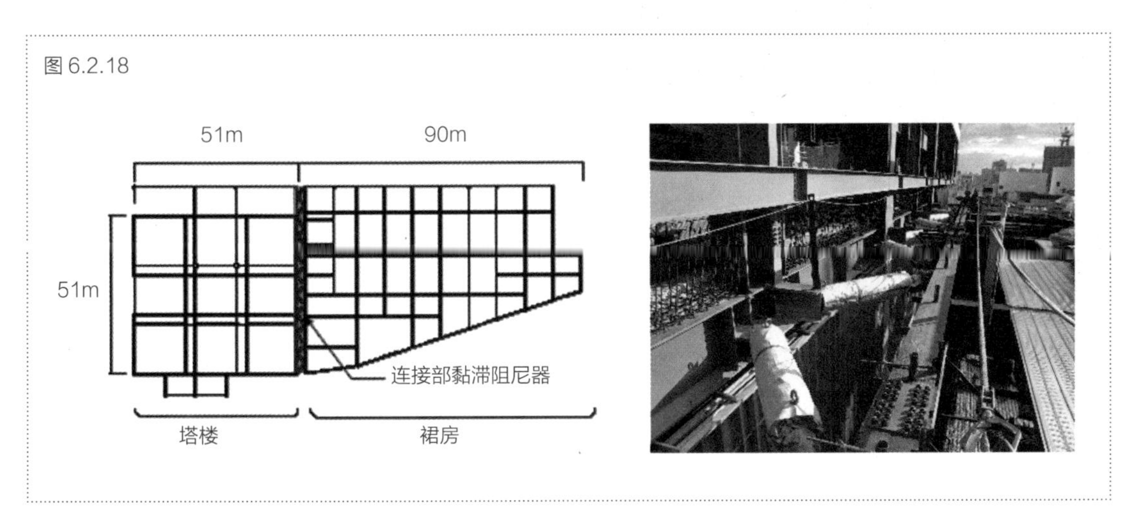

图 6.2.18　联体阻尼器平面布置图及现场照片（第 7 层）

4. 构件和钢材

（1）梁

选用日本具低屈强比特性的 SN490 钢，确保屈服后足够的延性，并将梁翼缘的宽厚比设置在一个合理的范围内，短梁确保稳定的剪切屈服。

（2）柱

对于受大轴力的主要柱子选用日本 SA440 钢高强钢，该种钢材在施工中同样具有可靠的性能。钢管混凝土柱中的混凝土型号选用日本 Fc100。

（3）钢板墙

钢板墙用在靠近主塔楼结构的低层部 1 层和 2 层处（图 6.2.19），用以提高结构的刚度、承载力和延性，彼此连接在一起组成钢板墙筒体作为轴向受力构件。为防止钢板墙提前发生屈曲，将会采用水平和竖向加劲肋来进行适当加强。为了增加长柱的稳定性和安全度，并使从地下部分到地上部分的刚度保持连续。钢板墙选用了强度为 780N/mm^2 的高强钢，该种钢材同时具有约 95% 的高屈强比性能，这样既可提供卓越的强度又具备较大的弹性范围。

5. 设计荷载下的振动控制

（1）解析模型和输入地震波实例如图 6.2.20 和图 6.2.21 所示。

（2）在伸臂桁架内设置黏滞阻尼器，提高结构阻尼效果。利用 TMD 进行的加震实测，观测到仅黏滞阻尼器可使主模态衰减系数增加 2%。

（3）在固有周期 6s 的主塔楼和固有周期 1.5s 的裙楼之间的裙楼顶部 7 层处用黏滞阻尼器将主塔楼和裙楼连接起来，地震时缓慢摇动的主楼可以改善裙楼的振动形状，大风时，裙楼又可以通过7层处的柔软连接抑制主楼在强风中的晃动。这种连接方法大大减小低层部分在主地震作用下的振动并减小结构缝宽度（图6.2.22和图6.2.23）。

（4）设置半主动调谐质量阻尼器（ATMD），改善重现期一年到几年的大风作用下的舒适度。对减小其他较小但持续时间很长的振动，例如由远震引起的振动也很有效果（图6.2.24）。

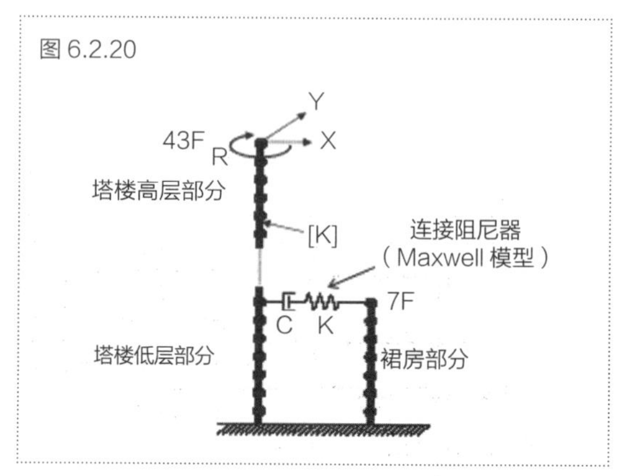

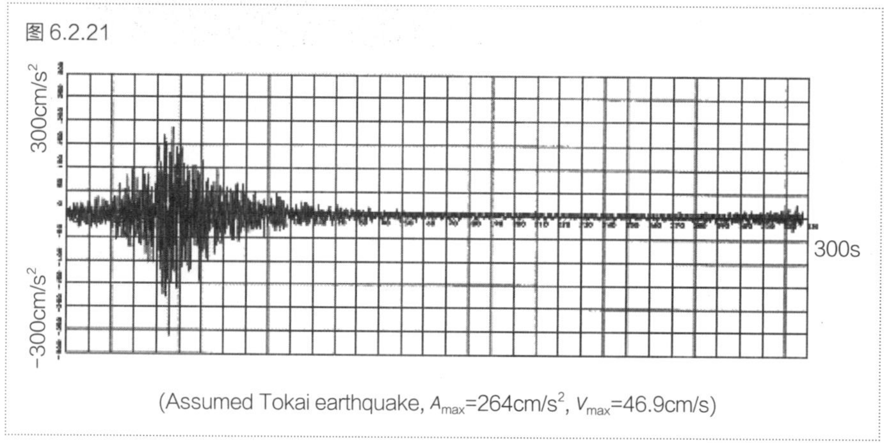

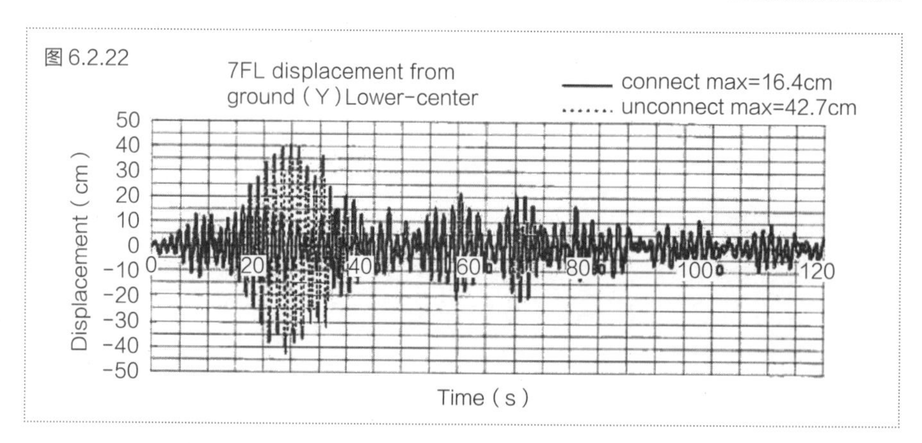

图6.2.19　高强钢板墙
图6.2.20　解析模型
图6.2.21　输入地震波实例
图6.2.22　7层裙房质心绝对位移履历（Y向地震）

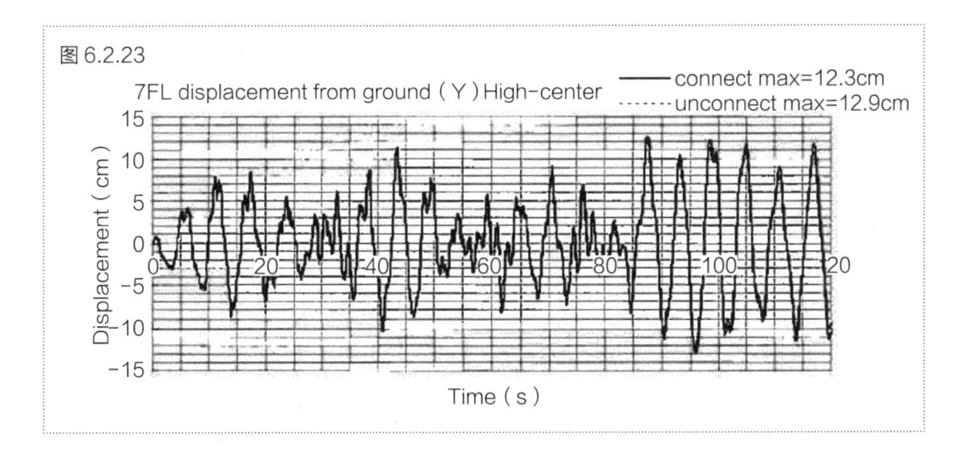

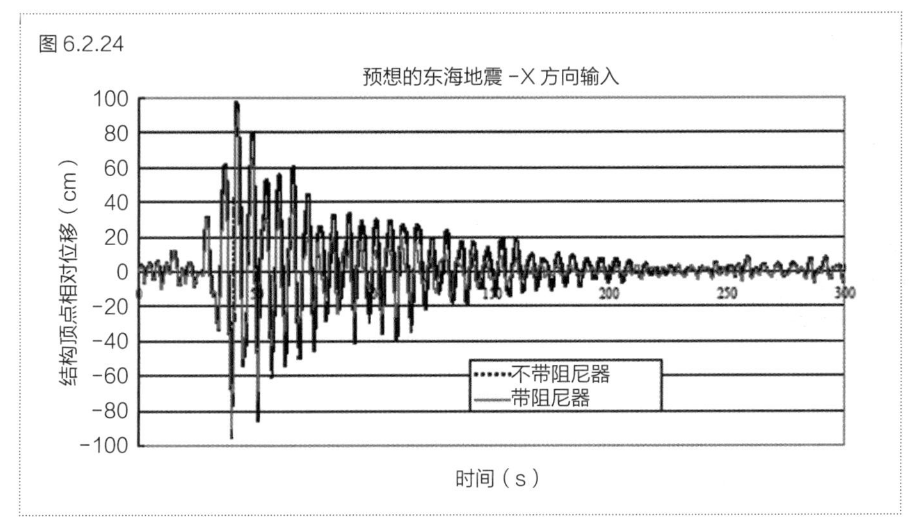

图 6.2.23　7 层塔楼质心绝对位移履历（Y 向地震）
图 6.2.24　结构顶点相对位移履历

6.2.3 名古屋 MODE 学院

建设地点：愛知県名古屋市中村区名站 4-27-1
设计单位：株式会社日建设计
建筑面积：48988.96m^2
建筑高度：170m
层数：地下 3 层，地上 36 层，屋面塔楼 2 层
结构体系：外周曲面框架 + 中央核心筒
工期：2005 年 1 月 ~ 2008 年 2 月

1. 建筑概况

本建筑是一座建在新干线名古屋站旁的超高层综合智能大厦，开发和设计主题以创建名古屋车站周围新繁华都市空间为目的。地上部分为专业学校，地下部分配置了店铺、停车场和设备用房等，4 层有 2 层高的挑空大厅。

平面上在楼梯间和电梯井道等构成的中央核心筒周围布置了 3 个被称作羽翼的教室区域，该区域随高度上升面积逐渐缩小且位置逐渐转动，使得各层平面形状沿高度不断变化，构成螺旋形的建筑外观、建筑平面如图 6.2.25 所示。旋转中心相互错开的 3 片羽翼勾勒出的有机曲面外立面寓意着 3 个区域的学生能量相互交织上升，无论远近还是不同角度都给人们留下了强烈的印象，俨然成为名古屋的新地标。。

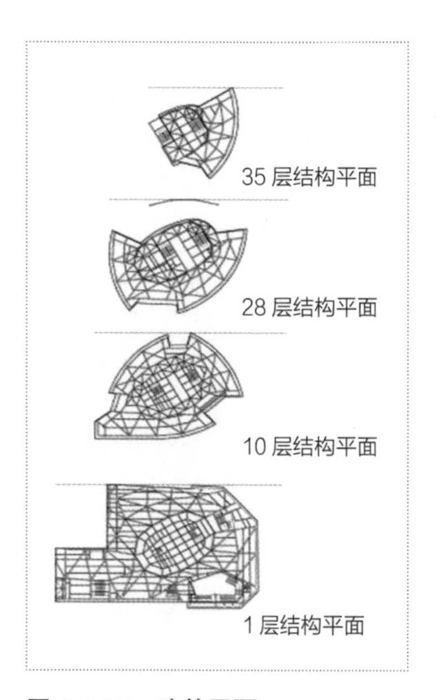

图 6.2.25 建筑平面

2. 巨大的水平力 – 地震作用和强风作用

关于名古屋的地震和风环境，在前篇名古屋丰田每日大厦的制振设计中已有介绍，本篇此处为节省篇幅予以省略。

3. 结构设计

为了积极配合建筑设计，有效构成建筑理想的有机螺旋形态，结构设计师通过分析寻找出与建筑相匹配的最合理方案，即纯钢“曲面外周框架 + 中央核心筒”结构体系，该体系不仅因外周框架为曲面而特殊，而且独到地在外框架柱中沿高度方向布置的柱内阻尼器（减震柱），如图 6.2.26 所示。

中央核心筒用12根钢管混凝土柱（CFT）和钢管支撑组成，确保了必要的结构刚度、抗扭性能和承载力，既足够成为结构整体抵抗水平力作用的重要因素，又有效抑制了结构扭转变形的增大。

同时，结构又通过外周框架减震柱及屋顶TMD（Tuned Mass Damper）这两种阻尼机构合理并用（图6.2.27），大幅度减小了结构地震作用，使得外周曲面框架柱尽可能做得纤细。外周框架柱梁呈螺旋状交织成架构，与核心筒共同作用实现了结构与建筑的完美融合。

此外，结构设计上还采用了屋顶AMD（Active Mass Damper）阻尼系统，有效减少了结构风荷载，保证了风荷载下的居住舒适度。

外周框架整体虽为曲面，但各层框架柱仍按直线段设计，框架柱逐渐倾斜构成外立面曲面。外周框架柱因为倾斜，在重力作用下会产生水平力（图6.2.28），设计中将楼面梁布置成水平桁架形式，把水平力传递到抗扭刚度大的核心筒来承担。

基础形式采用筏板基础和扩底现场灌注桩。仅最下层的地下3层采用SRC结构，最下层中央核心筒和建筑外周地连墙采用SRC高强度高刚度抗震墙（墙厚1400mm，内设钢斜撑）。中央核心筒接近椭圆形（准确来说是2轴对称的等边12角形），短边约22m，高宽比接近7，地震时虽会受到很大的倾覆弯矩，上述措施充分确保了结构的抗倾覆能力。

4. 构件和钢材

（1）梁

焊接工字形钢（SN490B）梁高800～450mm。

（2）柱

钢管混凝土结构：钢管（STKN490B）、填充混凝土（Fc80～36）

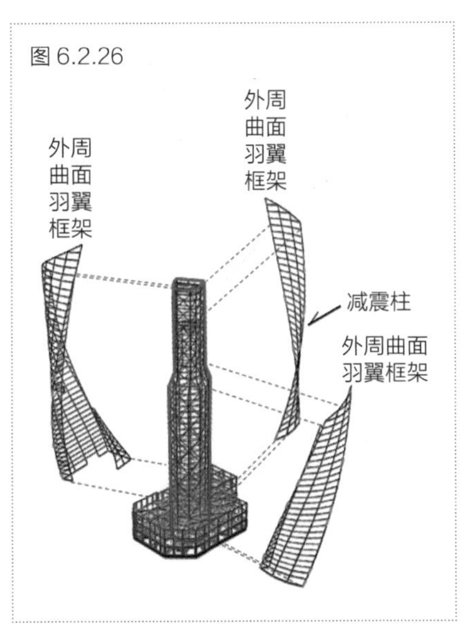

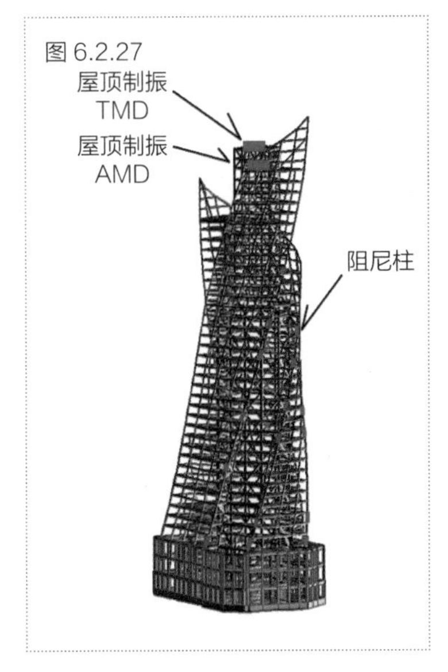

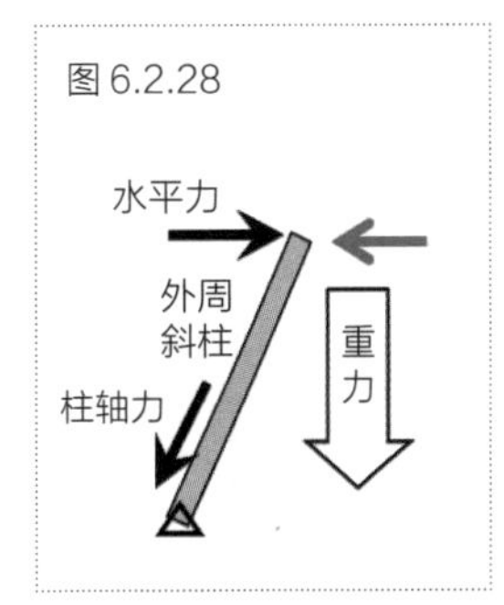

图6.2.26　结构体系示意
图6.2.27　阻尼装置布置示意
图6.2.28　斜柱受力示意图

中央核心筒柱：直径 900 ~ 600mm

外周框架柱：直径 600 ~ 406.4mm

（3）支撑

钢管（STKN490B），直径 600 ~ 406.4mm。

（4）钢板抗震墙

钢板厚 6mm，9mm（SN490B），设置在 23 ~ 35 层。

（5）柱梁斜撑连接部位

远心力铸钢管（SCW490-CF）直径 800 ~ 600mm。

5. 地震对策用两种阻尼机构

（1）减震柱

一般工程项目中使用的制振构件大多是将阻尼器用在斜撑构件中达到制振效果，但是本大楼采用了独到的世界首例柱内阻尼器方法，即把柱作为制振构件。

将外周框架柱在相应楼层段上置换成黏滞阻尼器，使得结构在地震时产生的轴向伸缩变形都集中在这些减震柱上，这样结构可以更好地吸收地震能量，起到减震效果，如图 6.2.29 和图 6.2.30 所示。

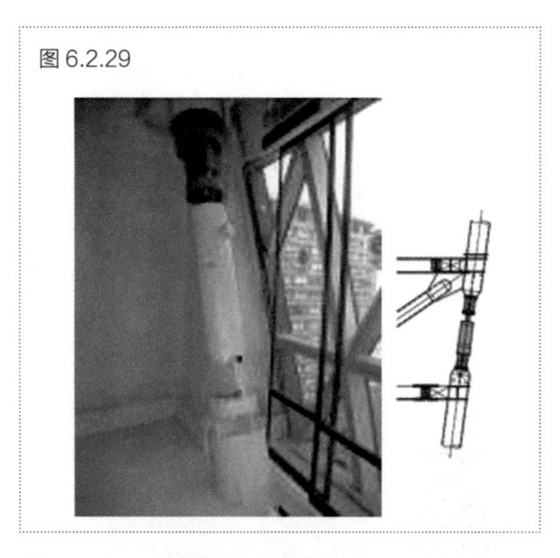

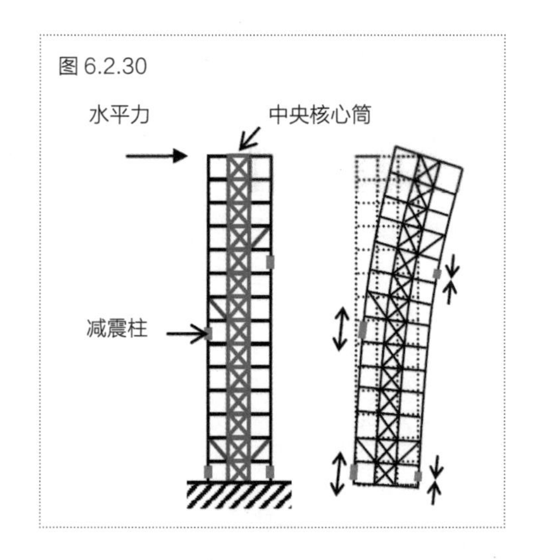

图 6.2.29　减震柱实况照片
图 6.2.30　减震柱原理示意图

模拟分析大地震时，在一层处减震柱的伸缩变形最大，达到 41mm，其他层的轴向伸缩变形在 18mm。

减震柱的变形给曲面外立面带来相当难度。在减震柱附近的楼层除了考虑水平方向以外，还要考虑垂直方向的层间变形。为了应对设计假设范围以上的垂直方向的层间变形（特别是收缩方向），采用了比窗框滑动系统更高的自动防故障体系。即使在垂直方向发生接近预留安全缝宽度的层间变形，通过窗框上扬，同时把上一层的窗框也上抬，以三个楼层层间变形进行调整。减震柱的变形影响又通过实体比例实验进行了确认。

（2）屋顶 TMD

因为建筑顶部变形较大，设计上又在建筑屋顶设置了质量阻尼系统。将建筑重量的 1% 放在一个由滚动支座和叠层橡胶支座以及高阻尼铅制阻尼器构成的支座群上，并将其周期调整至与结构固有周期吻合，于是这一质量在地震时会向建筑运动的反方向运动，使得铅制阻尼器能够有效地吸收地震能量，如图 6.2.31 和图 6.2.32 所示。这个阻尼机构即所谓的屋顶 TMD（Tuned Mass Damper）。

将积层橡胶支座叠成两层，水平刚度调整为一半，可动变形量增加一倍。

滚动支座按地震时上下动加速度 1*g* 设计，以防脱落。此外，为防止预想之外的变形引起冲撞，采用了船舶上使用的缓冲材料。

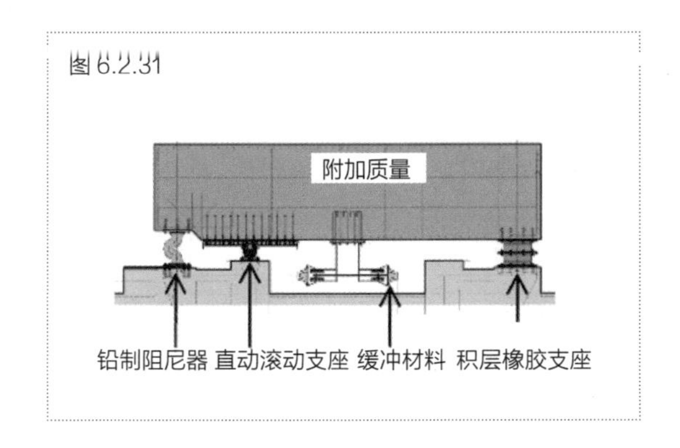

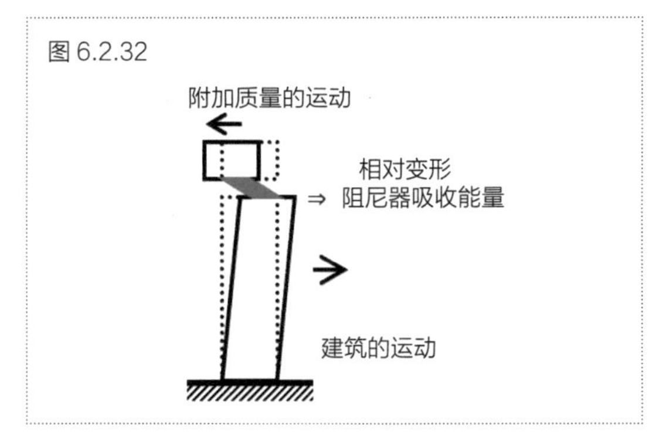

图 6.2.31　屋顶制振机构示意图
图 6.2.32　屋顶制振原理示意图

（3）两种阻尼机构的减震效果

由于这两种阻尼机构的有效结合，地震作用下结构变形比不采用阻尼系统时最大降低了 22%。

在大地震时，除了外周框架中设置的 26 处减震柱以外，中央核心筒及其他构件均可保持弹性状态。

考虑到设计用地震作用和人工地震波对于真正自然地震的局限性，设计时又进一步确认了超越大地震时的结构破坏机制。分析表明，当超越大地震后外周框架梁和楼面梁等其他性能设计上的非关键构件都可以作为减震柱后的第二道防线先于中央核心筒发生塑性化，整体结构具备理想的塑性化破坏机制，如图 6.2.33 所示。

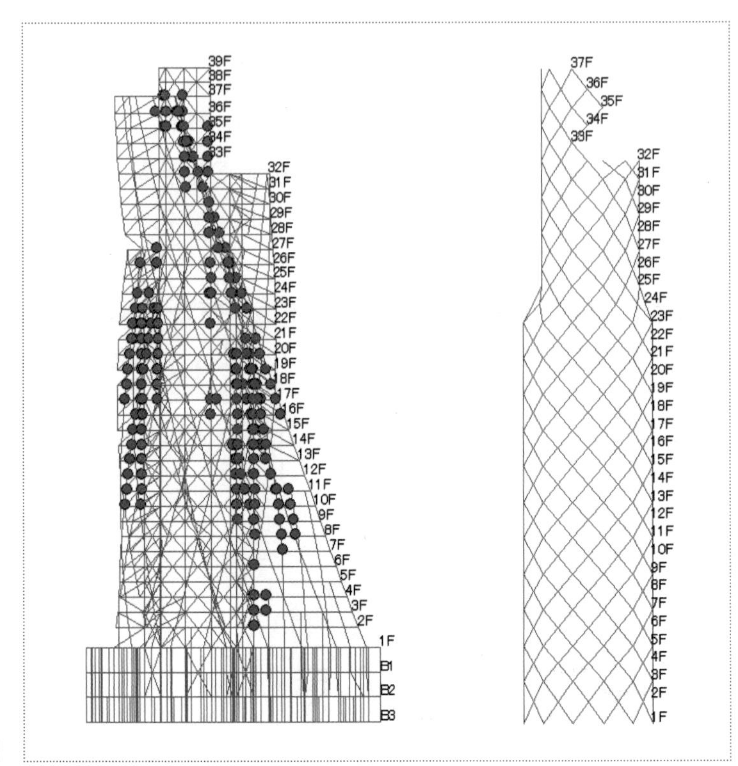

图 6.2.33　结构塑性化机构简图

| 附表 A | 黏滞阻尼器建筑工程案例汇总

Appendix A **Summary of application examples of viscous damper in building engineering**

A.1 中国大陆地区

项目名称	地点	地震	基本风压（kN/m^2）	场地类别	工程概况	阻尼器类型与应用方式	用途
宿迁市建设大厦	江苏宿迁	8.5	0.4	Ⅲ	新建高层、钢筋混凝土框架 - 筒体	16 个黏滞阻尼器、柱间支撑	抗震
北京展览馆	北京	8	0.45	Ⅱ	加固多层、钢筋混凝土框架	48 个黏滞阻尼器、对角和正人字形支撑	抗震
汶川县人民医院	四川汶川	8	0.3	Ⅱ	新建多层、框架结构	46 个非线性黏滞阻尼器、K 形支撑	抗震
宿迁市教委综合办公楼	江苏宿迁	8.5	0.4	Ⅲ	新建高层、框架 - 剪力墙	64 个黏滞阻尼消能支撑	抗震
北京盘古大观	北京	8	0.45	Ⅲ	新建超高层、钢框架 - 支撑筒 - 加强层	108 个黏滞阻尼器、柱间支撑	抗震
武汉保利大厦	湖北武汉	6	0.35	Ⅱ	新建超高层、钢混结构	62 个黏滞阻尼器柱间和人字支撑、16 个屈曲约束支撑	抗震
晋中汇通大厦	山西晋中	8	0.4	Ⅲ	在建超高层、框架 - 核心筒	16 个黏滞阻尼器、加强层竖向布置	抗震
南亚之门	云南昆明	8	0.3	Ⅲ	在建超高层、巨型框架 - 核心筒	96 个黏滞阻尼器加强层竖向布置	抗震
天水展贸大厦	甘肃天水	8.5	0.4	Ⅱ	改建高层、下部混凝土框架 - 剪力墙 + 上部钢框架	168 个黏滞阻尼器、柱间支撑	抗震
同济大学综合楼	上海	7	0.55	Ⅳ	新建复杂高层、框架 - 支撑体系	黏滞阻尼器、柱间对角支撑	抗震
同济设计院办公楼	上海	7	0.55	Ⅳ	改建多层、混合框架结构	黏滞阻尼器、人字支撑	抗震
上海 2010 年世博会主题馆	上海	7	0.55	Ⅳ	新建大跨、钢框架支撑结构	46 个黏滞阻尼器、人字支撑	抗温 抗震
银泰中心主塔楼	北京	8	0.5	Ⅱ	新建超高层、钢框架 - 支撑内筒	73 个黏滞阻尼器、对角支撑	舒适度 抗震
天津国贸中心 A 座公寓	天津	7.5	0.5	Ⅲ	新建超高层钢结构、钢框架与支撑内筒	12 个黏滞阻尼器、套索	舒适度 抗震
天津富力广东大厦	天津	7.5	0.5	Ⅳ	新建超高层、框架 - 巨型斜撑 - 核心筒 - 加强层	83 个黏滞阻尼器、套索	舒适度 抗震
宿迁金柏年财富广场	江苏宿迁	8.5	0.4	Ⅲ	新建高层、框架 - 剪力墙	60 片黏滞阻尼墙、竖向交错布置	抗震
宿迁水木清华三期	江苏宿迁	8.5	0.4	Ⅲ	新建高层、框架 - 剪力墙	64 片黏滞阻尼墙、竖向连续布置	抗震
宿迁苏商大厦	江苏宿迁	8.5	0.4	Ⅲ	新建高层、框架 - 剪力墙	90 片黏滞阻尼墙、竖向连续布置	抗震
唐山万科金域华府	河北唐山	8	0.4	Ⅲ	新建高层、剪力墙结构	66 片黏滞阻尼墙	抗震

续表

项目名称	地点	地震	基本风压（kN/m²）	场地类别	工程概况	阻尼器类型与应用方式	用途
厦门国际中心	福建厦门	7.5	0.8	Ⅱ	337m 新建超高层、框架－核心筒	90 片黏滞阻尼墙	舒适度
海口中心	海南海口	8.5	0.75	Ⅱ	288m 新建超高层、框架－核心筒	106 片黏滞阻尼墙	抗风 抗震
厦门帝景苑	福建厦门	7.5	0.8	Ⅲ	270m 新建超高层、框架－剪力墙	黏滞阻尼器 黏滞阻尼墙	舒适度 抗震

A.2 中国台湾地区

项目名称	地点	地震	基本风压（kN/m^2）	工程概况	阻尼器类型与应用方式	用途
Uni-President Taipei Transfer Post（A3）	台北	8.5	0.7	新建 31 层钢结构	124 个黏滞阻尼器、对角支撑	抗震
Jan-Ron Ritz Building	台北	8.5	0.7	新建 24 层钢筋混凝土结构	64 个黏滞阻尼器、A 字形支撑	抗震
ShiKeio Plaza	台北	8.5	0.7	新建 22 层住宅楼	24 个黏滞阻尼器、A 字形支撑	抗震
Taishin Bank Headquarters	台北	8.5	0.7	新建 28 层钢框架	72 个黏滞阻尼器、人字形支撑	抗震
Farglory H88	新北	8.5	0.7	40 层住宅	240 个黏滞阻尼器	抗震
Chicony Electronics HQ	新北	8.5	0.7	新建 39 层办公楼钢骨钢筋混凝土	100 个黏滞阻尼器	抗震 抗风
Chonghong Xihu	台北	8.5	0.7	新建 28 层住宅钢骨钢筋混凝土	112 个黏滞阻尼器	抗震
Farglory H90	新北	8.5	0.7	24 层新建钢混住宅	80 个黏滞阻尼器	抗震
Farglory H91	新北	8.5	0.7	23 层新建钢混住宅	44 个黏滞阻尼器	抗震
Fubon Dun-Nan	台北	8.5	0.7	17 层钢结构住宅	28 个黏滞阻尼器	抗震
Yihua Dazhi	台北	8.5	0.7	39 层与 42 层住宅钢骨钢筋混凝土	265 个黏滞阻尼器	抗震
Farglory H85	新北	8.5	0.7	25 层新建钢混住宅	96 个黏滞阻尼器	抗震
He Huan Hsin-Dien Project	台北	8.5	0.7	新建 29 层钢混住宅	224 个黏滞阻尼器	抗震
Huaku Hsin Chu	新竹	8.5	0.8	新建 25 层住宅	19 个黏滞阻尼器	抗震
Sunpo Hong-Yun Project	台北	8.5	0.7	新建 19 层钢筋混凝土	8 个黏滞阻尼器	抗震
WG Group	台北	8.5	0.7	新建 26 层钢混住宅	38 个黏滞阻尼器	抗震
Yuetai Fengfan	台北	8.5	0.7	新建 33 层住宅钢骨钢筋混凝土	18 个黏滞阻尼器	抗震
Uni-President B8 Project	台北	8.5	0.7	新建 22 层钢混建筑	336 个黏滞阻尼器	抗震
TSMC FAB #5	新竹	8.5	0.8	工厂改建	44 个黏滞阻尼器	抗震
Uni-President Headquarters	台北	8.5	0.7	住宅改造	52 个黏滞阻尼器	抗震
Fubon/China Insurance Building	台北	8.5	0.7	16 层新建住宅	124 个黏滞阻尼器	抗震
Shin Keio Plaza	台北	8.5	0.7	新建 22 层住宅钢筋混凝土钢骨	24 个黏滞阻尼器	抗震
Far Glory twin towers	台北	8.5	0.7	24 层住宅	162 个黏滞阻尼器	抗震
Tan Zu/Tzu Chi Hospital	台中	9	0.8	医院	488 个黏滞阻尼器	抗震

续表

项目名称	地点	地震	基本风压（kN/m^2）	工程概况	阻尼器类型与应用方式	用途
Hung-Feng Nei-Hu Residence	台北	8	0.7	新建多层住宅	12 个黏滞阻尼器	抗震
Fu-Shi Tu-Cheng Project	台北	8	0.7	新建多层钢筋混凝土住宅	24 个黏滞阻尼器	抗震
Mei-Feng Residential Building	台北	8	0.7	新建 19 层	32 个黏滞阻尼器、双 A 形支撑	抗震
Hung Poo Construction/KIMZO New Trump	台北	8	0.7	新建 19 层钢结构	24 个黏滞阻尼器、双 A 形支撑	抗震
Kelti Hsin-Yi Building	台北	8	0.7	新建 14 层办公楼	80 个黏滞阻尼器、对角支撑	抗震
Dong-Teng Project	台北	8	0.7	新建 15 层钢结构	32 个黏滞阻尼器、A 形支撑	抗震
Huaku Wen-De Residence	台北	8	0.7	新建高层、钢筋混凝土住宅	24 个黏滞阻尼器	抗震
GerFu Business Center	台北	8	0.7	加固高层	25 个黏滞阻尼器、人字支撑	抗震
Farglory H70 Project	台北	8	0.7	新建高层	20 个黏滞阻尼器、V 形支撑	抗震

A.3 日本

项目名称	地点	地震	工程概况	阻尼器类型与应用方式	用途
SUT-Building	静冈	8.5	地下 2 层，地上 14 层，78.6m，钢框架	170 片黏滞阻尼墙，X 向 80 片，Y 向 90 片	抗震
新宿 NTT 大厦	东京	8.5	地下 5 层，地上 30 层，钢结构	60 片黏滞阻尼墙	抗震
横滨 MM 大厦	横滨	8.5	地下 2 层，地上 23 层，钢结构	180 片黏滞阻尼墙	抗震
中野阪上中央一区西部再开发项目	东京	8.5	地下 2 层，地上 24 层，钢结构（钢骨混凝土柱）	220 片黏滞阻尼墙	抗震
关东邮政局办公楼	大宫	8.5	地下 2 层，地上 28 层，钢结构（钢骨混凝土柱）	469 片黏滞阻尼墙	抗震
六本木丁目 C 街区 B 住宅楼	东京	8.5	地下 2 层，地上 43 层混合结构	[illegible] 片黏滞阻尼墙	抗震
堂岛第二大楼一期	大阪	8.5	改建工程高层，地下 3 层，地上 21 层，钢结构	56 片黏滞阻尼墙	抗震
新宿御苑住宅楼	东京	8.5	地下 2 层，地上 25 层钢结构（钢骨混凝土柱）	114 片黏滞阻尼墙	抗震
虎之门—六本木区域项目	东京	8.5	地下 4 层，地上 47 层钢结构，钢筋混凝土	380 片黏滞阻尼墙	抗震
代代木 RC 大厦	东京	8.5	地下 3 层，地上 51 层混合结构	152 片黏滞阻尼墙	抗震
東京中央郵便局	东京	8.5	200m，钢骨混凝土	黏滞阻尼墙	抗震
西新宿五丁目住宅	新宿	8.5	209m，钢筋混凝土	黏滞阻尼墙	抗震
代官山市街地再開発	代官山	8.5	171m，钢筋混凝土	黏滞阻尼墙	抗震
丸之内大厦	东京	8.5	149.8m，钢框架	黏滞阻尼墙	抗震
Mode 学园螺旋塔	名古屋	8.5	地下 3 层，地上 36 层三片旋转框架 + 钢桁架核心筒	26 个黏滞阻尼器 质量阻尼器	抗震
仙石山森大厦	东京	8.5	地下 4 层，地上 47 层，206.7m，框架核心筒结构	黏滞阻尼墙 摩擦阻尼器	抗震
日建设计公司东京大楼	东京	8.5	地下 1 层，地上 14 层 59.85m，框架结构，钢管混凝土柱，型钢梁	39 片黏滞阻尼墙 BRB	抗震 抗风
丸之内大厦	东京	8.5	地下 4 层，地上 32 层，149.8m 巨型框架（7 层以下）+ 普通框架（7 层以上）	96 片黏滞阻尼墙	抗震
仙石山森大厦	都港区	8.5	地下 4 层，地上 47 层，207m，混合结构体系	黏滞阻尼墙 摩擦阻尼器	抗震
Kioi Building	东京	8.5	33 层，162m，钢框架	269 个黏滞阻尼器	抗震
目黑雅叙园扩建项目	东京	8.5	新建 16 层钢混框架建筑	72 个黏滞阻尼器	抗震
Kasumigaseki 3 Chome Project	东京	8.5	新建 17 层钢框架建筑	12 个黏滞阻尼器	抗震

续表

项目名称	地点	地震	工程概况	阻尼器类型与应用方式	用途
Nihonbashi Nomura Project	东京	8.5	新建 21 层钢框架建筑	52 个黏滞阻尼器	抗震
Holland Hills Mori Tower RoP	东京	8.5	新建 24 层建筑	204 个黏滞阻尼器	抗震
J-city TOKYO Office Tower	东京	8.5	新建 23 层建筑	241 个黏滞阻尼器	抗震
千叶国立学校教工宿舍	千叶	8.5	地下 1 层，地上 11 层钢结构	30 片黏滞阻尼墙	抗震
清水公司大楼	东京	8.5	地下三层，地上 21 层 106m，钢框架 - 钢筋混凝土核心筒	32 个铅芯橡胶支座，10 个天然橡胶支座，10 个黏滞阻尼器	抗震
蚕茧大厦（COCOON 大厦）	东京	8.5	地下 2 层，地上 50 层，高 203.65m，钢结构	黏滞阻尼器	抗震

A.4 其他国家

项目名称	地点	工程概况	阻尼器类型与应用	用途
波士顿 111 大厦	波士顿	248m 钢结构	60 个黏滞阻尼器	抗风 抗震
菲律宾香格里拉塔	菲律宾	210m 混凝土结构	8 个抗风阻尼器	抗风协 助抗震
墨西哥市长大楼	墨西哥	225m 钢结构	96 个黏滞阻尼器 对角支撑、跨层支撑	抗震
波士顿 Millennium 大厦	波士顿	新建 37 层建筑	40 个黏滞阻尼器	抗风
432 Park Avenue	纽约	89 层 426m 钢筋混凝土	16 个黏滞阻尼器	抗风
181 Fremont Street	旧金山	54 层 244m	32 个黏滞阻尼器	抗震 抗风
Nashua Street Residences	波士顿	38 层新建住宅	30 个黏滞阻尼器	抗震 抗风
圣地亚哥中央法院	圣地亚哥	22 层新建钢结构	106 个黏滞阻尼器	抗震
Mazzoni Hospital	意大利	医院	6 个黏滞阻尼器	抗震
Turkcell Maltepe 2	土耳其	办公楼	36 个黏滞阻尼器	抗震
250 West 55th Street	纽约	39 层新建办公楼	7 个黏滞阻尼器	抗震
INTERCENTRO	多米尼加共和国 圣多明哥	新建 18 层钢框架	48 个黏滞阻尼器	抗震
Dexter Horton Building	西雅图	改建 15 层混凝土结构	18 个黏滞阻尼器	抗震
WorldCom - Local Switch	奥克兰	改建 17 层建筑	20 个黏滞阻尼器	抗震
1414 K Street	萨克拉门托	改建办公大楼	8 个黏滞阻尼器	抗震
Hyatt Park Tower	芝加哥	新建 67 层钢筋混凝土建筑	10 个黏滞阻尼器	抗风
Los Angeles City Hall	洛杉矶	改建市政府大楼	68 个黏滞阻尼器	抗震
Alaska Commercial Building	阿拉斯加州	改建木框架建筑	2 个黏滞阻尼器	抗震
28 State Street	波士顿	超高层办公大楼	40 个黏滞阻尼器	抗风
Petronas Twin Towers	马来西亚	超高层塔楼	12 个黏滞阻尼器	抗风
California Dept.of Transportation- District 4 Headquatrers	奥特兰	改建 15 层钢框架建筑	231 个黏滞阻尼器	抗震
Tres Mares Residences	墨西哥巴亚尔塔港	24 层钢筋混凝土框架	30 个黏滞阻尼器	抗震
Stamford Building	新西兰奥克兰达	住宅	12 个黏滞阻尼器	抗风
Cal Poly Pomona Library	美国波莫纳	图书馆	12 个黏滞阻尼器	抗震
Jorge Chavez International Airport Central Tower	秘鲁利马	机场	42 个黏滞阻尼器	抗震
29 Palms Naval 医院	美国加利福尼亚州	钢框架	53 个黏滞阻尼器	抗震
12 Moorhouse Avenue	新西兰克莱斯特彻奇	地震后重建的办公楼	55 个黏滞阻尼器	抗震
帕罗奥图教堂	美国帕罗奥图	公会教堂	2 个黏滞阻尼器	抗震

续表

项目名称	地点	工程概况	阻尼器类型与应用	用途
加州大街 351 号	美国旧金山	2 层钢框架	6 个黏滞阻尼器	抗震
Bnei Zion Hospital	以色列海法	医院改造项目	20 个黏滞阻尼器	抗震
Mameris（Greece）Protas Eniskyes	希腊	6 层住宅	16 个黏滞阻尼器	抗震
Kimpo Airport P3	韩国首尔	既有航站楼改建	20 个黏滞阻尼器	抗震
Apollo Hospital	印度新德里	医院改建	32 个黏滞阻尼器	抗震

参考文献

[1] 吕西林.复杂高层建筑结构抗震理论与应用[M]. 北京：科学技术出版社，2007.

[2] JGJ 297—2013 建筑消能减震技术规程[S]. 北京：中国建筑工业出版社，2013.

[3] 汪志昊.自供电磁流变阻尼器减振系统与永磁式电涡流 TMD 的研制及应用[D]. 湖南：湖南大学. 2011：97-98.

[4] 刘立平，李英民，韩军，等.调液阻尼器减振效应研究的综述和展望[J]. 重庆建筑大学学报，2006，28（4）：132-137.

[5] 李宏男，井秦阳，王立长等.利用浅水水箱作为阻尼器的大连国贸大厦减振控制研究[J]. 计算力学学报，2007，24（6）：733-740.

[6] Taylor，D. P. Smart Buildings and Viscous Dampers-A Design Engineer' s Perspective. The Structural Design of Tall and Special Buildings[J]. 2010，19（4）：369-372.

[7] 陈永祁，马良喆.黏滞阻尼器在实际工程应用中相关问题讨论[J]. 工程抗震与加固改造，2014，36（3）：7-13.

[8] 周光强，杨丽娜，杨爱军，等.弹性胶泥特性及其缓冲器的研究进展[J]. 有机硅材料，2011，25（1）：40-43.

[9] 马良喆，陈永祁.油阻尼器与黏滞阻尼器的性能差异探讨[J]. 工业建筑，2013，43（S）：203-210.

[10] 陈永祁，马良喆.结构保护系统的应用与发展[M]. 北京：中国铁道出版社，2015.

[11] 夏冬平，张志强，李爱群，等.新型黏滞阻尼墙动力性能试验研究[J]. 建筑结构，2013，43（13）：46-49.

[12] Miyazaki M，Mitsusaka Y. Design of Buildings With 20% or greater damping[C]. Proceeding of Tenth WorldConference on Earthquake Engineering，1992.

[13] 吴美良，钱稼茹.黏滞阻尼墙的研究与工程应用[J]. 2003，33（5）：61-65.

[14] Arima F，Miyazaki M，Tanaka H，et al. A study on buildings with large damping using viscous damping walls[C]. Proc. 9th World Conf on Earthquake Engineering Tokyo Kyoto，1988：821-826.

[15] Reinhom A M，Li C，Constantious M C.ExperimentalandAnalytical investigationof seismic retrofit of structures with Supplemental Damper：PartI — Fluid viscous damping devices. NationalCenterforEarthquakeEngineeringResearch.Buffalo，NewYork，1995.

[16] Niwa N. et al. Passive seismic response controlled high-rise building with high damping device[J]. Earthquake Engrg. Struct. Dyn. 24，1995.

[17] 谭在树，钱稼茹．钢筋混凝土框架用黏滞阻尼墙减震研究 [J]. 建筑结构学报，1998，19（2）: 50-59.

[18] Jenn-Shin Hwang，Chun-Hsiang Tsai，Shiang-Jung Wang，etc. Experimental study of RC building structures with supplemental viscous dampers and lightly reinforced walls[J]. Engineering Structures，2006，28：1816-1824.

[19] 马玉宏，金建敏，韩小雷．高层钢-混凝土组合门式结构消能减震体系模拟地震振动台试验研究 [J]. 振动与冲击，2010，29（6）: 134-139.

[20] Hiroaki Harada，Tatsumi Shinohara，Keita Sakakibara. A study on dynamic behavior of Nikken Sekkei Tokyo building equipped with energy dissipation systems when struck by the 2011 great east Japan earthquake[C]. 15 WCEE.

[21] 苏丰阳，闫维明，王维凝．新型间隙式黏滞阻尼器对钢筋混凝土框架结构的减震效果试验研究 [J]. 地震工程与工程振动，2014，34（6）: 74-82.

[22] 杜东升，王曙光，刘伟庆等．黏滞流体阻尼墙在高层结构减震中的研究与应用 [J]. 建筑结构学报，2010，31（9）: 87-94.

[23] 周颖，吕西林，张翠强．消能减震伸臂桁架超高层结构抗震性能研究 [J]. 振动与冲击，2011，30（11）: 186-189.

[24] 汪大洋，周云，王绍合．耗能减振层对某超高层结构的减振控制研究 [J]. 振动与冲击，2011，30（2）: 85-92.

[25] 翁大根，张超，吕西林等．附加黏滞阻尼器减震结构实用设计方法研究 [J]. 振动与冲击，2012，31（21）: 80-88.

[26] 韩建平，孟岩．带消能伸臂桁架超限框筒结构在长周期地震动作用下的反应分析 [J]. 世界地震工程，2014，30（3）: 15-22.

[27] Taylor Devices，Inc. Structural Applications of Taylor Fluid Viscous Dampers.

[28] 崔鸿超，蔡荣根，邓小华，等．台湾地区建筑结构设计概况 - 台湾地区建筑结构技术考察团报告 [J]. 减震技术，2014，11：52-63.

[29] 邓国基，陈学伟，杨穗华，等．汶川县人民医院带黏滞阻尼器结构耗能减震设计 [J]. 广东土木与建筑，2010，9：3-6.

[30] 陈永祁，曹铁柱．液体黏滞阻尼器在盘古大观高层建筑上的抗震应用 [J]. 钢结构，2009，24（8）: 39-46.

[31] 朱岩松，杨蕾．盘古大观写字楼结构设计 [J]. 城市建设，2010，15：380.

[32] 曹飞，刘伟庆，王曙光，等．阻尼墙在金柏年财富广场消能设计中的应用研究 [J]. 建筑科学，2008，24（9）: 56-59.

[33] GB 50011—2001 建筑抗震设计规范 [S]. 北京：中国建筑工业出版社，2001.

[34] 韩维，吕汉忠，尤旭升，等．天津国贸中心 A 座公寓楼舒适度设计 [J]. 建筑结构，2013，43（13）: 31-35.

[35] 苏晴茂，张景策，钟佩璋 . 使用油压消能器之耐震结构设计 [J]. 建筑钢结构进展，2003，5 (4): 21-26.

[36] Demin Feng，Hui Xia，Wenguang Liu. Design of a 24-Story Damped Steel Frame Based on Chinese and Japanese Building Codes[C]. 14th World Conference on Seismic Isolation，Energy Dissipation and Active Vibration Control of Structures，San Diego，Ca USA，2015.

[37] Hiroaki Harada，Tatsumi Shinohara，& Keita Sakakibara. A Study on Dynamic Behavior of Nikken Sekkei Tokyo Building Equipped with Energy Dissipation Systems when Struck by The 2011 Great East Japan Earthquake[C]. 15 WCEE，LISBOA，2012.

[38] Shuichi Otaka，Masayuki Yamanaka，Ohshichi Gokan，et al. Toranomon-Roppongi 地区项目 . 世界高层都市建筑学会第九届全球会议论文集 [C]，上海，2012.

[39] 日本钢结构协会 . 钢结构技术总览 [M]. 北京：中国建筑工业出版社，2004：320-322.

[40] 小堀 徹 . 东京太平洋世纪广场丸之内大厦的结构设计 [J]. 建筑钢结构进展，2008，10 (3):1-7.

[41] 曾凡生，王敏，杨翠如，等 . 高楼钢结构体系与工程实例 [M]. 北京：机械工业出版社，2014：266-268.

[42] 陈永祁，高正，博阳 . 抗震阻尼器在墨西哥 Torre Mayor 高层建筑中的应用 [J]. 钢结构，2011，26 (1): 50-54.

[43] Samuele Infanti，Jamieson Robinson，Rob Smith. Viscous dampers for high-rise buildings[C]. The 14th World Conference on Earthquake Engineering，2008，Beijing，China.

[44] Henry C. Huang. Efficiency of the motion amplification device with viscous dampers and its application in high-rise buildings[J]. EARTHQUAKE ENGINEERING AND ENGINEERING VIBRATION，2009，8 (4): 521-536.

[45] 李英，闫维明，纪金豹 . 变间隙黏滞阻尼器的性能分析 [J]. 震灾防御技术，2006，2 (1): 153-161.

[46] 贾九红 . 胶泥缓冲器的耗能机理研究与设计 [D] . 上海：上海交通大学． 2008：8-9.

[47] Pekcan G.，Mander G.B.，EERI M.，et al. The Seismic Response of a 1：3 Scale Model R.C. Structure with Elastomeric Spring Dampers[J]. Earthquake Spectra，1995，11 (2): 249-267.

[48] 叶正强 . 黏滞流体阻尼器消能减振技术的理论、试验与应用研究 [D] . 南京：东南大学，2003：14-15.

[49] 社团法人，日本隔震结构协会，蒋通 (译) . 被动减震结构设计 · 施工手册 [M]. 北京：中国建筑工业出版社，2008.

[50] Makris N.，Constantinou M. C. Viscous Damper：Testing，Modeling and Application in Vibration and Seismic Isolation，Technical Report NCEER-90-0028. Buffalo，New York：National Center for Earthquake Engineering Research，1990.

[51] 李爱群，高振世等．工程结构抗震与防灾[M]. 南京：东南大学出版社，2003.
[52] 周福霖．工程结构减震控制[M]. 北京：地震出版社，1997.
[53] 张同忠．黏滞阻尼器和铅阻尼器的理论与试验研究［D］. 北京：北京工业大学，2004.
[54] 石若玉．基于流动指数的黏滞阻尼器设计与试验研究［D］. 哈尔滨：哈尔滨工业大学，2011.
[55] 朱闰平，杨军．弹性胶泥的特性及其减震器的工作原理[J]. 橡胶工业，2005，52（7）：427-429.
[56] 官忠范．液压传动系统[M]. 北京：机械工业出版社，1981.
[57] 重庆大学，南京工业大学，同济大学．建筑工程液压技术[M]. 北京：中国建筑工业出版社，1982.
[58] 王积伟，章宏甲，黄谊．液压传动[M]. 北京：机械工业出版社，2001.
[59] 吴森纪．有机硅及其应用[M]. 北京：科学技术文献出版社，1990
[60] 辛松民，王一路．有机硅合成工艺及产品应用[M]. 北京：化学工业出版社，2001：393-394.
[61] 黄镇，李爱群．新型黏滞阻尼器原理与试验研究[J]. 土木工程学报，2009，42（6）：61-65.
[62] 欧进萍，丁建华．油缸间隙式黏滞阻尼器理论与性能试验[J]. 地震工程与工程振动，1999，19(4)：82-89.
[63] Constaninou M. C. and Symans M. D. Experimental study of seismic response of buildings with supplemental fluid dampers[J]. The Structural Design of Tall Buildings，1993，2：93-132.
[64] Syman M. D. and Constaninou M. C. Passive fluid viscous damping systems for seismic energy dissipation[J]. Journal of Earthquake Technology，1998，35（4）：185-206.
[65] Asher J.W.，Young R.P.，Ewing R.D. Seismic isolation design of the San Bernardino County Medical Center replacement project[J]. The Structural Design of Tall Buildings，1996，5：265-279.
[66] 欧谨，刘伟庆，章振涛．一种新型黏滞阻尼材料的试验研究[J]. 地震工程与工程振动，2005，25（1）：108-112.
[67] 欧谨，刘伟庆，章振涛．黏滞阻尼墙动力性能试验研究[J]. 工程抗震与加固改造，2005，27（6）：55-59.
[68] 冯德民，吕西林，陈禧耘，等．黏滞阻尼墙的开发和应用[J]. 减震技术，2014，21-24.
[69] D. Lee，D. P. Taylor. Viscous Damper Development and Future Trends. Taylor Devices Inc.
[70] 叶正强，李爱群，徐幼麟．工程结构黏滞流体阻尼器减震新技术及其应用[J]. 东南大学学报（自然科学版），2002，32（2）：466-473.
[71] 武田寿一著．建筑物隔震防振与控振[M]. 北京：中国建筑工业出版社，1997.
[72] Arima F，Kidata Y，et al. Earthquake response control design of buildings using viscous damping walls[C]. Proc of First East Asia Pacific Conference，1986，3：1882-1891，Bangkok.

[73] Kazuhiko Sasaki，Mitsuru Miyazaki，Takeshi Sawada. Characteristics of Viscous Wall Damper of Intense Oscillation Test against Large Earthquakes[C]. 15WCEE，LISBOA，2012.
[74] 黏滞阻尼墙技术资料 . 日本 ADC 公司 . http: //www.adc21.com/608_vdw.html.
[75] 欧谨 . 黏滞阻尼墙结构的减振理论分析和试验研究 [D]. 南京: 东南大学，2006.
[76] 北京金土木软件技术有限公司等 . ETABS 中文版使用指南 [M]. 北京: 中国建筑工业出版社，2004.
[77] 刘博文，徐开，刘畅，等 . Perform-3D 在抗震弹塑性分析与结构性能评估中的应用 [M]. 北京: 中国建筑工业出版社，2014.
[78] Wilson E L. 结构静力与动力分析 [M]. 北京: 中国建筑工业出版社，2006.
[79] 北京金土木软件技术有限公司等 . SAP2000 中文版使用指南 [M]. 北京: 人民交通出版社，2006.
[80] Housner G W. Limit design of structures to resist earthquake[C]. Proc. 1st World Conference Earthquake Engineering，Berkeley，CA，5-1: 5-13，1956.
[81] 魏新磊 . 耗能减震结构能量设计方法 [D]. 天津大学，2003.
[82] 陈永祁，曹铁柱，马良喆 . 液体黏滞阻尼器在超高层结构上的抗震抗风效果和经济分析 [J]. 土木工程学报，2012，45 (3): 58-66.
[83] GB 50011—2010 建筑抗震设计规范 [S]. 北京: 中国建筑工业出版社，2010.
[84] JGJ 3—2010 高层建筑混凝土结构技术规程 [S]. 北京: 中国建筑工业出版社，2010.
[85] 张桂铭，刘文锋 . 中、美、欧、日抗震规范对比 [J]. 建筑结构，2014，44 (9): 61-66.
[86] 山根尚志 . 日本地震简介和日建设计的抗震设计 [J]. 建筑钢结构进展，2008，10 (3): 54-61.
[87] 日本建筑中心 . 高层建筑物的结构设计实务 [M]. 东京: 日本建筑中心，2002.
[88] 熊向阳，路岗，李亚明，等 . 厦门建发大厦超高层结构设计 [J]. 建筑结构，2009，S1: 335-338.
[89] 陆道渊，路海臣，任涛 . 昆钢科技大厦超高层建筑抗震设计 [J]. 建筑结构，2012，42 (5): 48-52.
[90] 徐福江，盛平，王轶，等 . 海航国际广场 A 座主楼超高层结构设计 [J]. 建筑结构，2013，43 (17): 81-84.
[91] SmithR.WillfordM.The damped outrigger concept for tall buildings[J]. The Structural Design of Tall and Special Buildings. 2007，Vol.16，501-517.
[92] 吴宏磊，丁洁民，崔剑桥，等 . 超高层建筑结构加强层耗能减震技术及连接节点设计研究 [J]. 建筑结构学报，2014，35 (3): 8-15.
[93] 丁洁民，吴宏磊，赵昕 . 我国高度 250m 以上超高层建筑结构现状与分析进展 [J]. 建筑结构学报，2014，35 (3): 1-7.
[94] 吴美良，钱稼茹 . 黏滞阻尼墙的研究与工程应用 [J]. 工业建筑，2003，33 (5): 61-65.
[95] 朱慈勉 . 结构力学 [M]. 北京: 高等教育出版社，2004.
[96] 同济大学建筑设计研究院 (集团) 有限公司 . 天水展贸大厦南楼续建加固工程超限高层抗震审查报告 [R]，上海: 同济大学建筑设计研究院 (集团) 有限公司，2015.
[97] 丁洁民，何志军，王华琪，等 . 同济大学教学科研综合楼复杂高层结构分析与设计 [J]. 建筑结构，

2008，38（10）：1-5.

[98] 王华琪，丁洁民，何志军 . 同济大学教学科研综合楼耗能支撑布置分析 [J]. 结构工程师，2008，24（5）：10-17.

[99] 万月荣，徐汉平 . 同济设计院大楼改造中的加固方法 [J]. 工程抗震与加固改造，2013，35（6）：98-103.

[100] 万月荣，方茜 . 同济设计院大楼改造的抗震性能分析 [J]. 结构工程师，2013，29（4）：70-75.

[101] 同济大学建筑设计研究院（集团）有限公司 . 中国 2010 年上海世博会主题馆初步设计抗震设防专项审查送审资料 [R]. 上海：同济大学建筑设计研究院（集团）有限公司，2008.

[102] 同济大学建筑设计研究院（集团）有限公司 . 中国 2010 年上海世博会主题馆消能支撑技术应用专项审查送审资料 [R]. 上海：同济大学建筑设计研究院（集团）有限公司，2008.

[103] 丁洁民，吴宏磊，何志军，等 . 世博会主题馆钢结构设计与分析研究 [J]. 建筑结构学报，2010，31（5）：70-78.